普通高等院校“十三五”规划教材

建设工程监理

布晓进　刘振英　主　编
王　倩　聂晓磊　副主编

化学工业出版社
·北京·

本书以工程管理专业人才培养方案为基础，紧密联系我国建设工程监理的实际情况，结合当前我国监理制度的改革和政策导向，以建设工程监理的“三控、三管、一协调”为主线，全面系统介绍了建设工程监理的基本理论和方法。结合全国监理工程师考试内容，通过每章大量选择题与案例分析题的训练，使读者轻松掌握监理相关理论，同时每章配有监理实务内容，更加注重读者实践能力的培养。具体内容分为9章，包括建设工程监理概述，工程监理企业、人员及项目监理机构，建设工程质量控制，建设工程进度控制，建设工程投资控制，监理招投标及合同管理，风险控制及安全管理，信息管理及监理资料，全过程工程咨询。

本书可作为应用型本科、高职高专土木工程、工程管理、工程监理、施工技术等专业及相关专业的教材，亦可作为建设单位、监理单位、勘察设计单位、施工单位从事管理、技术工作的人员参考或自学使用。

图书在版编目（CIP）数据

建设工程监理/布晓进，刘振英主编. —北京：化学工业出版社，2018.3（2024.2重印）
普通高等院校“十三五”规划教材
ISBN 978-7-122-31583-0

Ⅰ.①建… Ⅱ.①布…②刘… Ⅲ.①建筑工程-施工监理-高等学校-教材 Ⅳ.①TU712

中国版本图书馆CIP数据核字（2018）第038000号

责任编辑：李彦玲 张绪瑞　　文字编辑：张绪瑞
责任校对：王素芹　　装帧设计：张 辉

出版发行：化学工业出版社（北京市东城区青年湖南街13号 邮政编码100011）
印 装：涿州市般润文化传播有限公司
787mm×1092mm 1/16 印张13¾ 字数356千字 2024年2月北京第1版第7次印刷

购书咨询：010-64518888　　售后服务：010-64518899
网 址：http://www.cip.com.cn
凡购买本书，如有缺损质量问题，本社销售中心负责调换。

定 价：38.00元

前言

自1988年我国在建设领域全面推行建设工程监理制度以来，工程监理在工程建设实践中发挥了举足轻重的作用。目前，我国工程监理行业已形成规模，拥有一支稳定的工程监理队伍。随着国民经济继续保持快速发展态势，人员相对缺乏，各企业负责人深感发展后劲不足，急需储备相当数量的、有监理基础知识、一经培训即可上岗的优秀人才。

近年来，我国工程建设领域法规政策陆续出台，工程建设管理体制正在进行深化改革，比如取消了工程监理的政府指导价、国务院提出向全过程工程咨询转型发展等，都对工程监理行业提出了更高要求。监理教材更应顺应时代发展，给读者奉献最新理论、最实用技术的工程建设监理相关内容。

本书在编写过程中力求突出以下特点:

1. 在内容编排上，考虑到当前大学生与社会人员学习特点，理论言简意赅、通俗易懂、大量采用图示与表格，每章均有监理理论融于实际的案例，通过解决案例来理解理论。

2. 理论知识全面、实践内容实用丰富，一门课程串联工程管理专业各门课程，信息量大、知识面宽。课时不够者，学生可自学有关章节。

3. 采用了信息化手段学习监理相关理论与实践内容。学生可扫描二维码，查阅书中涉及的更多监理相关内容，拓展思维，提高学习和实践能力。

4. 为方便教师上课和学生自学，本书配有精美ppt课件、教案、题库、考试题等，如有需要，可与编者或出版社联系获取。

本书由河北工程技术学院布晓进，石家庄市公路桥梁建设集团刘振英任主编；河北轨道交通运输职业技术学院王倩，河北神栾建筑工程有限公司聂晓磊任副主编；石家庄职业技术学院陈朝，辛集市辛石房产资讯中心冯东方，河北工程技术学院白硕、韩宇杰，河北省公共资源交易监督办公室齐卫东，中国人民解放军陆军步兵学院石家庄校区郑文义、辽宁省建设工程质量监督总站刘洋参加了部分章节的编写及审核工作。

由于笔者学识水平和实践经验所限，书中疏漏之处在所难免，望广大读者批评指正，并恳请向笔者（QQ574657210）提出宝贵意见，以便修订时改进。

编　者

2018年1月

目录

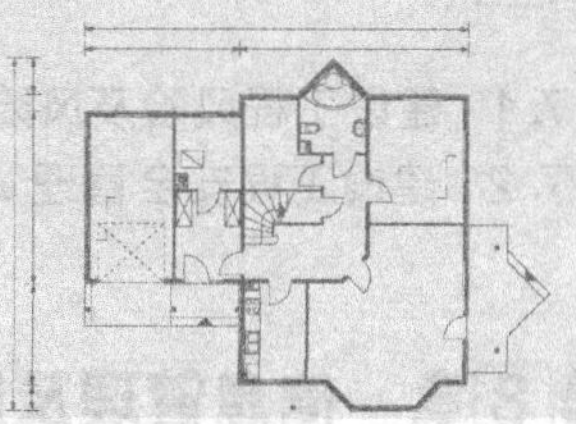

第1章　建设工程监理概述 / 001

1.1　建设工程监理概念及性质 / 001
1.2　建设工程监理相关法律法规 / 007
1.3　工程建设程序及监理相关制度 / 017
【习题与案例】 / 020

第2章　工程监理企业、人员及项目监理机构 / 025

2.1　工程监理企业 / 025
2.2　监理企业的经营管理 / 030
2.3　工程监理人员 / 037
2.4　项目监理机构 / 044
2.5　建设工程监理的组织协调 / 049
【习题与案例】 / 053

第3章　建设工程质量控制 / 059

3.1　建设工程质量控制概述 / 059
3.2　施工质量控制实务 / 062
3.3　工程质量问题和质量事故的处理 / 083
【习题与案例】 / 086

第4章　建设工程进度控制 / 093

4.1　建设工程进度控制概述 / 093
4.2　建设工程进度的调整 / 098
4.3　施工阶段进度控制实务 / 103
4.4　工程延期的控制 / 107
【习题与案例】 / 110

第5章　建设工程投资控制 / 118

5.1　建设工程投资概述 / 118
5.2　建设工程承包计价 / 121
5.3　施工阶段投资控制实务 / 123
【习题与案例】 / 130

第6章　监理招投标及合同管理 / 136

6.1　建设工程监理招标与投标 / 136
6.2　建设工程监理合同 / 141
6.3　合同管理监理实务 / 143
【习题与案例】 / 150

第7章　风险控制及安全管理 / 159

7.1　建设工程风险及风险控制 / 159
7.2　建设工程安全管理 / 161
7.3　安全管理监理实务 / 164
【习题与案例】/ 172

第8章　信息管理及监理资料 / 177

8.1　建设工程信息管理 / 177
8.2　工程监理三大文件 / 182
8.3　建设工程监理资料管理 / 187
【习题与案例】/ 190

第9章　全过程工程咨询 / 197

9.1　工程咨询及咨询工程师 / 197
9.2　全过程工程咨询的概念及内容 / 201
【思考题】/ 212

参考文献 / 213

Chapter 01

第1章 建设工程监理概述

1.1 建设工程监理概念及性质

1.1.1 建设工程监理的产生

工程项目的建设历来主要是由“设计”与“施工”两部分所构成。自20世纪60年代起分成设计、施工和项目管理三大部分，其中项目管理涵盖我国当前的建设工程监理、前期咨询及勘察设计、保修等阶段的相关服务。

工程建设的目的是为了建立完整的工业体系和国民经济体系，不断改善人民物质文化生活。工程建设各参与方的根本利益也是一致的，目标都是为了多、快、好、省地完成建设工程项目。自新中国成立以来，工程管理的性质和方式也在不断发展和完善，大致可以分为以下三个阶段。

第一阶段：从新中国成立到1983年的计划经济时期。这一时期，我国学习苏联的基建管理模式，国家给经费，建设投资由行政部门层层拨付，施工任务由行政部门向施工企业直接下达，主要建筑材料随投资向各工程项目调拨。当时的工程建设管理模式有两种：一种是三方管理，即甲、乙、丙三方制。甲方（建设单位）由政府主管部门负责组建，乙方（设计单位）和丙方（施工单位）分别由各自的主管部门进行管理。建设单位自行负责建设项目全过程的具体管理。另一种是集权管理，即建设指挥部方式。许多大、中型项目的建设，都是从相关单位抽调人员组成工程建设指挥部，并将建设工程设计、采购、施工的管理权集中在指挥部，由指挥部全权管理。

在工程建设的具体实施中，建设单位、设计单位和施工单位都是完成国家建设任务的执行者，仅对上级行政主管部门负责，工程费用实报实销，不计盈亏，不讲核算，工程建设各参与方重视的是工程进度和质量。政府对工程建设活动采取单向的行政监督管理，投资“三超”（概算超估算、预算超概算、结算超预算）、工期延长现象较为普遍。而工程质量的保证则主要依靠施工单位的自我管理。

第二阶段：1983 年到 1988 年的改革开放初期。这一时期，我国的基本建设和建筑领域发生了一系列重大变革：①投资有偿使用（即“拨改贷”）；②投资包干责任制；③投资主体多元化，即投资主体由国家为主向国家、企业、个人的多元化转变；④改革单纯用行政手段分配建设任务的老办法，实行招标投标制，允许建设单位优选设计、施工单位；⑤材料设备由国家计划供应改革为市场供应，建筑物由“产品”变成了“商品”。改革出现的新格局与传统的管理体制之间产生了许多摩擦，施工企业追求自身利益的趋势日益突出，特别是工程质量问题日渐严重，相当一部分竣工工程使用功能差，一些工程结构存在着严重缺陷，倒塌事故时有发生，施工企业自评自报的工程合格率、优良率严重不准。

为此，1983 年我国开始实行政府对工程质量的监督认证制度。全国所有城市和绝大部分县、市都建立了有权威的政府工程质量监督机构——工程质量监督站。它们代表政府对工程建设质量进行监督和检测，在促进企业质量保证体系的建立、预防工程质量事故、保证工程质量方面取得了明显成效，发挥了重大作用。

另外，随着我国改革的逐步深入和开放的不断扩大，“三资”工程和国际贷款工程逐渐增多。有一批工程采用国际惯例进行项目管理，取得了良好的效果。鲁布革水电站工程，作为世界银行贷款项目，在国际竞争性施工招标中，日本大成公司以低于概算 43% 的悬殊标价承包了引水系统工程，仅用 30 人组成“鲁布革工程作业所”，按照国际通用工程合同“业主-工程师-承包商”模式进行项目管理。其管理的 400 多名施工人员全部“按岗定人”，人员选自我国水电第十四工程局，并实行持证上岗。引水系统工程于 1984 年 10 月 15 日正式施工，1988 年 7 月全部竣工，比合同工期提前了 122 天，实际工程造价按开标汇率计算约为标底的 60%。在 4 年的施工时间里，靠科学管理，无论是工程质量、施工进度还是工程成本，都为我国项目管理做出了示范。这一工程实例震动了我国建筑界，对我国传统的政府专业监督体制产生了较大冲击，引起了我国工程建设管理者的深入思考。

第三阶段：与国际接轨和市场经济时期。受鲁布革水电站工程成功实行工程项目管理的启示，1985 年 12 月，全国基本建设管理体制改革会议对我国传统的工程建设管理体制作了深刻的分析与总结，指出综合管理基本建设是一项专门的学问，需要大批这方面的专业人才，建设单位的工程项目管理应当走专业化、社会化的道路。1988 年 7 月 25 日建设部发布《关于开展建设监理工作的通知》，明确提出要建立具有中国特色的建设监理制度，标志着中国监理事业的正式开始。建设监理制度作为工程建设领域的一项改革举措，旨在改变陈旧的工程管理模式，建立专业化、社会化的建设监理机构，协助建设单位做好项目管理工作，以提高建设水平和投资效益。

中国建设工程监理的历程自此开始，大致经历了 1988—1992 年试点阶段、1993—1995 年的稳步发展阶段、1996 年开始的全面推行阶段。1997 年 11 月全国人大通过了《中华人民共和国建筑法》（以下简称《建筑法》），《建筑法》第 30 条规定：“国家推行建筑工程监理制度”。这是我国第一次以法律的形式对工程监理作出规定，这对我国建设工程监理制度的推行和发展、对规范监理工作行为，具有十分重要的意义。

近年来，随着工程建设监理的发展，国务院建设行政主管部门及有关部门陆续出台了许多有关监理的重要性文件，如：

2000 年 12 月建设部发布并于 2013 年 5 月修订的《建设工程监理规范》（GB/T 50319—2013）；

2000 年 2 月建设部发布并于 2012 年 3 月修订的《建设工程监理合同（示范文本）》（GF-2012-0202）；

2001年1月建设部发布《建设工程监理范围和规模标准规定》（第86号部令）；

2006年1月建设部发布《注册监理工程师管理规定》（第147号部令）；

2006年7月建设部发布《工程监理企业资质管理规定》（第158号部令）；

2007年3月国家发改委、建设部联合发布《建设工程监理与相关服务收费管理规定》及所附《建设工程监理与相关服务收费标准》。

尤其是《建设工程监理规范》的出台，使我国工程监理逐步制度化、规范化、科学化，向国际监理水平迈进一大步。此规范是监理行业唯一纲领性的、可操作性的工作标准。所有这些规范、标准、规定等文件，都对我国的工程监理事业健康、有序发展提供了有力支持。

依据住房和城乡建设部对全国具有资质的建设工程监理企业基本数据统计，截止到2016年年末，我国共有7483个建设工程监理企业。其中，综合资质企业149个、甲级资质企业3379个、乙级资质企业2869个、丙级资质企业1081个、事务所资质企业5个。2016年工程监理企业全年营业收入2695.59亿元。其中工程监理收入1104.72亿元，工程勘察设计、工程项目管理与咨询服务、工程招标代理、工程造价咨询及其他业务收入1590.87亿元，18个企业工程监理收入突破3亿元，44个企业工程监理收入超过2亿元，155个企业工程监理收入超过1亿元。工程监理企业从业人员1000489人、专业技术人员849434人、注册执业人员253674人（其中注册监理工程师为151301人，其他注册执业人员为102373人）。

1.1.2　建设工程监理的概念

1.1.2.1　定义

建设工程监理，是指工程监理单位受建设单位委托，根据法律法规、工程建设标准、勘察设计文件及合同，在施工阶段对建设工程质量、进度、造价进行控制，对合同、信息进行管理，对工程建设相关方的关系进行协调，并履行建设工程安全生产管理法定职责的服务活动。

建设单位也称为业主、甲方、项目法人、发包人，是委托监理的一方，在工程建设中拥有确定建设工程规模、标准、功能以及选择勘察、设计、施工、监理单位等工程建设中重大问题的决策权。

工程监理企业是依法成立并取得建设主管部门颁发的工程监理资质证书，从事建设工程监理与相关服务活动的机构。工程监理资质证书是企业从事监理工作的准入条件之一，可依据有关规定向建设行政主管部门申请取得。

1.1.2.2　内涵

（1）建设工程监理的行为主体是工程监理企业

《建筑法》第31条规定：实行监理的建筑工程，由建设单位委托具有相应资质条件的工程监理单位。建设工程只能由具有相应资质的工程监理企业来监理，建设工程监理的行为主体是工程监理企业，这是我国建设工程监理制度的一项重要规定。

工程监理企业的监理行为应区别于其他几种监督管理活动：

工程建设监理是微观性质监督管理活动，是针对某一个工程项目的。它是按照独立、自主的原则，以“公正的第三方”开展工程建设监理活动的。

各级建设行政主管部门的工程质量监督站，代表政府对工程建设质量进行监督和检测，它是宏观性质的监督管理活动，具有强制性和行政性，其任务、职责、内容与工程监理不同。

总承包企业对分包企业监督管理可看作是一种企业管理，不能称之为工程监理。

建设单位对工程项目的管理是固定资产投资活动的一部分，不是社会化、专业化监督管理活动，亦不能称之为工程监理。

（2）建设工程监理实施的前提是建设单位的授权与委托

《建筑法》第31条规定：建设单位与其委托的工程监理单位应当订立书面委托监理合同。只有在委托监理合同中明确监理的范围、内容、责任、权利、义务，工程监理企业方可在规定的范围内合法地开展监理业务。可见，建设工程监理的实施需要建设单位的委托和授权，监理单位和监理人员的权利是通过建设单位授权而转移过来的。在工程监理项目中，建设单位与监理单位的关系是合同关系，是需求与供给、委托与服务的关系。

承建单位依据法律、法规及建设工程合同，应当接受工程监理企业对其建设行为进行的监督管理，接受监理、配合监理是其履行合同的一种行为。若建设单位仅委托施工阶段的监理，工程监理企业可根据委托监理合同和建设工程施工合同对施工单位进行监理；若建设单位委托全过程的工程项目管理，工程监理企业可根据委托监理合同、勘察合同、设计合同、施工合同对勘察、设计、施工单位的建设行为进行项目管理服务。

（3）建设工程监理的依据

工程监理企业应依据法律法规、工程建设标准、勘察设计文件及合同对工程建设实施专业化监督管理。

1）法律法规。包括《中华人民共和国建筑法》、《中华人民共和国合同法》、《中华人民共和国招标投标法》、《建设工程质量管理条例》、《建设工程安全生产管理条例》等法律法规；《注册监理工程师管理规定》、《工程监理企业资质管理规定》、《建设工程监理与相关服务收费管理规定》等部门规章；《河北省建筑条例》、《河北省工程建设监理规定》、《河北省建设工程项目管理办法》等地方性法规。

2）工程建设标准。包括《工程建设标准强制性条文》、《建设工程监理规范》及有关工程技术标准、规范、规程等。

3）勘察设计文件及合同。包括批准的初步设计文件、施工图设计文件，建设工程监理合同及与所监理项目的施工合同、材料及设备供应合同等。

（4）建设工程监理的范围

为有效发挥建设工程监理的作用，加大推行建设工程监理制度的力度，我国在一定范围内实行强制性监理以法律的形式进行了明确。《建筑法》第30条与《建设工程质量管理条例》第12条对实行强制性监理的工程范围作了原则性规定。2001年1月建设部《建设工程监理范围和规模标准规定》（第86号部令）规定了必须实行监理的建设工程项目具体范围和规模标准。

工程监理单位除在施工阶段进行监理服务外，还可在前期咨询、工程勘察、设计、保修等阶段为建设单位提供相关服务活动，即工程项目全过程管理。建设工程监理的范围是由委托监理合同决定的，可以是全过程管理，也可以是某个阶段的监理或相关服务。建设工程的全过程包括项目建议书阶段、可行性研究阶段、设计阶段、施工准备阶段、施工阶段、生产准备阶段、竣工验收阶段、保修阶段。目前，全国部分大、中型工程监理企业已更名为工程项目管理公司，并承担了大量的工程项目全过程管理，取得了很好的经济和社会效益。

（5）建设工程监理的目的、任务、主要内容

建设工程监理的目的是最终实现建设单位所期望的委托监理工程项目的投资、进度、质量三大目标。

为完成建设工程项目的三大目标，在建设工程施工阶段，建设单位、勘察单位、设计单位、施工单位、监理单位、材料和设备供应单位等工程建设的各类行为主体均出现在建设工程当中，组成了一个完整的建设工程组织体系，形成了“政府监督、社会监理、企业自我管

理"的工程项目管理机制。

建设工程监理的任务是为了达到其目的，综合运用法律、经济、技术、合同等手段、方法和措施，对委托监理工程进行投资、进度、质量等目标的控制。

建设工程监理的主要工作内容可归纳为"三控三管一协调"。"三控"即质量控制、进度控制、投资控制，"三管"即合同管理、安全管理、信息管理，"一协调"即协调与建设工程项目有关各方之间的关系。

1.1.3　建设工程监理的性质

1.1.3.1　服务性

建设工程监理是工程监理企业接受建设单位委托而开展的一种高智能的有偿技术服务活动。建设工程监理的主要手段是规划、控制、协调，在工程建设中，监理人员利用自己的知识、技能和经验、信息以及必要的试验、检测手段，为建设单位提供管理和技术服务。

工程监理企业不能完全取代建设单位的管理活动。它不具有工程建设重大问题的决策权，它只能在授权范围内代表建设单位进行管理。建设工程监理的服务对象是建设单位。监理服务是按照委托监理合同的规定进行的，是受法律约束和保护的。

1.1.3.2　科学性

科学性是由建设工程监理要达到的基本目的决定的。建设工程监理以协助建设单位实现其投资目的为己任，力求在计划的目标内建成工程。面对工程规模日趋庞大，环境日益复杂，功能、标准要求越来越高，新技术、新工艺、新材料、新设备不断涌现，参加建设的单位越来越多，市场竞争日益激烈，风险日渐增加的情况，只有采用科学的思想、理论、方法和手段才能为建设单位提供高水平的专业服务。

科学性主要表现在：工程监理企业应当有足够数量的、有丰富的管理经验和应变能力的监理工程师队伍；要有一套健全的管理制度和科学、先进的管理手段；要积累足够的技术经济资料和数据；要有科学的工作态度和严谨的工作作风，要实事求是、创造性地开展工作。

1.1.3.3　独立性

《建设工程监理规范》(GB/T 50319—2013) 明确要求，工程监理单位应公平、独立、诚信、科学地开展建设工程监理与相关服务活动。另外，建设工程监理独立性的要求是一项国际惯例。国际咨询工程师联合会（简称"FIDIC"）认为，工程监理企业是"作为一个独立的专业公司受聘于业主去履行服务的一方"，应当"根据合同进行工作"，监理工程师应当"作为一名独立的专业人员进行工作"，工程监理企业"相对于承包商、制造商、供应商，必须保持其行为的绝对独立性，不得从他们那里接受任何形式的好处，而使他的决定的公正性受到影响或不利于他行使委托人赋予他的职责"，监理工程师"不得与任何妨碍他作为一个独立的咨询工程师工作的商务活动有关"。

国际咨询工程师联合会

按照独立性要求，依据《建筑法》，在委托监理的工程中，工程监理单位与承建单位、材料、构配件、设备供应单位不得有隶属关系或者其他利害关系；在开展工程监理过程中，必须建立自己的组织，按照自己的工作计划、程序和流程，依据自己的判断，采用科学的方法和手段，独立地开展工程监理工作。

1.1.3.4　公平性

公平性是社会公认的职业道德准则，是监理行业能够长期生存和发展的基本职业道德准则。与 FIDIC《土木工程施工合同条件》中的（咨询）工程师类似，在进行监理的过程中，工程监理企业应当排除各种干扰，客观、公平地对待监理的委托单位和承建单位。特别是当建设单位和施工单位发生利益冲突或者矛盾时，工程监理企业应以事实为依据，以法律和有关合同为准绳，在维护建设单位的合法权益时，不损害承建单位的合法权益。例如，在调解双方之间的争议，处理工程索赔和工程延期，进行工程款支付控制以及竣工结算时，应当尽量客观、公平地对待建设单位和施工单位。

1.1.4 建设工程监理的作用

我国的建设工程监理事业已近30年，已经建立起一套比较完善的工程监理法规体系，建立起了一支业务素质合格的监理工程师队伍，在提高建设工程质量、节约工程投资、保证建设工程安全生产等方面发挥了明显作用，做出了突出成绩，为政府及社会所认可。建设工程监理的作用主要表现在以下几个方面。

(1) 有利于提高建设工程投资决策科学化水平

建设单位委托工程监理企业进行工程项目管理即全过程工程咨询，可大大提高项目投资的经济效益。在工程项目前期，具有相应咨询资质的工程监理企业直接从事工程咨询工作，为建设单位提供建设方案。工程监理企业参与或承担项目决策阶段的监理工作，有利于提高项目投资决策的科学化水平，避免项目投资决策失误，促使项目投资符合国家经济发展规划、产业政策，符合市场要求，为实现建设工程投资综合效益最大化打下了良好的基础。

(2) 有利于规范工程建设参与各方的建设行为

在建设工程实施过程中，工程监理单位可依据委托监理合同和有关的建设工程合同对承建单位的建设行为进行监督管理。由于这种约束机制贯穿于工程建设的全过程，采用事前、事中和事后控制相结合的方式，因此可以有效地规范各承建单位的建设行为，最大限度地避免不当建设行为的发生。即使出现不当建设行为，也可以及时加以制止，最大限度地减少其不良后果。另外，多数建设单位不甚了解建设工程有关的法律、法规、规章、管理程序和市场行为准则，有可能发生不当建设行为。在这种情况下，工程监理单位可向建设单位提出适当建议，从而避免发生建设单位的不当建设行为，这对规范建设单位的建设行为也可起到一定的约束作用。

工程项目管理

全过程咨询

另一外，社会化、专业化的工程监理企业改变了各级政府既要宏观管理，又要微观监督的不合理局面，可谓在工程建设领域真正实现了政企分开。当然，工程监理企业首先必须规范自身的行为，并接受政府的监督管理。

(3) 有利于保证建设工程质量和安全生产

建设工程是一种特殊的产品，不仅投资大、工期长、施工过程复杂，而且关系到人民的生命财产安全、健康和环境，仅仅依靠承建单位的自我管理和政府的宏观监督是不够的。既懂工程技术又懂经济管理的监理工程师队伍，有能力及时发现建设工程实施过程中出现的问题，并督促、协调有关单位和人员采取相应措施，保证建设工程质量和安全生产。在政府监督、承建单位自我管理的基础上，社会化、专业化的工程监理企业介入建设工程生产全过程，对保证建设工程质量和使用安全有着重要意义。

(4) 有利于提高建设工程的投资效益

就建设单位而言，建设工程投资效益最大化有以下三种不同表现：

1）在满足建设工程预定功能和质量标准的前提下，建设投资额最少；

2）在满足建设工程预定功能和质量标准的前提下，建设工程寿命周期费用（或全寿命费用）最少；

3）建设工程本身的投资效益与环境、社会效益的综合效益最大化。

建设单位委托建设工程监理之后，工程监理企业不仅能协助建设单位实现建设工程的投资效益，而且能大大提高我国全社会的投资效益，促进国民经济的发展。

1.1.5 建设工程监理的特点

我国的建设工程监理在建立之初，无论在管理理论和方法上，还是在业务内容和工作程序上，都与国外的工程项目管理或工程咨询是相同的。目前，建设工程监理定位于工程施工阶段，在工程勘察、设计、保修等阶段为建设单位提供的服务活动均为相关服务。在具有中国特色的市场经济发展环境中，我国的建设工程监理与国外发达国家相比，具有自己的特点：

（1）建设工程监理属于强制推行的制度

国外发达国家的建设项目管理，是适应建筑市场中建设单位的需求而产生的，是现代经济发展和社会进步的必然产物，很少来自政府部门的行政干预。我国的建设工程监理，却是在计划经济转变为市场经济初期，作为建设工程管理体制改革的一项新制度而产生的，并且依靠行政的、法律的手段在全国范围内推广。建设工程监理在我国得到较快发展，形成了一批社会化、专业化的工程监理企业和较高素质的监理工程师队伍，缩小了与发达国家建设项目管理的差距。

（2）建设工程监理的服务对象具有单一性

在国际上，建设项目管理不仅为建设单位服务，而且为设计单位、施工单位提供服务。我国的建设工程监理，是只接受建设单位的委托并为其提供管理服务的，相对应于国际上的建设项目管理，我国的建设工程监理属于为建设单位服务的项目管理。

（3）建设工程监理具有监督功能

我国的工程监理企业在接受建设单位的委托、授权后，依据委托监理合同和建设工程合同，对承建单位的建设行为进行监督。不仅对承建单位的施工过程和施工工序进行监督、检查、验收，而且对其不当建设行为，可以预先防范，指令改正，或向有关部门反映、请求纠正。

（4）我国监理行业中市场准入的双重控制

在建设项目管理方面，国外一些发达国家只对专业人士的执业资格提出要求，而没有对企业的资质加以规定。也就是说，国外的具有执业资格的专业人士在向行业管理部门（协会）注册后开展业务，即个人执业。我国对建设工程监理的市场准入采取了企业资质和人员资格的双重控制。专业监理工程师以上的监理人员必须取得全国监理工程师执业资格证书。工程监理企业必须拥有一定数量国家注册监理工程师和其他专业人员、一定的试验检测设备，向建设行政主管部门申请取得相应的监理资质证书后，方可开展工程监理业务。这种市场准入的双重控制，保证了我国建设工程监理队伍的基本素质，保证了我国建设工程监理健康发展的市场环境。

1.2 建设工程监理相关法律法规

1.2.1 建设工程法律法规体系

建设工程法律法规体系按其立法权限不同，可分为五个层次，即：法律、行政法规、部门规章、地方性法规和地方规章。

与工程监理有关的法律、法规、规章如表 1-1 所示。

表 1-1　有关监理的法律法规体系

法律法规体系	说明	制定部门	签署人	与监理有关的文件
法律	是指行使国家立法权的全国人民代表大会及其常务委员会制定的规范性文件。其法律地位和效力仅次于宪法，在全国范围内具有普遍的约束力	全国人民代表大会及其常务委员会	由国家主席签署主席令予以公布	《建筑法》、《招标投标法》、《合同法》、《环境保护法》
行政法规	是指作为国家最高行政机关的国务院制定颁布的有关行政管理的规范性文件。其效力低于宪法和法律，在全国范围内有效。行政法规的名称一般为"管理条例"	国务院	由总理签署国务院令予以公布	《建设工程质量管理条例》、《建设工程安全生产管理条例》
部门规章	是指国务院各部门(包括具有行政管理职能的直属机构)根据法律和国务院的行政法规、决定、命令在本部门的权限范围内按照规定的程序所制定的规定、办法、暂行办法、标准等规范性文件的总称。部门规章的法律地位和效力低于宪法、法律和行政法规	住房和城乡建设部独立或同国务院有关部门联合	由部长签署住房和城乡建设部令予以公布	《工程监理企业资质管理规定》、《注册监理工程师管理规定》、《建设工程监理范围和规模标准规定》、《房屋建筑工程施工旁站监理管理办法》
地方性法规	是指省、自治区、直辖市以及省级人民政府所在市和经国务院批准的较大的市的人民代表大会及其常委会制定的、只在本行政区域内具有法律效力的规范性文件	省、自治区、直辖市以及省级人民政府所在市和经国务院批准的较大的市的人民代表大会及其常委会		《河北省建筑条例》
地方性规章	是指由省、自治区、直辖市以及省级人民政府所在市和经国务院批准的较大的市人民地方政府制定颁布的规范性文件	省、自治区、直辖市以及省级人民政府所在市和经国务院批准的较大的市人民地方政府		《河北省房屋建筑工程和市政基础设施工工程实行见证取样和送检的管理规定》、《河北省建设工程竣工验收及备案管理办法》

以上的法律、法规、规章的效力是：法律的效力高于行政法规；行政法规的效力高于部门规章。我国有关监理的法律法规体系构成如图 1-1 所示。

从事监理的人员应当了解和熟悉我国建设工程法律法规规章体系，并熟悉和掌握与监理工作有关的重要内容，依法实施工程监理。

1.2.2 《中华人民共和国建筑法》(以下简称《建筑法》)(2011 年 7 月 1 日　主席令第 46 号)

《建筑法》是我国建设领域第一大法。整部法律是以建筑市场管理为中心，以建筑工程质量和安全为重点，以建筑活动监督管理为主线形成的。分总则、建筑许可、建筑工程发包与承包、建筑工程监理、建筑安全生产管理、建筑工程质量管理、法律责任、附则共八章。

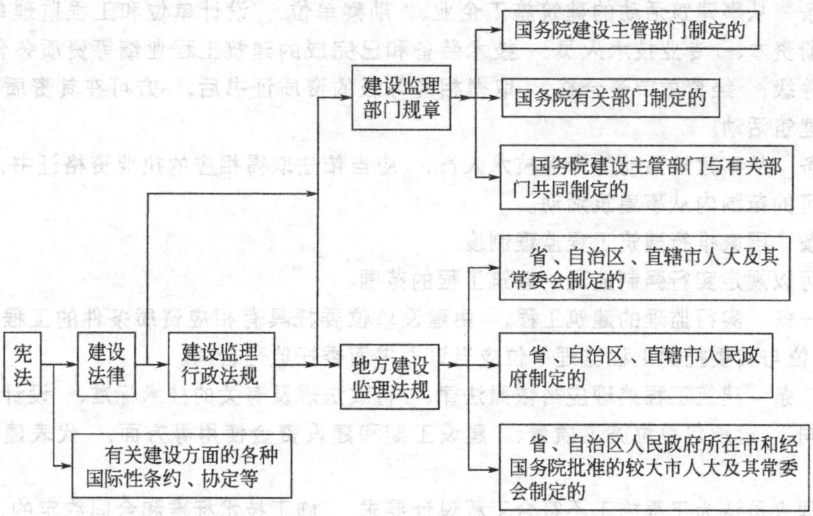

图 1-1　有关监理的法律法规体系构成

与工程监理有关的重要内容有：

第七条　建筑工程开工前，建设单位应当按照国家有关规定向工程所在地县级以上人民政府建设行政主管部门申请领取施工许可证；但是，国务院建设行政主管部门确定的限额以下的小型工程除外。

按照国务院规定的权限和程序批准开工报告的建筑工程，不再领取施工许可证。

第八条　申请领取施工许可证，应当具备下列条件：

（一）已经办理该建筑工程用地批准手续；

（二）在城市规划区的建筑工程，已经取得规划许可证；

（三）需要拆迁的其拆迁进度符合施工要求；

（四）已经确定建筑施工企业；

（五）有满足施工需要的施工图纸及技术资料；

（六）有保证工程质量和安全的具体措施；

（七）建设资金已经落实；

（八）法律、行政法规规定的其它条件。

建设行政主管部门应当自收到申请之日起十五日内，对符合条件的申请颁发施工许可证。

第九条　建设单位应当自领取施工许可证之日起三个月内开工。因故不能按期开工的，应当向发证机关申请延期；延期以两次为限，每次不超过三个月。既不开工又不申请延期或者超过延期时限的，施工许可证自行废止。

第十条　在建的建筑工程因故中止施工的，建设单位应当自中止施工之日起一个月内，向发证机关报告，并按照规定做好建筑工程的维护管理工作。

建筑工程恢复施工时应当向发证机关报告；中止施工满一年的工程恢复施工前，建设单位应当报发证机关核验施工许可证。

第十二条　从事建筑活动的建筑施工企业、勘察单位、设计单位和工程监理单位，应当具备下列条件：

（一）有符合国家规定注册资本；

（二）有与其从事的建筑活动相适应的具有法定执业资格的专业技术人员；

（三）有从事相关建筑活动所应有的技术装备；

（四）法律、行政法规的其它条件。

第十三条 从事建筑活动的建筑施工企业、勘察单位、设计单位和工程监理单位，按照其拥有的注册资本、专业技术人员、技术装备和已完成的建筑工程业绩等资质条件，划分为不同的资质等级，经资质审查合格，取得相应等级的资质证书后，方可在其资质等级许可的范围内从事建筑活动。

第十四条 从事建筑活动的专业技术人员，应当依法取得相应的执业资格证书，并在执业资格证书许可的范围内从事建筑活动。

第三十条 国家推行建筑工程监理制度。

国务院可以规定实行强制监理的建筑工程的范围。

第三十一条 实行监理的建筑工程，由建设单位委托具有相应资质条件的工程监理单位监理。建设单位与其委托的工程监理单位应当订立书面委托监理合同。

第三十二条 建筑工程监理应当依照法律、行政法规及有关的技术标准、设计文件和建筑工程承包合同，对承包单位施工质量、建设工期和建设资金使用等方面，代表建设单位实施监督。

工程监理人员认为工程施工不符合工程设计要求、施工技术标准和合同约定的，有权要求建筑施工企业改正。

工程监理人员发现工程设计不符合建筑工程质量标准或者合同约定的质量要求的，应当报告建设单位要求设计单位改正。

第三十三条 实施建筑工程监理前，建设单位应当将委托的工程监理单位、监理的内容及监理权限，书面通知被监理的建筑施工企业。

第三十四条 工程监理单位应当在其资质等级许可的监理范围内，承担工程监理业务。工程监理单位应当根据建设单位的委托，客观、公正地执行监理任务。

工程监理单位与被监理工程的承包单位以及建筑材料、建筑构配件和设备供应单位不得有隶属关系或者其他利害关系。

工程监理单位不得转让工程监理业务。

（释义：所谓“隶属关系”是指工程监理单位与承包单位或者建筑材料、建筑构配件和设备供应单位属于行政上、下级的关系；所谓“其他利害关系”是指工程监理单位与承包单位或者建筑材料、建筑构配件和设备供应单位存在某种利益关系，主要是经济上的利益关系）

第三十五条 工程监理单位不按照委托监理合同的约定履行监理义务，对应当监督检查的项目不检查或者不按照规定检查，给建设单位造成损失的，应当承担相应的赔偿责任。

工程监理单位与承包单位串通，为承包单位谋取非法利益，给建设单位造成损失的，应当与承包单位承担连带赔偿责任。

第六十九条 工程监理单位与建设单位或者建筑施工企业串通，弄虚作假、降低工程质量的，责令改正，处以罚款，降低资质等级或者吊销资质证书；有违法所得的，予以没收；造成损失的，承担连带赔偿责任；构成犯罪的，依法追究刑事责任。

工程监理单位转让监理业务的，责令改正，没收违法所得，可以责令停业整顿，降低资质等级；情节严重的，吊销资质证书。

1.2.3 《招标投标法》（1999年8月 主席令第21号）

第三条 在中华人民共和国境内进行下列工程建设项目包括项目的勘察、设计、施工、监理以及与工程建设有关的重要设备、材料等的采购，必须进行招标：

（一） 大型基础设施、公用事业等关系社会公共利益、公众安全的项目；

（二） 全部或者部分使用国有资金投资或者国家融资的项目；

（三） 使用国际组织或者外国政府贷款、 援助资金的项目。

前款所列项目的具体范围和规模标准， 由国务院发展计划部门会同国务院有关部门制订，报国务院批准。

法律或者国务院对必须进行招标的其他项目的范围有规定的， 依照其规定。

第四条 任何单位和个人不得将依法必须进行招标的项目化整为零或者以其他任何方式规避招标。

第五条 招标投标活动应当遵循公开、公平、公正和诚实信用的原则。

第六条 依法必须进行招标的项目，其招标投标活动不受地区或者部门的限制。 任何单位和个人不得违法限制或者排斥本地区、 本系统以外的法人或者其他组织参加投标、 不得以任何方式非法干涉招标投标活动。

第十条 招标分为公开招标和邀请招标。

公开招标， 是指招标人以招标公告的方式邀请不特定的法人或者其他组织投标。

邀请招标， 是指招标人以投标邀请书的方式邀请特定的法人或者其他组织投标。

第十六条 招标人采用公开招标方式的， 应当发布招标公告。 依法必须进行招标的项目的招标公告， 应当通过国家指定的报刊、 信息网络或者其他媒介发布。

招标公告应当载明招标人的名称和地址、 招标项目的性质、 数量、 实施地点和时间以及获取招标文件的办法等事项。

第十七条 招标人采用邀请招标方式的应当向三个以上具备承担招标项目的能力、 资信良好的特定的法人或者其他组织发出投标邀请书。

第四十一条 中标人的投标应当符合下列条件之一：

（一） 能够最大限度地满足招标文件中规定的各项综合评价标准；

（二） 能够满足招标文件的实质性要求， 并且经评审的投标价格最低； 但是投标价格低于成本的除外。

第四十六条 招标人和中标人应当自中标通知书发出之日起三十日内， 按照招标文件和中标人的投标文件订立书面合同。 招标人和中标人不得再行订立背离合同实质性内容的其他协议。

1.2.4 《建设工程质量管理条例》（2000年1月 国务院令第279号）

第八条 建设单位应当依法对工程建设项目的勘察、 设计、 施工、 监理以及与工程建设有关的重要设备、 材料等的采购进行招标。

第九条 建设单位必须向有关的勘察、 设计、 施工、 工程监理等单位提供与建设工程有关的原始资料。

原始资料必须真实、 准确、 齐全。

第十二条 实行监理的建设工程， 建设单位应当委托具有相应资质等级的工程监理单位进行监理，也可以委托具有工程监理相应资质等级并与被监理工程的施工承包单位没有隶属关系或其他利害关系的该工程的设计单位进行监理。

下列建设工程必须实行监理。

（一） 国家重点建设工程；

（二）大中型公用事业工程；

（三） 成片开发建设的住宅小区工程；

（四） 利用外国政府或者国际组织贷款、 援助资金的工程；

（五） 国家规定必须实行监理的其他工程。

第三十四条 工程监理单位应当依法取得相应等级的资质证书， 并在其资质等级许可的范围内承担工程监理业务。

禁止工程监理单位超越本单位资质等级许可的范围或者以其他工程监理单位的名义承担工程监理业务。禁止工程监理单位允许其他单位或者个人以本单位的名义承担工程监理业务。

工程监理单位不得转让工程监理业务。

第三十五条　工程监理单位与被监理工程的施工承包单位以及建筑材料、建筑构配件和设备供应单位有隶属关系或者其他利害关系的，不得承担该项建设工程的监理业务。

第三十六条　工程监理单位应当依照法律、法规以及有关技术标准、设计文件和建设工程承包合同，代表建设单位对施工质量实施监理，并对施工质量承担监理责任。

第三十七条　工程监理单位应当选派具备相应资格的总监理工程师和监理工程师进驻施工现场。

未经监理工程师签字，建筑材料、建筑构配件和设备不得在工程上使用或者安装，施工单位不得进行下一道工序的施工。未经总监理工程师签字，建设单位不拨付工程款，不进行竣工验收。

第三十八条　监理工程师应当按照工程监理规范的要求，采取旁站、巡视和平行检验等形式，对建设工程实施监理。

第四十条　在正常使用条件下，建设工程的最低保修期限为：

（一）基础设施工程、房屋建筑的地基基础工程和主体结构工程，为设计文件规定的该工程的合理使用年限；

（二）屋面防水工程、有防水要求的卫生间、房间和外墙面的防渗漏，为5年；

（三）供热与供冷系统，为2个采暖期、供冷期；

（四）电气管线、给排水管道、设备安装和装修工程，为2年。

其他项目的保修期限由发包方与承包方约定。

建设工程的保修期，自竣工验收合格之日起计算。

第五十六条　违反本条例规定，建设单位有下列行为之一的，责令改正，处20万元以上50万元以下的罚款：

（一）迫使承包方以低于成本的价格竞标的；

（二）任意压缩合理工期的；

（三）明示或者暗示设计单位或者施工单位违反工程建设强制性标准，降低工程质量的；

（四）施工图设计文件未经审查或者审查不合格，擅自施工的；

（五）建设项目必须实行工程监理而未实行工程监理的；

（六）未按照国家规定办理工程质量监督手续的；

（七）明示或者暗示施工单位使用不合格的建筑材料、建筑构配件和设备的；

（八）未按照国家规定将竣工验收报告、有关认可文件或者准许使用文件报送备案的。

第六十条　违反本条例规定，勘察、设计、施工、工程监理单位超越本单位资质等级承揽工程的，责令停止违法行为，对勘察、设计单位或者工程监理单位处合同约定的勘察费、设计费或者监理酬金1倍以上2倍以下的罚款；对施工单位处工程合同价款百分之二以上百分之四以下的罚款，可以责令停业整顿，降低资质等级；情节严重的，吊销资质证书；有违法所得的，予以没收。

未取得资质证书承揽工程的，予以取缔，依照前款规定处以罚款；有违法所得的，予以没收。

以欺骗手段取得资质证书承揽工程的，吊销资质证书，依照本条第一款规定处以罚款；有违法所得的，予以没收。

第六十一条　违反本条例规定，勘察、设计、施工、工程监理单位允许其他单位或者个人以本单位名义承揽工程的，责令改正，没收违法所得，对勘察、设计单位和工程监理单位处合同约定的勘察费、设计费和监理酬金 1 倍以上 2 倍以下的罚款，对施工单位处工程合同价款百分之二以上百分之四以下的罚款；可以责令停业整顿，降低资质等级；情节严重的，吊销资质证书。

第六十二条　违反本条例规定，承包单位将承包的工程转包或者违法分包的，责令改正，没收违法所得，对勘察、设计单位处合同约定的勘察费、设计费百分之二十五以上百分之五十以下的罚款；对施工单位处工程合同价款百分之零点五以上百分之一以下的罚款；可以责令停业整顿，降低资质等级；情节严重的，吊销资质证书。

工程监理单位转让工程监理业务的，责令改正，没收违法所得，处合同约定的监理酬金百分之二十五以上百分之五十以下的罚款；可以责令停业整顿，降低资质等级；情节严重的，吊销资质证书。

第六十七条　工程监理单位有下列行为之一的，责令改正，处 50 万元以上 100 万元以下的罚款，降低资质等级或者吊销资质证书；有违法所得的，予以没收；造成损失的，承担连带赔偿责任；

（一）与建设单位或者施工单位串通，弄虚作假、降低工程质量的；

（二）将不合格的建设工程、建筑材料、建筑构配件和设备按照合格签字的。

第六十八条　违反本条例规定，工程监理单位与被监理工程的施工承包单位以及建筑材料、建筑构配件和设备供应单位有隶属关系或者其他利害关系承担该项建设工程的监理业务的，责令改正，处 5 万元以上 10 万元以下的罚款，降低资质等级或者吊销资质证书；有违法所得的，予以没收。

第七十二条　违反本条例规定，注册建筑师、注册结构工程师、监理工程师等注册执业人员因过错造成质量事故的，责令停止执业 1 年；造成重大质量事故的，吊销执业资格证书，5 年以内不予注册；情节特别恶劣的，终身不予注册。

第七十四条　建设单位、设计单位、施工单位、工程监理单位违反国家规定，降低工程质量标准，造成重大安全事故，构成犯罪的，对直接责任人员依法追究刑事责任。

第七十七条　建设、勘察、设计、施工、工程监理单位的工作人员因调动工作、退休等离开该单位后，被发现在该单位工作期间违反国家有关建设工程质量管理规定，造成重大工程质量事故的，仍应当依法追究法律责任。

1.2.5 《建设工程安全生产管理条例》（2003 年 11 月　国务院令第 393 号）

第三条　建设工程安全生产管理，坚持安全第一、预防为主的方针。

第四条　建设单位、勘察单位、设计单位、施工单位、工程监理单位及其他与建设工程安全生产有关的单位，必须遵守安全生产法律、法规的规定，保证建设工程安全生产，依法承担建设工程安全生产责任。

第十四条　工程监理单位应当审查施工组织设计中的安全技术措施或者专项施工方案是否符合工程建设强制性标准。

工程监理单位在实施监理过程中，发现存在安全事故隐患的，应当要求施工单位整改；情况严重的，应当要求施工单位暂时停止施工，并及时报告建设单位。施工单位拒不整改或者不停止施工的，工程监理单位应当及时向有关主管部门报告。

工程监理单位和监理工程师应当按照法律、法规和工程建设强制性标准实施监理，并对建设工程安全生产承担监理责任。

第五十七条　违反本条例的规定，工程监理单位有下列行为之一的，责令限期改正；逾期未改正的，责令停业整顿，并处10万元以上30万元以下的罚款；情节严重的，降低资质等级，直至吊销资质证书；造成重大安全事故，构成犯罪的，对直接责任人员，依照刑法有关规定追究刑事责任；造成损失的，依法承担赔偿责任：

（一）未对施工组织设计中的安全技术措施或者专项施工方案进行审查的；

（二）发现安全事故隐患未及时要求施工单位整改或者暂时停止施工的；

（三）施工单位拒不整改或者不停止施工，未及时向有关主管部门报告的；

（四）未依照法律、法规和工程建设强制性标准实施监理的。

第五十八条　注册执业人员未执行法律、法规和工程建设强制性标准的，责令停止执业3个月以上1年以下；情节严重的，吊销执业资格证书，5年内不予注册；造成重大安全事故的，终身不予注册；构成犯罪的，依照刑法有关规定追究刑事责任。

1.2.6 《建设工程监理范围和规模标准规定》（2001年1月　建设部第86号令）

第二条　下列建设工程必须实行监理：

（一）国家重点建设工程；

（二）大中型公用事业工程；

（三）成片开发建设的住宅小区工程；

（四）利用外国政府或者国际组织贷款、援助资金的工程；

（五）国家规定必须实行监理的其他工程。

第三条　国家重点建设工程，是指依据《国家重点建设项目管理办法》所确定的对国民经济和社会发展有重大影响的骨干项目。

第四条　大中型公用事业工程，是指项目总投资额在3000万元以上的下列工程项目：

（一）供水、供电、供气、供热等市政工程项目；

（二）科技、教育、文化等项目；

（三）体育、旅游、商业等项目；

（四）卫生、社会福利等项目；

（五）其他公用事业项目。

第五条　成片开发建设的住宅小区工程，建筑面积在5万平方米以上的住宅建设工程必须实行监理；5万平方米以下的住宅建设工程，可以实行监理，具体范围和规模标准，由省、自治区、直辖市人民政府建设行政主管部门规定。

为了保证住宅质量，对高层住宅及地基、结构复杂的多层住宅应当实行监理。

第六条　利用外国政府或者国际组织贷款、援助资金的工程范围包括：

（一）使用世界银行、亚洲开发银行等国际组织贷款资金的项目；

（二）使用国外政府及其机构贷款资金的项目；

（三）使用国际组织或者国外政府援助资金的项目。

第七条　国家规定必须实行监理的其他工程是指：

（一）项目总投资额在3000万元以上关系社会公共利益、公众安全的下列基础设施项目：

（1）煤炭、石油、化工、天然气、电力、新能源等项目；

（2）铁路、公路、管道、水运、民航以及其他交通运输业等项目；

（3）邮政、电信枢纽、通信、信息网络等项目；

（4）防洪、灌溉、排涝、发电、引（供）水、滩涂治理、水资源保护、水土保持等水利建设项目；

（5）道路、桥梁、地铁和轻轨交通、污水排放及处理、垃圾处理、地下管道、公共停车场等城市基础设施项目；

（6）生态环境保护项目；

（7）其他基础设施项目。

（二）学校、影剧院、体育场馆项目。

1.2.7 《房屋建筑工程施工旁站监理管理办法（试行）》

房屋建筑工程施工旁站监理管理办法（试行）

建市［2002］189 号

第一条　为加强对房屋建筑工程施工旁站监理的管理，保证工程质量，依据《建设工程质量管理条例》的有关规定，制定本办法。

第二条　本办法所称房屋建筑工程施工旁站监理（以下简称旁站监理），是指监理人员在房屋建筑工程施工阶段监理中，对关键部位、关键工序的施工质量实施全过程现场跟班的监督活动。

本办法所规定的房屋建筑工程的关键部位、关键工序，在基础工程方面包括：土方回填，混凝土灌注桩浇筑，地下连续墙、土钉墙、后浇带及其他结构混凝土、防水混凝土浇筑，卷材防水层细部构造处理，钢结构安装；在主体结构工程方面包括：梁柱节点钢筋隐蔽过程，混凝土浇筑，预应力张拉，装配式结构安装，钢结构安装，网架结构安装，索膜安装。

第三条　监理企业在编制监理规划时，应当制定旁站监理方案，明确旁站监理的范围、内容、程序和旁站监理人员职责等。旁站监理方案应当送建设单位和施工企业各一份，并抄送工程所在地的建设行政主管部门或其委托的工程质量监督机构。

第四条　施工企业根据监理企业制定的旁站监理方案，在需要实施旁站监理的关键部位、关键工序进行施工前 24 小时，应当书面通知监理企业派驻工地的项目监理机构。项目监理机构应当安排旁站监理人员按照旁站监理方案实施旁站监理。

第五条　旁站监理在总监理工程师的指导下，由现场监理人员负责具体实施。

第六条　旁站监理人员的主要职责是：

（一）检查施工企业现场质检人员到岗、特殊工种人员持证上岗以及施工机械、建筑材料准备情况；

（二）在现场跟班监督关键部位、关键工序的施工执行施工方案以及工程建设强制性标准情况；

（三）核查进场建筑材料、建筑构配件、设备和商品混凝土的质量检验报告等，并可在现场监督施工企业进行检验或者委托具有资格的第三方进行复验；

（四）做好旁站监理记录和监理日记，保存旁站监理原始资料。

第七条　旁站监理人员应当认真履行职责，对需要实施旁站监理的关键部位、关键工序在施工现场跟班监督，及时发现和处理旁站监理过程中出现的质量问题，如实准确地做好旁站监理记录。凡旁站监理人员和施工企业现场质检人员未在旁站监理记录（见附件）上签字的，不得进行下一道工序施工。

第八条　旁站监理人员实施旁站监理时，发现施工企业有违反工程建设强制性标准行为的，有权责令施工企业立即整改；发现其施工活动已经或者可能危及工程质量的，应当及时向监理工程师或者总监理工程师报告，由总监理工程师下达局部暂停施工指令或者采取其他应急措施。

第九条　旁站监理记录是监理工程师或者总监理工程师依法行使有关签字权的重要依据。对于需要旁站监理的关键部位、关键工序施工，凡没有实施旁站监理或者没有旁站监理记录的，监理工程师或者总监理工程师不得在相应文件上签字。在工程竣工验收后，监理企业应当将旁站监理记录存档备查。

第十条　对于按照本办法规定的关键部位、关键工序实施旁站监理的，建设单位应当严格按照国家规定的监理取费标准执行；对于超出本办法规定的范围，建设单位要求监理企业实施旁站监理的，建设单位应当另行支付监理费用，具体费用标准由建设单位与监理企业在合同中约定。

第十一条　建设行政主管部门应当加强对旁站监理的监督检查，对于不按照本办法实施旁站监理的监理企业和有关监理人员要进行通报，责令整改，并作为不良记录载入该企业和有关人员的信用档案；情节严重的，在资质年检时应定为不合格，并按照下一个资质等级重新核定其资质等级；对于不按照本办法实施旁站监理而发生工程质量事故的，除依法对有关责任单位进行处罚外，还要依法追究监理企业和有关监理人员的相应责任。

第十二条　其他工程的施工旁站监理，可以参照本办法实施。

第十三条　本办法自2003年1月1日起施行。

附件：表1-2　旁站监理记录表

附件：

表1-2　旁站监理记录表

工程名称：　　　　　　　　　　　　　　　　　　　　**编号**

日期及气候：	工程地点
旁站监理的部位或工序：	
旁站监理开始时间：	旁站监理结束时间：
施工情况：	
监理情况	
发现问题：	
处理意见：	
备注：	
施工企业：________ 项目经理部：________ 质检员（签字）：________ 年　月　日	监理企业：________ 项目监理机构：________ 旁站监理人员（签字）：________ 年　月　日

1.3　工程建设程序及监理相关制度

1.3.1　建设程序

1.3.1.1　建设程序的概念

所谓建设程序是指一项建设工程从设想、提出到决策，经过设计、施工，直至投产或交付使用的整个过程中，应当遵循的内在规律。

我国一般大中型及限额以上项目的建设程序中，将建设活动分成以下两个阶段：建设前期及决策阶段、项目实施阶段。建设前期及决策阶段即是提出项目建议书，编制可行性研究报告，根据咨询评估情况对建设项目进行决策。项目实施阶段包括根据批准的可行性研究报告进行勘察设计，编制设计文件；设计批准后，做好施工前各项准备工作；具备开工条件后组织施工安装；根据施工进度做好生产或动用前准备工作；项目按照批准的设计内容建完，进行竣工验收，验收合格后正式投产交付使用。

1.3.1.2　建设工程各阶段工作内容

（1）项目建议书阶段

项目建议书是拟建项目单位向国家提出的要求建设某一项目的建议文件，是对工程项目建设的初步设想。项目建议书的主要作用是推荐一个拟建项目，论述其建设的必要性、可行性和获利的可能性，供国家决策机构选择并确定是否进行下一步工作。

项目建议书的内容视项目的不同有繁有简，但一般应包括以下几方面的内容：

1）项目提出的必要性和依据；

2）产品方案、拟建规模和建设地点的初步设想；

3）资源情况、建设条件、协作关系和设备引进国别、厂商的初步分析；

4）投资估算、资金筹措及还贷方案设想；

5）项目进度安排；

6）经济效益和社会效益的初步估计；

7）环境影响的初步评价。

对于政府投资项目，项目建议书按要求编制完成后，应根据建设规模和限额划分分别报送有关部门审批。项目建议书批准后，可以进行详细的可行性研究报告，但并不表明项目非上不可，批准的项目建议书不是项目的最终决策。根据《国务院关于投融资体制改革的决定》（国发［2004］20号），对于企业不使用政府资金投资建设的项目，政府不再进行投资决策性质的审批，项目实行核准制或登记备案制，企业不需要编制项目建议书而可直接编制项目可行性研究报告。

（2）可行性研究阶段

可行性研究是指在项目决策之前，通过调查、研究、分析与项目有关的工程、技术、经济等方面的条件和情况，对可能的多种方案进行比较论证，同时对项目建成后的经济效益进行预测和评价的一种投资决策分析研究方法和科学分析活动。

1）作用。可行性研究的主要作用是为建设项目投资决策提供依据，同时也为建设项目设计、银行贷款、申请开工建设、建设项目实施、项目评估、科学实验、设备制造等提供依据。

2）内容。可行性研究是从项目建设和生产经营全过程分析项目的可行性，应完成以下工作内容：

① 市场研究，以解决项目建设的必要性问题；

② 工艺技术方案的研究，以解决项目建设的技术可行性问题；

③ 财务和经济分析，以解决项目建设的经济合理性问题。

凡经可行性研究未通过的项目，不得进行下一步工作。

(3) 项目投资决策审批

根据《国务院关于投资体制改革的决定》，政府投资项目和非政府投资项目分别实行审批制、核准制或备案制。

1) 政府投资项目。政府投资项目一般都要经过符合资质要求的咨询中介机构的评估论证，特别重大的项目还应实行专家评议制度。政府投资项目目前均有政府的发展和改革部门进行审批。

2) 非政府投资项目。对于企业不使用政府资金投资建设的项目，一律不再实行审批制，区别不同情况实行核准制或登记备案制

(4) 勘察设计阶段

工程勘察包括工程测量、工程地质和水文地质勘察等内容，是为了查明工程项目建设地点的地形地貌、地层土质、岩性、地质构造、水文等自然条件而进行的测量、测绘、测试、观察、调查、勘探、试验、鉴定、研究和综合评价工作，为建设项目进行选择厂（场、坝）址、工程的设计和施工提供科学可靠的依据。

设计是对拟建工程在技术和经济上进行全面的安排，是工程建设计划的具体化，是组织施工的依据。设计质量直接关系到建设工程的质量，是建设工程的决定性环节。经批准立项的建设工程，一般应通过招标投标择优选择设计单位

一般工程进行两阶段设计，即初步设计和施工图设计。有些工程，根据需要可在两阶段之间增加技术设计。

1) 初步设计　初步设计是根据批准的可行性研究报告和设计基础资料，对工程进行系统研究，概略计算。目的是在指定的时间、空间等限制条件下，在总投资控制的额度内和质量要求下，作出技术上可行、经济上合理的设计和规定，并编制工程总概算。如果初步设计提出的总概算超过可行性研究报告总投资的10%以上，或者其他主要指标需要变更时，应重新向原审批单位报批。

2) 技术设计　为了进一步解决初步设计中的重大问题，如工艺流程、建筑结构、设备选型等，根据初步设计和进一步的调查研究资料进行技术设计。这样做可以使各种技术问题得以解决，方案得以确定。

3) 施工图设计　在初步设计或技术设计基础上进行施工图设计，使设计达到施工安装的要求。

《建设工程质量管理条例》规定，建设单位应将施工图设计文件报县级以上人民政府建设行政主管部门或其他有关部门审查，未经审查批准的施工图设计文件不得使用。

(5) 建设准备阶段

工程开工建设之前，应当切实做好各项准备工作。按规定做好准备工作，具备开工条件以后，建设单位申请开工。经批准，项目进入下一阶段，即施工安装阶段。

(6) 施工安装阶段

建设工程具备了开工条件并取得施工许可证后才能开工。本阶段的主要任务是按设计进行施工安装，建成工程实体。在施工安装阶段，施工承包单位应认真做好图纸会审工作，参加设计交底，了解设计意图，明确质量要求；选择合适的材料供应商；做好人员管理；合理组织施工；建立并落实技术管理、质量管理体系和质量保证体系；严格把好中间质量验收和

竣工验收环节。

（7）生产准备阶段

工程投产前，建设单位应当做好各项生产准备工作。生产准备阶段是由建设阶段转入生产经营阶段的重要衔接阶段。生产准备阶段主要工作有：组建管理机构，制定有关制度和规定；招聘并培训生产管理人员，组织有关人员参加设备安装、调试、工程验收；签订供货及运输协议；进行工具、器具、备品、备件等的制造或订货；其他需要做好的有关工作。

（8）竣工验收阶段

建设工程按设计文件规定的内容和标准全部完成，达到竣工验收条件，建设单位即可组织竣工验收，勘察、设计、施工、监理等有关单位应参加竣工验收。

竣工验收合格后，建设工程方可交付使用。竣工验收后，建设单位应及时向建设行政主管部门或其他有关部门备案并移交建设项目档案。

1.3.2 建设工程主要管理制度

（1）项目法人责任制

为了建立投资约束机制，规范建设单位的行为，建设工程应当按照政企分开的原则组建项目法人，实行项目法人责任制，即由项目法人对项目的策划、资金筹措、建设实施、生产经营、债务偿还和资产的保值增值实行全过程负责的制度。

1）项目法人责任制是实行建设工程监理制的必要条件。实行项目法人责任制，执行谁投资，谁决策，谁承担风险的市场经济基本原则，项目法人为了做好决策，尽量避免承担风险，也就为建设工程监理提供了社会需求空间和发展空间。

2）建设工程监理制是实行项目法人责任制的基本保障。建设单位在工程监理企业的协助下，做好投资控制、进度控制、质量控制、合同管理、信息管理、组织协调等工作，就为在计划目标内实现建设项目提供了基本保障。

（2）建设工程招标投标制

《中华人民共和国招标投标法》和国务院已经规定了进行招标的工程建设项目具体范围和规模标准，包括项目的勘察、设计、施工、监理以及与工程建设有关的重要设备、材料等的采购必须进行招标。

（3）建设工程监理制

国家推行建设工程监理制度。国务院规定了实行强制监理的建设工程的范围。建设工程监理应当依照法律、行政法规及有关的技术标准、设计文件和工程承包合同，对承包单位在施工质量、建设工期和建设资金使用等方面，代表建设单位实施监督。工程监理人员认为工程施工不符合工程设计要求、施工技术标准和合同约定的，有权要求建筑施工企业改正；工程监理人员认为工程设计不符合建筑工程质量标准或者合同约定的质量要求的，应当报告建设单位要求设计单位改正。

建设工程监理的主要内容是控制建设工程的投资、工期和质量，进行合同管理、安全管理和信息管理，协调工程建设项目有关各方间的工作关系。

（4）合同管理制

建设工程的勘察设计、施工、设备材料采购和工程监理都要依法订立合同。各类合同都要明确质量要求、履约担保和违约处罚条款，违约方要承担相应的法律责任。

（5）建设工程质量备案制

工程竣工验收合格后，建设单位应当在工程所在地的县级以上地方人民政府建设行政主管部门备案，提交工程竣工验收报告，勘察、设计、施工、工程监理等单位分别签署的质量合格文件，法律、行政法规规定的应当由规划、公安消防、环保等部门出具的认可文件或者准许使用文件，工程质量保修书以及备案机关认为需要提供的有关资料。

(6) 建设工程质量终身责任制

建设、勘察、设计、施工、工程监理单位的工作人员因调动工作、退休等原因离开该单位后，如果被发现在该单位工作期间违反国家有关建设工程质量管理规定，造成重大工程质量事故的，仍应当依法追究其法律责任。

项目工程质量的行政领导责任人，项目法定代表人，勘察、设计、施工、监理等单位的法定代表人，要按各自的职责对其经手的工程质量负终身责任。如发生重大工程质量事故，不管调到哪里工作，担任什么职务，都要追究其相应的行政和法律责任。

(7) 工程设计审查制

工程项目设计在完成初步设计文件后，经政府建设主管部门组织工程项目内容所涉及的行业主管部门依据有关法律法规进行初步设计的会审，会审后由建设主管部门下达设计批准文件，之后方可进行施工图设计。施工图设计文件完成后送具备资质的施工图设计审查机构，依据国家设计标准、规范的强制性条款进行审查签证后才能用于工程。

【习题与案例】

一、单项选择题

1. 关于建设工程监理的说法，正确的是（ ）。

A. 建设工程监理的行为主体包括监理企业、建设单位和施工单位

B. 监理单位处理工程变更的权限是建设单位授权的结果

C. 建设工程监理的实施需要建设单位的委托和施工单位的认可

D. 建设工程监理的依据包括委托监理合同、工程总承包合同和分包合同

2. 监理单位在建设工程监理工作中体现公平性要求的是（ ）。

A. 维护建设单位的合法权益时，不损害施工单位的合法权益

B. 协助建设单位实现其投资目标，力求在计划的目标内建成工程

C. 按照委托监理合同的规定，为建设单位提供管理服务

D. 建立健全管理制度，配备有丰富管理经验和应变能力的监理工程师

3. 监理单位对施工单位建设行为的监督管理，是从（ ）的角度对建设工程生产过程实施的管理。

A. 工程总承包方　B. 施工总承包方　C. 产品生产者　D. 产品需求者

4. 政府投资项目决策前，需由咨询机构对项目进行评估论证，特别重大的项目还应实行专家（ ）制度。

A. 决策　B. 评议　C. 审定　D. 验收

5. 某工程，施工单位于3月10日进入施工现场开始建设临时设施，3月15日开始拆除旧有建筑物，3月25日开始永久性工程基础正式打桩，4月10日开始平整场地。该工程的开工时间为（ ）。

A. 3月10日　B. 3月15日　C. 3月25日　D. 4月1日

6. 工程保修期内，检查工程质量状况、鉴定质量问题责任、督促责任单位维修，是监理工程师（ ）特点的具体体现。

A. 执业范围广泛　B. 执业技能全面　C. 执业责任重大　D. 执业内容复杂

7. 根据《建筑法》，中止施工满1年的工程恢复施工时，施工许可证应由（ ）。

A. 施工单位报发证机关核验　　B. 监理单位向发证机关提出核验
C. 建设单位报发证机关核验　　D. 建设单位向发证机关提出核验

8. 根据《建设工程质量管理条例》，施工单位在施工过程中发现设计文件和图样有差错的，应当（　）。

A. 及时提出意见和建议　　B. 要求设计单位改正
C. 报告建设单位要求设计单位改正　　D. 报告监理单位要求设计单位改正

9. 根据《建设工程监理范围和规模标准规定》，下列建设工程中，不属于必须实行监理的是（　）。

A. 总投资在3000万元以上的市政工程项目
B. 使用国际组织援助资金总投资额为400万美元的项目
C. 建筑面积为$2000m^2$的小型剧场项目
D. 建筑面积小于5万平方米的住宅项目

10. 工程监理企业应当由足够数量的有丰富管理经验和应变能力的监理工程师组成骨干队伍，这是建设工程监理（　）的具体表现。

A. 服务性　　B. 科学性　　C. 独立性　　D. 公平性

11. 下列关于建设工程投资、进度、质量三大目标之间基本关系的说法中，表达目标之间统一关系的是（　）。

A. 缩短工期，可能增加工程投资
B. 减少投资，可能要降低功能和质量要求
C. 提高功能和质量要求，可能延长工期
D. 提高功能和质量要求，可能降低运行费用和维修费用

12. 根据《建筑法》，实施建筑工程监理前，建设单位应当将委托的工程监理单位、监理的内容及监理（　），书面通知被监理的建筑施工企业。

A. 范围　　B. 任务　　C. 职责　　D. 权限

13. 根据《建设工程质量管理条例》，建筑材料、建筑构配件和设备等，未经（　）签字认可，不得在工程上使用或安装。

A. 建设单位代表　　B. 总监理工程师代表　　C. 监理工程师　　D. 监理员

14. 根据《建设工程质量管理条例》，施工单位须做好隐蔽工程的质量检查和记录。隐蔽工程在隐蔽前，施工单位应通知建设单位和（　）。

A. 建设工程质量监督机构　　B. 设计单位　　C. 勘察单位　　D. 监理单位

15. 根据《建设工程质量管理条例》，监理工程师应当按照工程监理规范的要求，采取旁站、巡视和（　）检验等形式，对建设工程实施监理。

A. 等距　　B. 随机　　C. 平行　　D. 抽样

16. 下列各类建设工程中，属于《建设工程监理范围和规模标准规定》中规定的必须实行监理的是（　）。

A. 投资总额2000万元的学校工程　　B. 投资总额2000万元的科技、文化工程
C. 投资总额2000万元的社会福利工程　　D. 投资总额2000万元的道路、桥梁工程

17. 我国建设工程法律法规体系中，《建设工程质量管理条例》属于（　）。

A. 法律　　B. 行政规章　　C. 行政法规　　D. 部门规章

18. 依据《建筑法》，当施工不符合工程设计要求、施工技术标准和合同约定时，工程监理人员应当（　）。

A. 报告建设单位　　B. 要求建筑施工企业改正

C. 报告建设单位要求建筑施工企业改正　　D. 立即要求建筑施工企业暂时停止施工

19. 依据《建设工程监理范围和规模标准规定》，下列项目中，必须实行监理的是（　）。

A. 建筑面积4000m^2的影剧院项目　B. 建筑面积40000m^2的住宅项目

C. 总投资额2800万元的新能源项目　　D. 总投资额2700万元的社会福利项目

20. 监理单位是从（　）的角度出发对工程进行质量控制。

A. 建设工程生产者　B. 社会公众　C. 业主或建设工程需求者　D. 项目的贷款方

21. 因故中止施工的建筑工程恢复施工时，应当向发证机关报告，中止施工满1年的工程恢复施工前，建设单位应当（　）。

A. 重新申请领取施工许可证　　B. 向发证机关申请延期施工许可证

C. 报发证机关核验施工许可证　　D. 重新办理开工报告的批准手续

22.《建筑法》规定，交付竣工验收的建筑工程，必须符合规定的建筑工程质量标准，有完整的（　），并具备国家规定的其他竣工条件。

A. 工程设计文件、施工文件和监理文件　B. 工程建设文件、竣工图和竣工验收文件

C. 监理文件和经签署的工程质量保证书　D. 工程技术经济资料和经签署的工程保修书

23. 建设工程监理实施的前提是（　）。

A. 工程建设文件　　B. 建设单位的委托和授权

C. 有关的建设工程合同　　D. 工程监理企业的专业化

24. 建设工程监理单位应在（　）承担工程监理业务。

A. 业主委托的监理范围内　B. 核定的业务范围内　C. 熟悉的行业内　D. 可能的范围内

25. 以下不是旁站监理的关键部位和关键工序的是（　）。

A. 基础土方回填　　B. 基础钢筋绑扎

C. 主体结构混凝土浇筑　　D. 梁柱节点钢筋隐蔽过程

二、多项选择题

1. 关于建设工程监理特点的说法，正确的是（　）。

A. 建设工程监理是受建设单位的委托，只为建设单位服务

B. 建设工程监理是依靠法律与行政手段强制推行的制度

C. 建设工程监理的市场准入采取了企业资质和人员资格的双重控制

D. 建设工程监理的主要方法是规划、控制、协调

E. 建设工程监理可促使施工单位保证建设工程质量

2. 根据《建筑法》，建设单位申请领取施工许可证应当具备的条件包括（　）。

A. 已经取得规划许可证　　B. 拆迁完毕　　C. 已经确定建筑施工企业

D. 有保证工程质量和安全的具体措施　　E. 建设资金已经落实

3. 下列关于建设工程投资效益最大化含义的说法中，正确的是（　）。

A. 在满足建设工程投资控制要求的前提下，建设投资额最少

B. 在满足建设工程预定功能和质量标准的前提下，建设投资额最少

C. 在满足建设工程预定功能和质量标准的前提下，使用费用最少

D. 在满足建设工程预定功能和质量标准的前提下，建设工程寿命周期费用最少

E. 建设工程本身的投资效益与环境、社会效益的综合效益最大化

4. 根据《建设工程质量管理条例》，施工人员对涉及结构安全的（　）以及有关材料，应当在建设单位或者监理单位监督下现场取样，并送具有相应资质等级的质量检测单位进行检测。

A. 设备　　B. 机具　　C. 试块　　D. 试件　　E. 器具

5. 依据国家相关法律法规的规定，下列情形中，监理工程师应当承担连带责任的有（　）。

A. 对应当监督检查的项目不检查或不按照规定检查，给建设单位造成损失的

B. 与施工企业串通，弄虚作假、降低工程质量，从而导致安全事故的

C. 将不合格的建筑材料按照合格签字，造成工程质量事故，由此引发安全事故的

D. 未按照工程监理规范的要求实施监理的

E. 转包或违法分包所承揽的监理业务的

6. 在全过程监理中，工程监理企业可根据（　　）对承建单位的建设行为实行监理。

A. 委托监理合同　　B. 勘察合同C. 设计合同D. 招标文件

E. 施工合同

7. 与建设项目管理不同的是，我国对建设工程监理的市场准入提出了（　　）要求。

A. 企业资质　　B. 项目规模C. 企业规模D. 人员资格

E. 项目技术标准

8.《建筑法》规定，工程监理单位与被监理工程的（　　）不得有隶属关系或者其他利害关系。

A. 设计单位　　B. 承包单位　　C. 建筑材料供应单位

D. 设备供应单位　　E. 工程咨询单位

9. 工程监理企业应当按照“守法、诚信、公平、科学”的准则从事建设工程监理活动，守法应体现在（　）。

A. 在核定的业务范围内开展经营活动　B. 认真全面履行委托监理合同

C. 根据建设单位委托，客观、公正地执行监理任务

D. 建立健全企业内部各项管理制度　　E. 不转让工程监理业务

10.《建设工程质量管理条例》关于施工单位对建筑材料、建筑构配件、设备和商品混凝土进行检验的具体规定有（　　）。

A. 检验必须按照工程设计要求、施工技术标准和合同约定进行

B. 检验结果未经监理工程师签字，不得使用

C. 检验结果未经施工单位质量负责人签字，不得使用

D. 未经检验或者检验不合格的，不得使用　E. 检验应当有书面记录和专人签字

三、案例题

案例 1

某实行监理的工程，实施过程中发生下列事件：

事件 1：由于吊装作业危险性较大，施工项目部编制了专项施工方案，并送现场监理员签收。吊装作业前，吊车司机使用风速仪检测到风力过大，拒绝进行吊装作业。施工项目经理便安排另一名吊车司机进行吊装作业，监理员发现后立即向专业监理工程师汇报，该专业监理工程师回答说：这是施工单位内部的事情。

事件 2：监理员将施工项目部编制的专项施工方案交给总监理工程师后，发现现场吊装作业吊车发生故障。为了不影响进度，施工项目经理调来另一台吊车，该吊车比施工方案确定的吊车吨位稍小，但经安全检测可以使用。监理员立即将此事向总监理工程师汇报，总监理工程师以专项施工方案未经审查批准就实施为由，签发了停止吊装作业的指令。施工项目经理签收暂停令后，仍要求施工人员继续进行吊装。总监理工程师报告了建设单位，建设单位负责人称工期紧迫，要求总监理工程师收回吊装作业暂停令。

问题：

1. 指出事件1中专业监理工程师的不妥之处，写出正确做法。

2. 分别指出事件1和事件2中施工项目经理在吊装作业中的不妥之处，写出正确做法。

3. 分别指出事件2中建设单位、总监理工程师工作中的不妥之处，写出正确做法。

案例2

某实施监理的工程，工程监理合同履行过程中发生以下事件：

事件1：为确保深基坑开挖工程的施工安全。施工项目经理亲自兼任施工现场的安全生产管理员。为赶工期，施工单位在报审深基坑开挖工程专项施工方案的同时即开始该基坑开挖。

事件2：项目监理机构履行安全生产管理的监理职责，审查了施工单位报送的安全生产相关资料。

事件3：专业监理工程师发现，施工单位使用的起重机械没有现场安装后的验收合格证明，随即向施工单位发出《监理通知单》。

问题：

1. 指出事件1中施工单位做法的不妥之处，写出正确做法。

2. 事件2中，根据《建设工程安全生产管理条例》，项目监理机构应审查施工单位报送资料中的哪些内容？

3. 事件3中，《监理通知单》应对施工单位提出哪些要求？

案例3

某监理单位与业主签订了某钢筋混凝土结构商住楼工程项目施工阶段的监理合同，专业监理工程师例行在现场巡视检查、旁站实施监理工作。在监理过程，发现以下一些问题：

1. 某层钢筋混凝土墙体，由于绑扎钢筋困难，无法施工，施工单位未通报监理工程师就把墙体预留门洞移动了位置。

2. 某层一钢筋混凝土柱，钢筋绑扎已检查、签证，模板经过预检验收，浇筑混凝土过程中及时发现模板胀模。

3. 某层钢筋混凝土墙体，钢筋绑扎后未经检查验收，即擅自合模封闭，正准备浇筑混凝土。

4. 某段供气地下管道工程，管道铺设完毕后，施工单位通知监理工程师进行检查，但在合同规定时间内，监理工程师未能到现场检查，又未通知施工单位延期检查。施工单位即行将管沟回填覆盖了将近一半。监理工程师发现后认为该隐蔽工程未经检查认可即行覆盖，质量无保证。

5. 施工单位把地下室内防水工程分包给一专业防水施工单位施工，该分包单位未经资质验证认可，即进场施工，并已进行了200m^{2}的防水工程。

6. 某层钢筋骨架正在进行焊接中，监理工程师检查发现有2人未经技术资质审查认可。

7. 某楼层一户住房房间钢门框经检查符合设计要求，日后检查发现门销已经焊接，门窗已经安装，门扇反向，经检查施工符合设计图纸要求。

问题：以上各项问题监理工程师应如何分别处理？

Chapter

第2章 工程监理企业、人员及项目监理机构

2.1 工程监理企业

2.1.1 监理企业的概念与分类

工程监理企业是指依法成立并取得建设主管部门颁发的工程监理企业资质证书，从事建设工程监理与相关服务活动的机构。它是监理工程师的执业单位。

工程监理企业必须具备三个基本条件：一是持有《监理企业资质证书》；二是持有《监理企业营业执照》；三是从事建设工程监理业务。

工程监理企业是实行独立核算、从事盈利性服务活动的经济组织。不同的企业有不同的性质和特点，根据不同的标准可将企业划分成不同的类别。

(1) 按组织形式划分

1) 公司制监理企业。分为监理有限责任公司和监理股份有限公司。监理有限责任公司是指由 2 人以上 50 人以下的股东共同出资，股东以其出资额对公司承担有限责任，公司以其全部资产来承担公司的债务，股东对超出公司全部资产的债务不承担责任。监理股份有限公司是指全部资本由等额股份构成，并通过发行股票筹集资本，股东以其所认购股份对公司承担责任，公司以其全部资产对公司债务承担责任的企业法人。

2) 合伙制监理企业。在中国境内设立的，由两个或两个以上的自然人通过订立合伙协议，共同出资经营、共负盈亏、共担风险的企业组织形式。合伙人对企业债务承担连带无限清偿责任。

(2) 按工程监理企业资质等级划分

工程监理企业资质分为综合资质、专业资质和事务所资质。其中，专业资质按照工程性质和技术特点划分为若干工程类别；综合资质、事务所资质不分级别。

(3) 按专业类别划分

依据《工程监理企业资质管理规定》(建设部令第158号)的规定，我国的工程类别分为房屋建筑工程、冶炼工程、矿山工程、化工石油工程、水利水电工程、电力工程、农林工程、铁路工程、公路工程、港口与航道工程、航天航空工程、通信工程、市政公用工程、机电安装工程共14类。

2.1.2 工程监理企业的资质管理

《工程监理企业资质管理规定》已明确了工程监理企业的资质等级和业务范围、资质申请和审批、监督管理等内容。

2.1.2.1 工程监理企业的资质等级标准

工程监理企业的资质按照等级分为综合资质、专业资质和事务所资质。其中，专业资质分为甲级、乙级；其中，房屋建筑、水利水电、公路和市政公用专业资质可设立丙级。甲级、乙级和丙级，按照工程性质和技术特点分为14个专业工程类别，每个专业工程类别按照工程规模或技术复杂程度又分为3个等级。部分专业工程类别和等级参见表2-1。

(1) 综合资质标准

1) 具有独立法人资格且注册资本不少于600万元。

2) 企业技术负责人应为注册监理工程师，并具有15年以上从事工程建设工作的经历或者具有工程类高级职称。

3) 具有5个以上工程类别的专业甲级工程监理资质。

4) 注册监理工程师不少于60人，注册造价工程师不少于5人，一级注册建造师、一级注册建筑师、一级注册结构工程师或者其他勘察设计注册工程师合计不少于15人次。

5) 企业具有完善的组织结构和质量管理体系，有健全的技术、档案等管理制度。

6) 企业具有必要的工程试验检测设备。

7) 申请工程监理资质之日前一年内没有本规定第十六条禁止的行为。

8) 申请工程监理资质之日前一年内没有因本企业监理责任造成重大质量事故。

9) 申请工程监理资质之日前一年内没有因本企业监理责任发生三级以上工程建设重大安全事故或者发生两起以上四级工程建设安全事故。

(2) 专业资质标准

1) 甲级

① 具有独立法人资格且注册资本不少于300万元。

② 企业技术负责人应为注册监理工程师，并具有15年以上从事工程建设工作的经历或者具有工程类高级职称。

③ 注册监理工程师、注册造价工程师、一级注册建造师、一级注册建筑师、一级注册结构工程师或者其他勘察设计注册工程师合计不少于25人次；其中，相应专业注册监理工程师不少于《专业资质注册监理工程师人数配备表》(见表2-2) 中要求配备的人数，注册造价工程师不少于2人。

④ 企业近2年内独立监理过3个以上相应专业的二级工程项目，但是，具有甲级设计资质或一级及以上施工总承包资质的企业申请本专业工程类别甲级资质的除外。

⑤ 企业具有完善的组织结构和质量管理体系，有健全的技术、档案等管理制度。

⑥ 企业具有必要的工程试验检测设备。

⑦ 申请工程监理资质之日前一年内没有本规定第十六条禁止的行为。

⑧ 申请工程监理资质之日前一年内没有因本企业监理责任造成重大质量事故。

⑨ 申请工程监理资质之日前一年内没有因本企业监理责任发生三级以上工程建设重大

安全事故或者发生两起以上四级工程建设安全事故。

2）乙级

① 具有独立法人资格且注册资本不少于100万元。

② 企业技术负责人应为注册监理工程师，并具有10年以上从事工程建设工作的经历。

③ 注册监理工程师、注册造价工程师、一级注册建造师、一级注册建筑师、一级注册结构工程师或者其他勘察设计注册工程师合计不少于15人次。其中，相应专业注册监理工程师不少于《专业资质注册监理工程师人数配备表》中要求配备的人数，注册造价工程师不少于1人。

④ 有较完善的组织结构和质量管理体系，有技术、档案等管理制度。

⑤ 有必要的工程试验检测设备。

⑥ 申请工程监理资质之日前一年内没有本规定第十六条禁止的行为。

⑦ 申请工程监理资质之日前一年内没有因本企业监理责任造成重大质量事故。

⑧ 申请工程监理资质之日前一年内没有因本企业监理责任发生三级以上工程建设重大安全事故或者发生两起以上四级工程建设安全事故。

3）丙级

① 具有独立法人资格且注册资本不少于50万元。

② 企业技术负责人应为注册监理工程师，并具有8年以上从事工程建设工作的经历。

③ 相应专业的注册监理工程师不少于《专业资质注册监理工程师人数配备表》中要求配备的人数。

④ 有必要的质量管理体系和规章制度。

⑤ 有必要的工程试验检测设备。

（3）事务所资质标准

1）取得合伙企业营业执照，具有书面合作协议书。

2）合伙人中有3名以上注册监理工程师，合伙人均有5年以上从事建设工程监理的工作经历。

3）有固定的工作场所。

4）有必要的质量管理体系和规章制度。

5）有必要的工程试验检测设备。

表2-1 部分专业工程类别和等级表

序号	工程类别		一级	二级	三级
一	房屋建筑工程	一般公共建筑	28层以上；36米跨度以上（轻钢结构除外）；单项工程建筑面积3万平方米以上	14～28层；24～36米跨度（轻钢结构除外）；单项工程建筑面积1万～3万平方米	14层以下；24米跨度以下（轻钢结构除外）；单项工程建筑面积1万平方米以下
		高耸构筑工程	高度120米以上	高度70～120米	高度70米以下
		住宅工程	小区建筑面积12万平方米以上；单项工程28层以上	建筑面积6万～12万平方米；单项工程14～28层	建筑面积6万平方米以下；单项工程14层以下

续表

序号	工程类别		一级	二级	三级
二	市政公用工程	城市道路工程	城市快速路、主干路，城市互通式立交桥及单孔跨径 100 米以上桥梁；长度 1000 米以上的隧道工程	城市次干路工程，城市分离式立交桥及单孔跨径 100 米以下的桥梁；长度 1000 米以下的隧道工程	城市支路工程、过街天桥及地下通道工程
		给水排水工程	10 万吨/日以上的给水厂；5 万吨/日以上污水处理工程；3 立方米/秒以上的给水、污水泵站；15 立方米/秒以上的雨泵站；直径 2.5 米以上的给排水管道	2 万～10 万吨/日的给水厂；1 万～5 万吨/日污水处理工程；1～3 立方米/秒的给水、污水泵站；5～15立方米/秒的雨泵站；直径 1～2.5米的给水管道；直径 1.5～2.5 米的排水管道	2 万吨/日以下的给水厂；1 万吨/日以下污水处理工程；1 立方米/秒以下的给水、污水泵站；5 立方米/秒以下的雨泵站；直径 1 米以下的给水管道；直径 1.5 米以下的排水管道
		燃气热力工程	总储存容积 1000 立方米以上液化气贮罐场（站）；供气规模 15 万立方米/日以上的燃气工程；中压以上的燃气管道、调压站；供热面积 150 万平方米以上的热力工程	总储存容积 1000 立方米以下的液化气贮罐场（站）；供气规模 15 万立方米/日以下的燃气工程；中压以下的燃气管道、调压站；供热面积 50 万～150 万平方米的热力工程	供热面积 50 万平方米以下的热力工程
		垃圾处理工程	1200 吨/日以上的垃圾焚烧和填埋工程	500～1200 吨/日的垃圾焚烧及填埋工程	500 吨/日以下的垃圾焚烧及填埋工程
		地铁轻轨工程	各类地铁轻轨工程		
		风景园林工程	总投资 3000 万元以上	总投资 1000 万～3000 万元	总投资 1000 万元以下

注：1. 表中的“以上”含本数，“以下”不含本数。

2. 未列入本表中的其他专业工程，由国务院有关部门按照有关规定在相应的工程类别中划分等级。

3. 房屋建筑工程包括结合城市建设与民用建筑修建的附建人防工程。

表 2-2　专业资质注册监理工程师人数配备表　　单位：人

序号	工程类别	甲级	乙级	丙级
1	房屋建筑工程	15	10	5
2	冶炼工程	15	10	
3	矿山工程	20	12	
4	化工石油工程	15	10	
5	水利水电工程	20	12	5
6	电力工程	15	10	
7	农林工程	15	10	
8	铁路工程	23	14	
9	公路工程	20	12	5
10	港口与航道工程	20	12	
11	航天航空工程	20	12	
12	通信工程	20	12	
13	市政公用工程	15	10	5
14	机电安装工程	15	10	

注：表中各专业资质注册监理工程师人数配备是指企业取得本专业工程类别注册的注册监理工程师人数。

2.1.2.2 《工程监理企业资质管理规定实施意见》（建市［2007］190 号）有关说明

1）注册资本金是指企业法人营业执照上注明的实收资本金。

2）工程监理企业的注册监理工程师是指在本企业注册的取得《中华人民共和国注册监理工程师注册执业证书》的人员。注册监理工程师不得同时受聘、注册于两个及以上企业。注册监理工程师的专业是指《中华人民共和国注册监理工程师注册执业证书》上标注的注册专业。

一人同时具有注册监理工程师、注册造价工程师、一级注册建造师、一级注册建筑师、一级注册结构工程师或者其他勘察设计注册工程师两个及以上执业资格，且在同一监理企业注册的，可以按照取得的注册执业证书个数，累计计算其人次。

申请工程监理企业资质的企业，其注册人数和注册人次应分别满足建设部令第 158 号中规定的注册人数和注册人次要求。申请综合资质的企业具有一级注册建造师、一级注册建筑师、一级注册结构工程师或者其他勘察设计注册工程师合计应不少于 15 人次，且具有一级注册建造师不少于 1 人次、具有一级注册结构工程师或其他勘察设计注册工程师或一级注册建筑师不少于 1 人次。

3）“企业近 2 年内独立监理过 3 个以上相应专业的二级工程项目”是指企业自申报之日起前 2 年内独立监理完成并已竣工验收合格的工程项目。企业申报材料中应提供相应的工程验收证明复印件。

4）因本企业监理责任造成重大质量事故和因本企业监理责任发生安全事故的发生日期，以行政处罚决定书中认定的事故发生日为准。

5）具有事务所资质的企业只可承担房屋建筑、水利水电、公路和市政公用工程专业等级三级且非强制监理的建设工程项目的监理、项目管理、技术咨询等相关服务。

2.1.2.3 工程监理企业资质相应许可的业务范围

（1）综合资质

可以承担所有专业工程类别建设工程项目的工程监理业务。

（2）专业资质

1）专业甲级资质：可承担相应专业工程类别建设工程项目的工程监理业务。

2）专业乙级资质：可承担相应专业工程类别二级以下（含二级）建设工程项目的工程监理业务。

3）专业丙级资质：可承担相应专业工程类别三级建设工程项目的工程监理业务。

（3）事务所资质

可承担三级建设工程项目的工程监理业务，但是，国家规定必须实行强制监理的工程除外。

另外，工程监理企业可以开展相应类别建设工程的项目管理、技术咨询等业务。

建设单位会依据工程项目承发包模式委托相应的工程监理企业。

工程承发包模式

2.1.2.4 工程监理企业资质申请和审批

1）申请综合资质、专业甲级资质的，应当向企业工商注册所在地的省、自治区、直辖市人民政府建设主管部门提出申请。

省、自治区、直辖市人民政府建设主管部门应当自受理申请之日起 20 日内初审完毕，并将初审意见和申请材料报国务院建设主管部门。

国务院建设主管部门应当自省、自治区、直辖市人民政府建设主管部门受理申请材料之日起 60 日内完成审查，公示审查意见，公示时间为 10 日。其中，涉及铁路、交通、水利、通信、民航等专业工程监理资质的，由国务院建设主管部门送国务院有关部门审核。国务院有关部门应当在20日内审核完毕，并将审核意见报国务院建设主管部门。国务院建设主管部门根据初审意见审批。

2）专业乙级、丙级资质和事务所资质由企业所在地省、自治区、直辖市人民政府建设主管部门审批。

专业乙级、丙级资质和事务所资质许可、延续的实施程序由省、自治区、直辖市人民政府建设主管部门依法确定。

省、自治区、直辖市人民政府建设主管部门应当自作出决定之日起10日内，将准予资质许可的决定报国务院建设主管部门备案。

3）工程监理企业资质证书分为正本和副本，每套资质证书包括一本正本，四本副本。正、副本具有同等法律效力。

工程监理企业资质证书的有效期为5年。工程监理企业资质证书由国务院建设主管部门统一印制并发放。

当前，我国正在深化建筑业简政放权改革，简化工程建设企业资质类别和等级设置，强化个人执业资格管理是日后发展方向；大中型工程监理企业向全过程工程咨询服务企业转变是大势所趋。

2.2 监理企业的经营管理

2.2.1 工程监理企业经营活动基本准则

工程监理企业从事建设工程监理活动，应当遵循“守法、诚信、公正、科学”的准则。

(1) 守法

守法，即遵守国家的法律法规，依法经营。主要体现在：

1）工程监理企业只能在核定的业务范围内开展经营活动。

2）工程监理企业不得伪造、涂改、出租、出借、转让、出卖《资质等级证书》。

3）工程监理企业应按照合同的约定认真履行，不得无故或故意违背自己的承诺。

4）工程监理企业离开原住所地承接监理业务，要自觉遵守当地人民政府颁发的监理法规和有关规定，主动向监理工程所在地的省、自治区、直辖市建设行政主管部门备案登记，接受其指导和监督管理。

5）遵守国家关于企业法人的其他法律、法规的规定。

(2) 诚信

诚信，即诚实守信用。这是道德规范在市场经济中的体现。它要求一切市场参加者在不损害他人利益和社会公共利益的前提下，追求自己的利益，目的是在当事人之间的利益关系和当事人与社会之间的利益关系中实现平衡，并维护市场道德秩序。诚信原则的主要作用在于指导当事人以善意的心态，诚信的态度行使民事权利，承担民事义务，正确地从事民事活动。

(3) 公平

公平，是指工程监理企业在监理活动中既要维护业主的利益，又不能损害承包商的合法利益，并依据合同公平合理地处理业主与承包商之间的争议。

工程监理企业要做到公平，必须做到以下几点：

1）要具有良好的职业道德；

2）要坚持实事求是；

3）要熟悉有关建设工程合同条款；

4）要提高专业技术能力；

5）要提高综合分析判断问题的能力。

（4）科学

科学，是指工程监理企业要依据科学的方案，运用科学的手段，采取科学的方法开展监理工作。工程监理工作结束后，还要进行科学的总结。实施科学化管理主要体现在：

1）科学的方案。工程监理的方案主要是指科学的监理规划和监理实施细则。监理规划的内容应齐全翔实，工作程序及控制措施应科学合理。监理实施细则应涵盖各专业、各阶段监理工作内容的关键部位或可能出现的重大问题，并针对性地拟定解决方法，制定出切实可行、行之有效的实施措施。

2）科学的手段。实施工程监理必须借助于先进的科学仪器才能做好监理工作，如各种检测、试验、化验仪器、摄录像设备及计算机等。

3）科学的方法。监理工作的利学方法主要体现在监理人员在掌握大量的、确凿的有关监理对象及其外部环境实际情况的基础上，适时、妥帖、高效地处理有关问题。解决问题要用事实、数据说话，并形成书面文字。监理工作时应注重开发、利用网络、计算机软件进行辅助监理。

2.2.2　监理企业市场开发

（1）取得监理业务的基本方式

工程监理企业承揽监理业务的表现形式有两种：一是通过投标竞争取得监理业务；二是由业主直接委托取得监理业务。通过投标取得监理业务，是市场经济体制下比较普遍的形式，我国《招标投标法》明确规定，关系公共利益安全、政府投资、外资工程等实行监理必须招标。在不宜公开招标的机密工程或没有投标竞争对手的情况下，或者是工程规模比较小、比较单一的监理业务，或者是对原工程监理企业的续用等情况下，业主也可以直接委托工程监理企业实施监理。

（2）工程监理企业投标书的核心

工程监理企业向业主提供的是管理服务，所以，工程监理企业投标书的核心是反映所提供的管理服务水平高低的监理大纲，尤其是主要的监理对策。业主在监理招标时应以监理大纲的水平作为评定投标书优劣的重要标准，而不应把监理费的高低当作选择工程监理企业的主要评定指标。

2.2.3　我国现行建设工程监理与相关服务收费

（1）《建设工程监理与相关服务收费管理规定》（发改价格［2007］670号）

工程监理行业在2007年之前一直执行的监理费用标准是原国家物价局与建设部联合发布的《关于发布工程建设监理费有关规定的通知》（［1992］价费字479号）。2007年5月1日，国家发改委和建设部联合发布《建设工程监理与相关服务收费管理规定》（发改价格［2007］670号），其附件为：建设工程监理与相关服务收费标准（本节内容以下简称“本标准”）。2015年2月11日发改委发布《关于进一步放开建设项目专业服务价格的通知》（发改价格［2015］299号）将实行政府指导价管理的施工阶段监理费用调整为实行市场调节价。目前，在监理招投标及建设单位委托监理与相关服务时，其费用仍以2007年发改价格［2007］

建设工程监理与相关服务收费管理规定（发改价格［2007］670号）

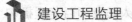

670号文件为参考。合理计算工程项目监理费用是监理行业人员最基本的技能。

（2）建设工程监理费用计算指导书

根据现行建设工程监理与相关服务收费计算过程，为方便各企事业单位计算监理费，作者编制了“建设工程监理费用计算指导书”（见表2-3）。计算时，只需将工程项目有关特征依照顺序填写完此表，即可得到最终的监理费用。

表2-3 建设工程监理费用计算指导书

<table>
<tr><td>项目名称</td><td colspan="4"></td></tr>
<tr><td>监理范围</td><td colspan="4"></td></tr>
<tr><td>监理收费实行方式</td><td colspan="4">政府指导价□　　市场调节价□</td></tr>
<tr><td rowspan="4">监理收费计费额A( )万元</td><td rowspan="4">铁路、水运、公路、水电、水库工程施工监理，其建筑安装工程费A0( )万元</td><td colspan="3">其他工程施工监理，其工程概算投资额A1( )万元</td></tr>
<tr><td>建筑安装工程费
A2</td><td>设备购置费
A3</td><td>联合试运转费
A4</td></tr>
<tr><td>( )万元</td><td>( )万元</td><td>( )万元</td></tr>
<tr><td colspan="3">其中：设备购置费和联合试运转费占工程概算投资额的比例A5( )%</td></tr>
<tr><td></td><td colspan="4">监理收费计费额计算：
1. 以建筑安装工程费为计费额时：A＝A0
2. 以工程概算投资额为计费额时：
A5＝(A3＋A4)×100/A1
(1)A5＜40时，A＝A1
(2)A5≥40时，A＝A2＋(A3＋A4)×40%[若A＜(A2/60%)则A＝A2/60%；若A≥(A2/60%)则A＝A2＋(A3＋A4)×40%]</td></tr>
<tr><td>监理收费基价B( )万元</td><td colspan="4">采用直线内插法计算：
B＝Y1＋(Y2－Y1)÷(X2－X1)×(A－X1)
(式中：A已知计费额；X1—计费额X所在区间的下限值；X2—计费额X所在区间的上限值；Y1—收费基价Y所在区间的下限值；Y2—收费基价Y所在区间的上限值；B—所要计算的施工监理服务收费基价)</td></tr>
<tr><td>专业调整系数C( )</td><td colspan="4">本项目工程类别为：</td></tr>
<tr><td>工程复杂程度调整系数D( )</td><td colspan="4">本项目工程特征为：</td></tr>
<tr><td>高程调整系数E( )</td><td colspan="4">本项目所在地海拔高程为：</td></tr>
</table>

续表

<table>
<tr><td>监理收费基准价F（ ）万元</td><td colspan="4">依公式计算：
F=B×C×D×E</td></tr>
<tr><td rowspan="3">浮动幅度G（ ）%</td><td>采用政府指导价G1
（−20≤G1≤20）</td><td>采用市场调节价G2
（−30≤G1≤30）</td><td>项目监理中一部分工作G3
（−30≤G1≤30）</td><td></td></tr>
<tr><td></td><td></td><td></td><td></td></tr>
<tr><td colspan="4">浮动幅度选择：
1. G=G1 □
2. G=G2 □
3. G=G3 □</td></tr>
<tr><td>本项目监理费用总额H（ ）万元</td><td colspan="4">依公式计算：
H=F×(1+G%)</td></tr>
<tr><td>备注</td><td colspan="4"></td></tr>
<tr><td colspan="5">经计算，本工程的监理费用为　　　　万元</td></tr>
</table>

注：1. 本计算书应参照公式，依据《建设工程监理与相关服务收费标准》及河北省相关规定编制。

2. 在空白处列公式计算或填写内容，“□”内打钩选择；“（ ）”内填写数字。

（3）建设工程监理与相关服务收费计算案例

【案例2-1】　某三级公路位于海拔3010～3480m处，长89km，工程概算6923万元，其中建筑安装工程费4500万元（未含机电工程），包括土石方59万立方米，小桥4座，涵洞208道，路面砂砾垫层733千平方米等。发包人委托监理人对该建设工程项目进行施工阶段的监理服务。（注：三级公路的工程复杂程度属于Ⅰ级）

施工监理服务收费按以下步骤计算：

施工监理服务收费基准价＝施工监理服务收费基价×专业调整系数×工程复杂程度调整系数×高程调整系数

一、确定施工监理服务收费计费额，公路工程的施工监理服务收费计费额为建筑安装工程费，该建设工程项目的施工监理服务收费的计费额为4500万元。

二、计算施工监理服务收费基价

根据本标准收费基价表，采用内插法计算（如图2-1所示）。

施工监理服务收费基价＝78.1＋（120.8－78.1）×（4500－3000）÷（5000－3000）＝110.125（万元）

三、确定专业调整系数，根据本标准专业调整系数表，公路工程的专业调整系数为1.0

四、确定工程复杂程度调整系数，根据本标准复杂程度表，三级公路的工程复杂程度属于Ⅰ级，复杂程度调整系数为0.85

五、确定高程调整系数，该建设工程项目所处地理位置海拔3010～3480m，根据本标准1.0.9条规定，高程调整系数为1.2

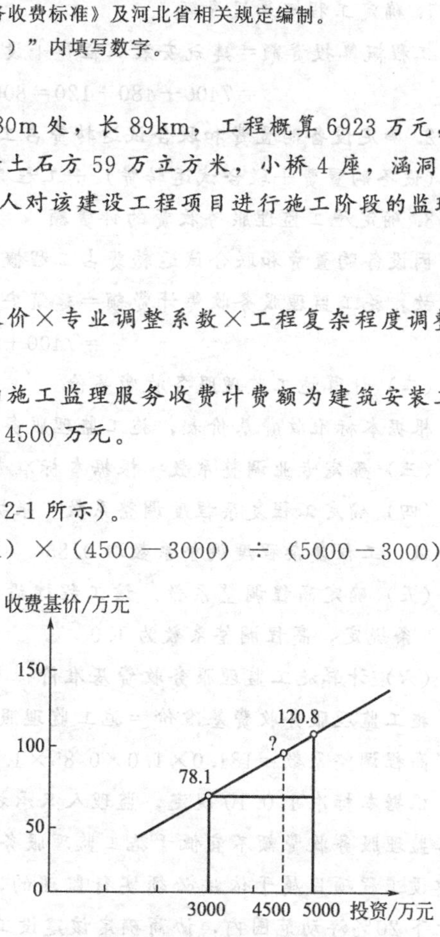

图2-1　内插法计算图

六、计算施工监理服务收费基准价

施工监理服务收费基准价＝施工监理服务收

费基价×专业调整系数×工程复杂程度调整系数×高程调整系数=110.125×1.0×0.85×1.2=112.32（万元）

该建设工程项目的施工监理服务收费基准价112.32万元。若该建设工程项目属于依法必须实行监理的，监理人和发包人应在此基础上，根据本标准规定，在上下20%浮动范围内，协商确定该建设工程项目的施工监理服务收费合同额。

【案例2-2】 某配电柜制造厂新建工程项目，有配电柜总装配工业厂房2.4万平方米（部分为空调车间）、变电所、空压站、冰蓄冷制冷站房、泵房、锅炉房、办公楼及有关配套设施，工程建设地点海拔高程为20.50m。建设项目总投资为19000万元，其中：建筑安装工程费7400万元、设备购置费480万元、联合试运转费120万元。发包人委托监理人对该建设工程项目提供施工阶段的质量控制和安全生产监督管理服务。（注：配电柜制造厂工程项目工程复杂程度为Ⅰ级）

施工阶段的质量控制和安全生产监督管理服务收费按以下步骤计算：

一、计算施工阶段监理服务收费

施工监理服务收费基准价=施工监理服务收费基价×专业调整系数×工程复杂程度调整系数×高程调整系数

（一）计算施工监理服务收费计费额

1. 确定工程概算投资额

工程概算投资额=建筑安装工程费+设备购置费+联合试运转费

=7400+480+120=8000（万元）

2. 确定设备购置费和联合试运转费占工程概算投资额的比例

（设备购置费+联合试运转费）÷工程概算投资额=（480+120）÷8000=7.5%

3. 确定施工监理服务收费的计费额

因设备购置费和联合试运转费占工程概算投资额的比例未达到40%

故：施工监理服务收费计费额=建筑安装工程费+设备购置费+联合试运转费

=7400+480+120=8000（万元）

（二）计算施工监理服务收费基价

根据本标准收费基价表，施工监理服务收费基价=181.0（万元）。

（三）确定专业调整系数。根据本标准专业调整系数表，各类加工工程专业调整系数为1.0

（四）确定工程复杂程度调整系数。根据复杂程度表，配电柜制造厂工程项目工程复杂程度为Ⅰ级，工程复杂程度调整系数取0.85

（五）确定高程调整系数。该工程建设地点海拔高程为20.50m，小于2001m，根据本标准1.0.9条规定，高程调整系数为1.0

（六）计算施工监理服务收费基准价

施工监理服务收费基准价=施工监理服务收费基价×专业调整系数×工程复杂程度调整系数×高程调整系数=181.0×1.0×0.85×1.0=153.85（万元）

根据本标准1.0.10规定，监理人只承担施工阶段的质量控制和安全生产监督管理服务，其施工监理服务收费额不宜低于施工监理服务收费的70%，即153.85×70%=107.70（万元）。若该建设工程项目属于依法必须实行监理的，监理人和发包人应在此基础上，根据本标准规定，在上下20%浮动范围内，协商确定该建设工程项目的施工监理服务收费合同额。

【案例2-3】 北京市新建一住宅小区，该小区总建筑面积24.6万平方米，结构形式为全现浇剪力墙结构，其中，多层住宅下建有附建人防和地下车库。工程概算53966万元，其中建筑安装工程费为37400万元人民币，建筑物概况见表2-4。

表2-4　建筑物概况表

序号	建筑物类别	建筑面积/m²	建筑物高度/m	层数地上/地下	建安工程费/万元
1	多层住宅4栋	3581×4	20.8	7/2	396×4＝1584
2	高层塔楼5栋	20652×5	76.40	26/2	2856×5＝14280
3	板式住宅4栋	26658×4	48.8	17/2	4014×4＝16056
4	地下车库	21868		地下2层	5522

发包人将该住宅小区工程分别委托给甲、乙两个监理人承担施工阶段监理，其中甲监理人负责多层住宅，多层住宅建有附建人防和地下车库；乙监理人负责高层塔楼、板式住宅，并负责工程监理的总体协调工作。（注：多层住宅，建有附建人防和地下车库，其工程复杂程度为Ⅱ级；高层塔楼、板式住宅楼，高度均大于24m，其工程复杂程度为Ⅱ级）

施工监理服务收费按以下步骤计算：

施工监理服务收费基准价＝施工监理服务收费基价×专业调整系数×工程复杂程度调整系数×高程调整系数

一、计算施工监理服务收费计费额

1.确定工程概算投资额

因本工程未列设备购置费、联合试运转费，因此，工程概算投资额等于建筑安装工程费。

甲监理人所监理工程的工程概算投资额1584＋5522＝7106（万元）

乙监理人所监理工程的工程概算投资额14280＋16056＝30336（万元）

2、确定施工监理服务收费的计费额

甲监理人施工监理服务收费计费额＝建筑安装工程工程费＝7106（万元）

乙监理人施工监理服务收费计费额＝建筑安装工程工程费＝30336（万元）

二、计算施工监理服务收费基价

根据本标准收费基价表，采用内插法计算

甲监理人的工程监理服务收费基价＝120.8＋（181.0－120.8）×（7106－5000）÷（8000－5000）＝163.06（万元）

乙监理人的工程监理服务收费基价＝393.4＋（708.2－393.4）×（30336－20000）÷（40000－20000）＝556.09（万元）

三、定专业调整系数，根据本标准专业调整系数表，建筑工程的专业调整系数为1.0

四、确定工程复杂程度调整系数，甲监理人负责的多层住宅，建有附建人防和地下车库，根据本标准规定，其工程复杂程度为Ⅱ级，复杂程度调整系数为1.0；乙监理人负责的高层塔楼、板式住宅楼，高度均大于24m，根据本标准表7.2-1规定，其工程复杂程度为Ⅱ级，复杂程度调整系数1.0

五、确定高程调整系数，该建设工程项目所处位置海拔高程小于2001m，根据本标准1.0.9条规定，高程调整系数1.0

六、计算施工监理服务收费基准价

施工监理服务收费基准价＝施工监理服务收费基价×专业调整系数×工程复杂程度调整系数×高程调整系数

甲监理人施工监理服务收费基准价＝163.06×1.0×1.0×1.0＝163.06（万元）

乙监理人施工监理服务收费基准价＝556.09×1.0×1.0×1.0＝556.09（万元）

该建设工程项目甲监理人的施工监理服务收费基准价163.06万元，乙监理人的施工监理服务收费基准价556.09万元，若该建设工程项目属于依法必须实行监理的，监理人和发包人在此基础上，根据本标准规定，在上下20%浮动范围内，协商确定该建设工程项目的施工监理服务收费合同额。

因乙监理人负责工程监理的总体协调工作，经合同双方协商，根据本标准1.0.11条，乙监理人按监理人合计监理服务收费额的5%收取总体协调费。

总体协调费＝（163.06＋556.09）×5%＝35.96（万元）

【案例2-4】 某沿海城市新建天文馆工程，工程总概算投资25000万元，工艺系统建安工程费1500万元，设备购置费5500万元。监理范围包括新馆3个不同类型影院场馆的音视频系统、电影系统、灯光等。工程完工后，能同时播放3套现代电影节目。发包人委托监理人对该建设工程项目进行施工阶段的监理服务。（注：本工程复杂程度属于Ⅱ级）

施工监理服务收费按以下步骤计算：

施工监理服务收费基准价＝施工监理服务收费基价×专业调整系数×工程复杂程度调整系数×高程调整系数

一、计算施工监理服务收费计费额

1. 确定工程概算投资额

工程概算投资额＝建筑安装工程费＋设备购置费＋联合试运转费

＝1500＋5500＋0＝7000（万元）

2. 确定设备购置费和联合试运转费占工程概算投资额的比例

（设备购置费＋联合试运转费）÷工程概算投资额＝（5500＋0）÷7000＝78.57%

3. 确定施工监理服务收费的计费额

因设备购置费和联合试运转费占工程概算投资额的比例超过了收费标准1.0.8条规定的40%，则按以下方式确定：

施工监理服务收费计费额＝建筑安装工程费＋（设备购置费＋联合试运转费）×40%

＝1500＋5500×40%＝3700（万元）

若项目B建安费与该建设项目工程相同，而设备购置费和联合试运转费等于工程概算投资额的40%，则B项目监理费计算额：

监理费计算额＝建安费－(1－40%)＝1500÷60%＝2500(万元)<3700(万元)

故本项目施工监理服务收费计费额取3700（万元）。

备注说明：投资额的40%与62.5%为计取监理费的临界点，以建筑安装工程费600万元为例，当设备购置费和联合试运转费在逐步增加时，其监理服务收费计费额如图2-2所示。

二、计算施工监理服务收费基价

根据本标准收费基价表，采用内插法计算：

施工监理服务收费基价＝78.1＋（120.8－78.1）×（3700－3000）÷（5000－3000）＝93.05（万元）

三、确定专业调整系数，根据本标准专业调整系数表，广播电视工程的专业调整系数为1.0

四、确定工程复杂程度调整系数，根据复杂程度表规定，本工程能独立播放3套电影节目，复杂程度属于Ⅱ级，复杂程度调整系数为1.0

五、确定高程调整系数，该建设工程项目所处地理位置海拔小于2001m，根据本标准1.0.9条规定，高程调整系数为1.0

六、计算施工监理服务收费基准价

施工监理服务收费基准价＝施工监理服务收费基价×专业调整系数×工程复杂程度调整系数×高程调整系数＝93.05×1.0×1.0×1.0＝93.05（万元）

该建设工程项目的施工监理服务收费基准价93.05万元。若该建设工程项目属于依法必须实

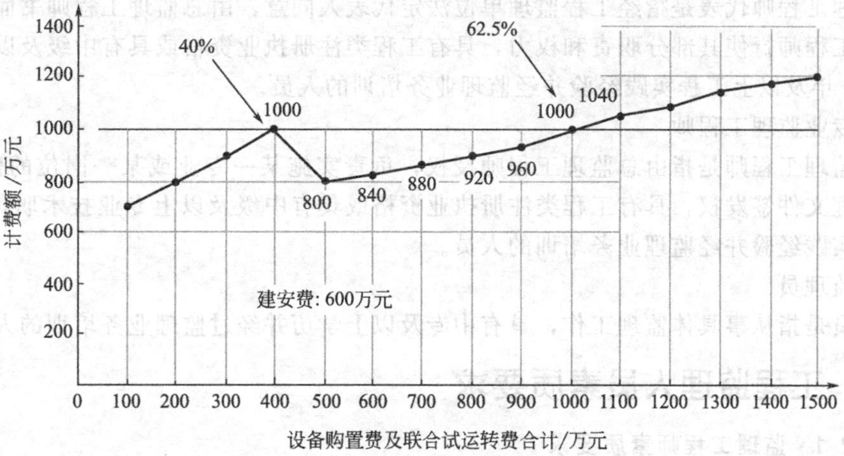

图 2-2　监理服务收费计费额变化图

行监理的，监理人和发包人应在此基础上，根据本标准规定，在上下 20%浮动范围内，协商确定该建设工程项目的施工监理服务收费合同额。

2.3　工程监理人员

2.3.1　工程监理人员的组成

监理单位履行委托监理合同时，必须在施工现场建立项目监理机构。项目监理机构是指监理单位派驻工程项目负责履行委托监理合同的组织机构。

按照《建设工程监理规范》(GB/T 50319—2013) 规定，项目监理机构中监理人员应包括总监理工程师、专业监理工程师和监理员，必要时可配备总监理工程师代表。

(1) 监理工程师

监理工程师是注册监理工程师的简称，指取得国务院建设主管部门颁发的《中华人民共和国注册监理工程师注册执业证书》和执业印章，从事建设工程监理与相关服务等活动的人员。

监理工程师必须具备三个基本条件：一是参加全国监理工程师统一考试成绩合格，取得《监理工程师资格证书》；二是根据注册规定，经监理工程师注册机关注册取得《监理工程师岗位证书》；三是从事建设工程监理工作。

未取得注册证书和执业印章的人员，不得以注册监理工程师名义从事工程监理及相关业务活动。

(2) 总监理工程师

总监理工程师是指由监理单位法定代表人书面授权，全面负责委托监理合同的履行、主持项目监理机构工作的监理工程师。总监理工程师应由具有三年以上同类工程监理工作经验的人员担任。

我国建设工程监理实行总监负责制。一名总监理工程师只宜担任一项委托监理合同的项目总监工作。当需要同时担任多项委托监理合同的项目总监工作时，须经建设单位同意，且最多不得超过三项。当总监理工程师需要调整时，监理单位应征得建设单位同意并书面通知建设单位。

(3) 总监理工程师代表

总监理工程师代表是指经工程监理单位法定代表人同意，由总监理工程师书面授权，代表总监理工程师行使其部分职责和权力，具有工程类注册执业资格或具有中级及以上专业技术职称、3 年及以上工程实践经验并经监理业务培训的人员。

(4) 专业监理工程师

专业监理工程师是指由总监理工程师授权，负责实施某一专业或某一岗位的监理工作，有相应监理文件签发权，具有工程类注册执业资格或具有中级及以上专业技术职称、2 年及以上工程实践经验并经监理业务培训的人员。

(5) 监理员

监理员是指从事具体监理工作，具有中专及以上学历并经过监理业务培训的人员。

2.3.2 工程监理人员素质要求

2.3.2.1 监理工程师素质要求

具体从事监理工作的监理人员，不仅要有一定的工程技术、工程经济方面的专业知识和专业技能，而且还要有一定的项目管理、组织协调能力。这就要求监理工程师应具备以下素质。

1) 较高的专业学历和复合型的知识结构　至少应掌握一种专业理论知识；至少应具有工程类大专以上学历；并应了解或掌握一定的工程建设经济、法律和组织管理等方面的理论知识，不断了解新技术、新设备、新材料、新工艺（简称“四新”），熟悉相关现行法律法规、政策规定，成为一专多能的复合型人才，持续保持较高的知识水准。

2) 丰富的工程建设实践经验　工程建设中的实践经验主要包括立项评估、地质勘测、规划设计、工程招标投标、工程设计及设计管理、工程施工及施工管理、工程监理、设备制造等。

3) 良好的品德　监理工程师的良好品德主要体现在以下几个方面：①热爱本职工作；②具有科学的工作态度；③具有廉洁奉公、为人正直、办事公道的高尚情操；④能够听取不同方面的意见，冷静分析问题。

4) 健康的体魄和充沛的精力　我国对年满 65 周岁的监理工程师不再进行注册，主要就是考虑监理从业人员身体健康状况的适应能力而设定的条件。

2.3.2.2 监理员素质要求

参加监理业务培训合格后，从事建设监理工作的工程技术人员均可担任监理员。监理员同样需要具备一定的专业知识和专业能力。

(1) 专业知识

1) 掌握建设工程施工旁站有关规定。

2) 掌握建设工程质量、进度、投资控制的基本知识。

3) 掌握建设工程信息管理及合同管理的基本知识。

4) 掌握《建设工程监理规范》中监理员应掌握的有关条款。

5) 熟悉《中华人民共和国建筑法》、《中华人民共和国合同法》、《建设工程质量管理条例》、《建设工程安全生产管理条例》。

6) 熟悉建筑工程施工验收统一标准、规范体系，掌握相关的强制性条文和与监理员岗位相关的内容。

(2) 专业能力

1) 具备一定的语言和文字表达能力，会起草相关监理文件；能熟练利用计算机进行一般的文件处理，绘制有关图表。

2）能在监理工程师的指导下开展现场监理工作。

3）能检查施工单位投入工程项目的人力、材料、主要设备及其使用、运行状态，并做好检查记录。

4）能复核或从施工现场直接获取工程量的有关数据并签署原始凭证。

5）能按设计图纸及有关标准，对施工单位的工艺过程或施工工序进行检查和记录，对加工制作及工序施工质量检查结果进行记录。

6）能担任现场旁站、巡视工作，能发现问题并及时处理。

7）能在监理工程师的指导下做好监理日志和有关的监理记录。

8）能在监理工程师的指导下编写监理月报、监理实施细则的相关章节，能够清楚、准确地表达监理意向。

2.3.2.3　监理人员的职业道德

1）维护国家的荣誉和利益，按照“守法、诚信、公平、科学”的准则执业。

2）执行有关工程建设的法律、法规、标准、规范、规程和制度，履行监理合同规定的义务和职责。

3）努力学习专业技术和建设监理知识，不断提高业务能力和监理水平。

4）不以个人名义承揽监理业务。

5）不同时在两个或两个以上监理单位注册和从事监理活动，不在政府部门和施工、材料设备的生产供应等单位兼职。

6）不为所监理项目指定承包商、建筑构配件、设备、材料生产厂家和施工方法。

7）不收受被监理单位的任何礼金。

8）不泄露所监理工程各方认为需要保密的事项。

9）坚持独立自主地开展工作。

2.3.3　工程监理人员职责

根据《建设工程监理规范》（GB/T 50319—2013）规定，工程监理人员应履行以下职责。

（1）总监理工程师

1）确定项目监理机构人员及其岗位职责。

2）组织编制监理规划，审批监理实施细则。

3）根据工程进展及监理工作情况调配监理人员，检查监理人员工作。

4）组织召开监理例会。

5）组织审核分包单位资格。

6）组织审查施工组织设计、（专项）施工方案。

7）审查开复工报审表，签发工程开工令、暂停令和复工令。

8）组织检查施工单位现场质量、安全生产管理体系的建立及运行情况。

9）组织审核施工单位的付款申请，签发工程款支付证书，组织审核竣工结算。

10）组织审查和处理工程变更。

11）调解建设单位与施工单位的合同争议，处理工程索赔。

12）组织验收分部工程，组织审查单位工程质量检验资料。

13）审查施工单位的竣工申请，组织工程竣工预验收，组织编写工程质量评估报告，参与工程竣工验收。

14）参与或配合工程质量安全事故的调查和处理。

15）组织编写监理月报、监理工作总结，组织整理监理文件资料。

（2）总监理工程师代表职责

1）负责总监理工程师指定或交办的监理工作。

2）按总监理工程师的授权，行使总监理工程师的部分职责和权力。

总监理工程师不得将下列工作委托给总监理工程师代表：

① 组织编制监理规划，审批监理实施细则；

② 根据工程进展及监理工作情况调配监理人员；

③ 组织审查施工组织设计、（专项）施工方案；

④ 签发工程开工令、暂停令和复工令；

⑤ 签发工程款支付证书，组织审核竣工结算；

⑥ 调解建设单位与施工单位的合同争议，处理工程索赔；

⑦ 审查施工单位的竣工申请，组织工程竣工预验收，组织编写工程质量评估报告，参与工程竣工验收；

⑧ 参与或配合工程质量安全事故的调查和处理。

（3）专业监理工程师职责

1）参与编制监理规划，负责编制监理实施细则。

2）审查施工单位提交的涉及本专业的报审文件，并向总监理工程师报告。

3）参与审核分包单位资格。

4）指导、检查监理员工作，定期向总监理工程师报告本专业监理工作实施情况。

5）检查进场的工程材料、构配件、设备的质量。

6）验收检验批、隐蔽工程、分项工程，参与验收分部工程。

7）处置发现的质量问题和安全事故隐患。

8）进行工程计量。

9）参与工程变更的审查和处理。

10）组织编写监理日志，参与编写监理月报。

11）收集、汇总、参与整理监理文件资料。

12）参与工程竣工预验收和竣工验收。

（4）监理员职责

1）检查施工单位投入工程的人力、主要设备的使用及运行状况。

2）进行见证取样。

3）复核工程计量有关数据。

4）检查工序施工结果。

5）发现施工作业中的问题，及时指出并向专业监理工程师报告。

2.3.4 监理工程师执业资格考试

1992 年 6 月，建设部发布了《监理工程师资格考试和注册试行办法》（建设部第 18 号令），中国开始实施监理工程师资格考试。1996 年 8 月，建设部、人事部下发了《建设部、人事部关于全国监理工程师执业资格考试工作的通知》（建监〔1996〕462 号），从 1997 年起，全国正式举行监理工程师执业资格考试。监理工程师是我国在工程建设领域第一个设立的执业资格。

（1）报考条件

1）工程技术或工程经济专业大专（含大专）以上学历，按照国家有关规定，取得工程技术或工程经济专业中级职务，并任职满 3 年。

2）按照国家有关规定，取得工程技术或工程经济专业高级职务。

3）1970 年（含 1970 年）以前工程技术或工程经济专业中专毕业，按照国家有关规定，取得工程技术或工程经济专业中级职务，并任职满 3 年。

（2）考试内容

考试分为 4 个科目，即科目 1：建设工程合同管理（考试时间：120 分钟，满分 110 分）；科目 2：建设工程质量、投资、进度控制（考试时间：180 分钟，满分 160 分）；科目 3：建设工程监理基本理论与相关法规（满分 110 分）；科目 4：建设工程监理案例分析（考试时间：240 分钟，满分 120 分）。其中，《建设工程监理案例分析》为主观题，在试卷上作答；其余 3 科均为客观题，在答题卡上作答。

（3）考试管理

考试每年举行一次，考试时间一般安排在 5 月下旬，考试分 4 个半天进行。原则上在省会城市设立考点。

参加全部 4 个科目考试的人员，必须在连续两个考试年度内通过全部科目考试，可取得监理工程师执业资格证书。

监理工程师执业资格考试合格者，由各省、自治区、直辖市人事（职改）部门颁发国家人力资源与社会保障部（以下简称“人社部”）统一印制的、人社部与国家住房和城乡建设部（以下简称“住建部”）用印的中华人民共和国《监理工程师执业资格证书》。该证书在全国范围内有效。

2.3.5　监理工程师注册

2006 年 4 月 1 日起施行的《注册监理工程师管理规定》中，明确了监理工程师的注册、执业、权利、义务和监督管理。

监理工程师注册制度是政府对监理从业人员实行市场准入控制的有效手段。取得资格证书的人员，经过注册方能以注册监理工程师的名义执业。注册监理工程师依据其所学专业、工作经历、工程业绩，按照《工程监理企业资质管理规定》划分的工程类别，按专业注册。每人最多可以申请两个专业注册。

注册监理工程师管理规定

取得资格证书的人员申请注册，由省、自治区、直辖市人民政府建设主管部门初审，国务院建设主管部门审批。取得资格证书并受聘于一个建设工程勘察、设计、施工、监理、招标代理、造价咨询等单位的人员，应当通过聘用单位向单位工商注册所在地的省、自治区、直辖市人民政府建设主管部门提出注册申请；省、自治区、直辖市人民政府建设主管部门受理后提出初审意见，并将初审意见和全部申报材料报国务院建设主管部门审批；符合条件的，由国务院建设主管部门核发注册证书和执业印章。注册证书和执业印章是注册监理工程师的执业凭证，由注册监理工程师本人保管、使用。注册证书和执业印章的有效期为 3 年。

2.3.5.1　注册形式

监理工程师的注册，根据注册内容的不同分为 3 种形式：初始注册、延续注册、变更注册。

（1）初始注册

初始注册者，可自资格证书签发之日起 3 年内提出申请。逾期未申请者，须符合继续教育的要求后方可申请初始注册。

申请初始注册，应当具备以下条件：

1）经全国注册监理工程师执业资格统一考试合格，取得资格证书；

2）受聘于一个相关单位；

3）达到继续教育要求；

4）没有不予初始注册、延续注册或者变更注册所列情形。

（2）延续注册

注册监理工程师每一注册有效期为3年，注册有效期满需继续执业的，应当在注册有效期满30日前，按照注册监理工程师管理规定的程序申请延续注册。延续注册有效期3年。延续注册需要提交下列材料：

1）申请人延续注册申请表；

2）申请人与聘用单位签订的聘用劳动合同复印件；

3）申请人注册有效期内达到继续教育要求的证明材料。

（3）变更注册

在注册有效期内，注册监理工程师变更执业单位，应当与原聘用单位解除劳动关系，并按注册监理工程师管理规定的程序办理变更注册手续，变更注册后仍延续原注册有效期。

变更注册需要提交下列材料：

1）申请人变更注册申请表；

2）申请人与新聘用单位签订的聘用劳动合同复印件；

3）申请人的工作调动证明（与原聘用单位解除聘用劳动合同或者聘用劳动合同到期的证明文件、退休人员的退休证明）。

2.3.5.2 不予注册的情形

申请人有下列情形之一的，不予初始注册、延续注册或者变更注册：

1）不具有完全民事行为能力的；

2）刑事处罚尚未执行完毕或者因从事工程监理或者相关业务受到刑事处罚，自刑事处罚执行完毕之日起至申请注册之日止不满2年的；

3）未达到监理工程师继续教育要求的；

4）在两个或者两个以上单位申请注册的；

5）以虚假的职称证书参加考试并取得资格证书的；

6）年龄超过65周岁的；

7）法律、法规规定不予注册的其他情形。

注册监理工程师有下列情形之一的，其注册证书和执业印章失效：

1）聘用单位破产的；

2）聘用单位被吊销营业执照的；

3）聘用单位被吊销相应资质证书的；

4）已与聘用单位解除劳动关系的；

5）注册有效期满且未延续注册的；

6）年龄超过65周岁的；

7）死亡或者丧失行为能力的；

8）其他导致注册失效的情形。

2.3.5.3 注销注册

注册监理工程师有下列情形之一的，负责审批的部门应当办理注销手续，收回注册证书和执业印章或者公告其注册证书和执业印章作废：

1）不具有完全民事行为能力的；

2）申请注销注册的；

3）有本规定第十四条所列情形发生的；

4）依法被撤销注册的；

5）依法被吊销注册证书的；

6）受到刑事处罚的；

7）法律、法规规定应当注销注册的其他情形。

被注销注册者或者不予注册者，在重新具备初始注册条件，并符合继续教育要求后，可以按照本规定第七条规定的程序重新申请注册。

2.3.6　监理工程师执业、继续教育

2.3.6.1　监理工程师执业

1）取得资格证书的人员，应当受聘于一个具有建设工程勘察、设计、施工、监理、招标代理、造价咨询等一项或者多项资质的单位，经注册后方可从事相应的执业活动。从事工程监理执业活动的，应当受聘并注册于一个具有工程监理资质的单位。

注册监理工程师可以从事工程监理、工程经济与技术咨询、工程招标与采购咨询、工程项目管理服务以及国务院有关部门规定的其他业务。

2）工程监理活动中形成的监理文件由注册监理工程师按照规定签字盖章后方可生效。

修改经注册监理工程师签字盖章的工程监理文件，应当由该注册监理工程师进行；因特殊情况，该注册监理工程师不能进行修改的，应当由其他注册监理工程师修改，并签字、加盖执业印章，对修改部分承担责任。

2.3.6.2　监理工程师继续教育

（1）继续教育学时

注册监理工程师在每一注册有效期（3 年）内应接受 96 学时的继续教育，其中必修课和选修课各为 48 学时。必修课 48 学时每年可安排 16 学时。选修课 48 学时按注册专业安排学时，只注册一个专业的，每年接受该注册专业选修课 16 学时的继续教育；注册两个专业的，每年接受相应两个注册专业选修课各 8 学时的继续教育。

在一个注册有效期内，注册监理工程师根据工作需要可集中安排或分年度安排继续教育的学时。

注册监理工程师申请变更注册专业时，在提出申请之前，应接受申请变更注册专业 24 学时选修课的继续教育。注册监理工程师申请跨省、自治区、直辖市变更执业单位时，在提出申请之前，应接受新聘用单位所在地 8 学时选修课的继续教育。

（2）继续教育内容

继续教育分为必修课和选修课。

1）必修课培训内容：

① 国家近期颁布的与工程监理有关的法律法规、标准规范和政策；

② 工程监理与工程项目管理的新理论、新方法；

③ 工程监理案例分析；

④ 注册监理工程师职业道德。

2）选修课培训内容：

① 地方及行业近期颁布的与工程监理有关的法规、标准规范和政策；

② 工程建设新技术、新材料、新设备及新工艺；

③ 专业工程监理案例分析；

④ 需要补充的其他与工程监理业务有关的知识。

(3) 继续教育方式

注册监理工程师继续教育采取集中面授和网络教学的方式进行。

2.4 项目监理机构

2.4.1 项目监理机构及其组织形式

项目监理机构是监理单位为履行委托监理合同派驻施工现场的临时组织机构。监理单位应根据委托监理合同规定的服务内容、服务期限、工程类别、规模、技术复杂程度、工程环境等因素确定项目监理机构的组织形式和规模。项目监理机构在完成委托监理合同约定的监理工作后可撤离施工现场。

项目监理机构的组织形式是指项目监理机构具体采用的管理组织结构，其形式应该结合工程项目特点及监理工作的需要来确定。监理机构组织形式有以下几种：直线制监理组织形式、职能制监理组织形式、直线职能制监理组织形式、矩阵制监理组织形式等。

2.4.1.1 直线制监理组织形式

这种组织形式的特点是项目监理机构中任何一个下级只接受唯一上级的命令。各级部门主管人员对所属部门的问题负责，项目监理机构中不再另设投资控制、进度控制、质量控制及合同管理等职能部门。最典型的特征就是没有职能部门，如果假设自己处于最低层次的话，只有一个上级可以发布指令。

直线制监理组织形式可依据工程项目特点及管理方式不同，分为按子项目分解、按建设阶段分解、按专业内容分解的直线制监理组织形式。

按子项目分解的直线制监理组织形式适用于能划分为若干相对独立的子项目的大、中型建设工程。如图 2-3 所示，总监理工程师负责整个工程的规划、组织和指导，并负责整个工程范围内各方面的指挥、协调工作；子项目监理组分别负责各子项目的目标控制，具体领导现场专业或专项监理组的工作。

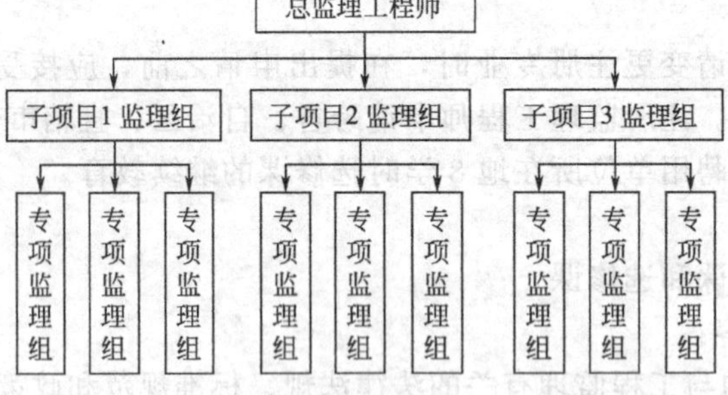

图 2-3 按子项目分解的直线制监理组织形式

按建设阶段分解的直线制监理组织形式适用于业主委托监理单位对建设工程实施全过程监理。如图 2-4 所示。

按专业内容分解的直线制监理组织形式适用于小型建设工程，目前多数工程项目采用这种监理组织形式。如图 2-5 所示。

直线制监理组织形式的主要优点是组织机构简单，权力集中，命令统一，职责分明，决策迅速，隶属关系明确。缺点是实行没有职能部门的“个人管理”，这就要求总监理工程师

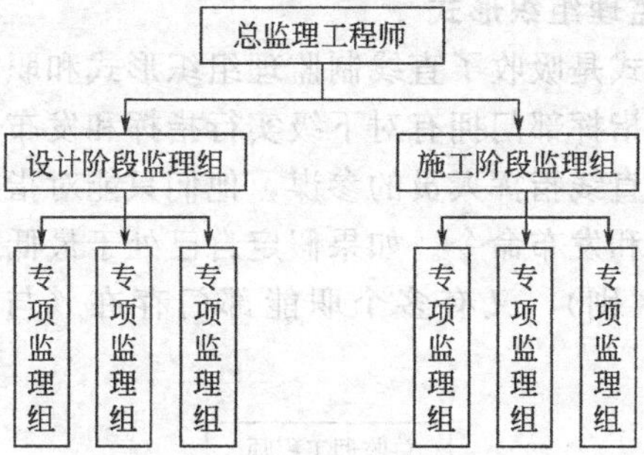

图 2-4 按建设阶段分解的直线制监理组织形式

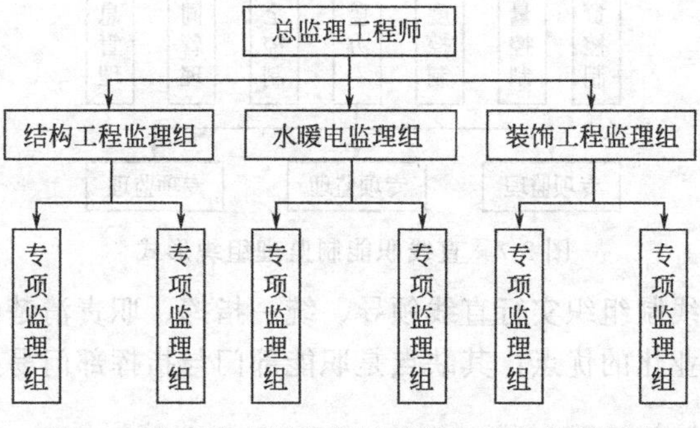

图 2-5 按专业内容分解的直线制监理组织形式

通晓各种业务，通晓多种知识技能，成为“全能”式人物。

2.4.1.2 职能制监理组织形式

职能制监理组织形式是把管理部门和人员分为两类：一类是以子项目监理为对象的直线指挥部门和人员；另一类是以投资控制、进度控制、质量控制及合同管理为对象的职能部门和人员。监理机构内的职能部门按总监理工程师授予的权力和监理职责有权对下级发布指令。如果假设自己处于最低层次的话，可以有很多个职能部门和指挥部门对自己发布指令。

职能制监理组织形式如图 2-6 所示。

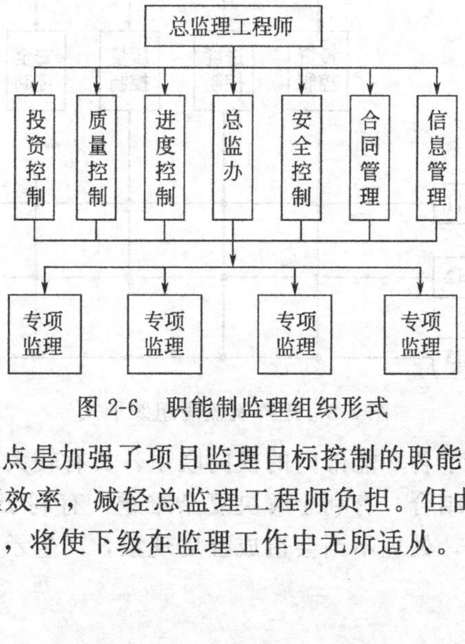

图 2-6 职能制监理组织形式

这种组织形式的主要优点是加强了项目监理目标控制的职能化分工，能够发挥职能机构的专业管理作用，提高管理效率，减轻总监理工程师负担。但由于下级受职能部门多头指令，如果这些指令相互矛盾，将使下级在监理工作中无所适从。

2.4.1.3 直线职能制监理组织形式

直线职能制监理组织形式是吸收了直线制监理组织形式和职能制监理组织形式的优点而形成的一种组织形式。直线指挥部门拥有对下级实行指挥和发布命令的权力，并对该部门的工作全面负责；职能部门是直线指挥人员的参谋，他们只能对指挥部门进行业务指导，而不能对指挥部门直接进行指挥和发布命令。如果假定自己处于最低层次的话，只有一个上级可以发布指令（与职能制相区别），又有多个职能部门存在（与直线制相比较）。如图 2-7 所示。

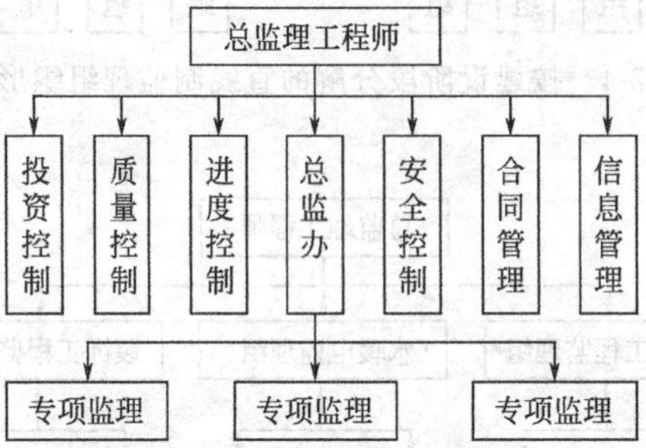

图 2-7 直线职能制监理组织形式

这种形式保持了直线制组织实行直线领导、统一指挥、职责清楚的优点，另外又保持了职能制组织目标管理专业化的优点；其缺点是职能部门与指挥部门易产生矛盾，信息传递路线长，不利于互通情报。

2.4.1.4 矩阵制监理组织形式

矩阵制监理组织形式是由纵横两套管理系统组成的矩阵性组织结构，一套是纵向的职能系统，另一套是横向的子项目系统，职能部门和指挥部门纵横交叉，呈棋盘状。如图 2-8 所示。这种组织形式的纵、横两套管理系统在监理工作中是相互融合关系。图中实线所绘的交叉点上，表示了两者协同以共同解决问题。如子项目 1 的质量验收是由子项目 1 监理组和质量控制组共同进行的。

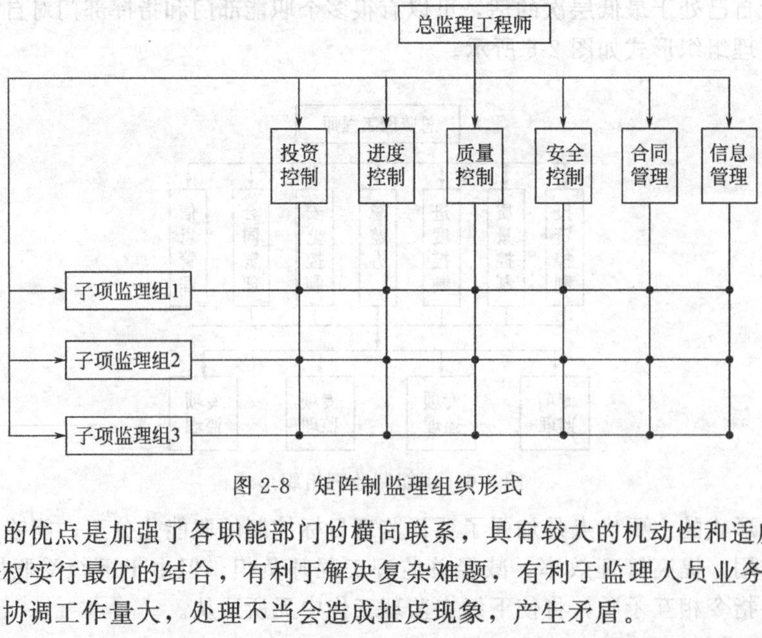

图 2-8 矩阵制监理组织形式

这种形式的优点是加强了各职能部门的横向联系，具有较大的机动性和适应性，把上下左右集权与分权实行最优的结合，有利于解决复杂难题，有利于监理人员业务能力的培养。缺点是纵横向协调工作量大，处理不当会造成扯皮现象，产生矛盾。

2. 4. 2　项目监理机构的人员与设施配备

项目监理机构的监理人员应专业配套、数量满足工程项目监理工作的需要。项目监理机构的监理设施应满足监理工作的需要。

(1) 项目监理机构人员结构

项目监理机构应具有合理的人员结构，包括以下内容。

1) 合理的专业结构，也就是各专业人员要配套。

2) 合理的技术职务、职称结构，表现在高级职称、中级职称和初级职称有与监理工作要求相称的比例。一般来说，决策阶段、设计阶段的监理，具有高级职称及中级职称的人员应占绝大多数；施工阶段的监理，可有较多的初级职称人员和具有相应能力的实践经验丰富的工人从事实际操作。

3) 合理的人员经历（实践经验）性格以及相互合作情况等。

(2) 项目监理机构监理人员数量的确定

影响项目监理机构人员数量的主要因素有：工程建设强度、建设工程复杂程度、监理单位的业务水平、项目监理机构的组织结构和任务职能分工等。请参考阜阳市建设工程项目监理人员岗位配置最低标准。

(3) 项目监理机构监理人员管理

监理单位应于监理合同签订后及时将项目监理机构的组织形式、人员构成及对总监理工程师的任命书面通知建设单位。当总监理工程师需要调整时，监理单位应征得建设单位同意并书面通知建设单位；当专业监理工程师需要调整时，总监理工程师应书面通知建设单位和承包单位。

阜阳市建设工程项目管理人员岗位配量最低标准

(4) 监理设施

建设单位应提供监理合同约定的满足监理工作需要的办公、交通、通信、生活设施。项目监理机构应妥善保管和使用建设单位提供的设施，并应在完成监理工作后移交建设单位。

项目监理机构应根据工程项目类别、规模、技术复杂程度、工程项目所在地的环境条件，按监理合同的约定，配备满足监理工作需要的常规检测设备和工具，并逐步实施建设工程监理信息化。

2. 4. 3　建设工程监理实施程序

项目监理机构从接受监理任务到圆满完成监理工作，主要有以下实施程序。

(1) 监理业务的承揽

工程监理单位承揽监理业务的表现形式有两种：一是通过投标竞争取得监理业务；二是由建设单位直接委托取得监理业务。

通过投标取得监理业务，是市场经济体制下比较普遍的形式。参加投标的监理单位应按照招标文件的要求，编制包括监理大纲在内的投标文件。在不宜公开招标的机密工程或没有投标竞争对手的情况下，或者是工程规模比较小、比较单一的监理业务，或者是对原工程监理企业的续用等情况下，建设单位按规定也可以直接委托工程监理单位。

(2) 签订《建设工程监理合同》

《建设工程监理合同》统一采用中华人民共和国住房和城乡建设部和国家工商行政管理总局共同制定的标准文本。合同内容应准确、全面、完整。

通过投标取得的监理业务，建设单位和监理单位应当自中标通知书发出之日起三十日内，按照招标文件和投标文件订立书面合同。直接委托取得的监理业务，可根据建设单位与监理单位的约定时间内订立书面合同。

(3) 确定项目总监理工程师，组建项目监理机构

监理单位应根据建设工程规模、性质以及建设单位对监理的要求，委派称职的人员担任项目总监理工程师，代表监理单位全面负责该工程的监理工作。

一般情况下，监理单位在承接工程监理任务时，在参与工程监理的投标、拟定监理大纲以及与建设单位商签建设工程监理合同时，即选派称职的人员主持该项工作。在监理任务确定并签订建设工程监理合同后，该主持人即可作为项目总监理工程师。这样，项目的总监理工程师在承接任务阶段即早已介入，从而更能了解建设单位的建设意图和对监理工作的要求，并与后续工作能更好地衔接。总监理工程师对内向本监理单位负责，对外向建设单位负责。

总监理工程师应在监理单位与建设单位签订建设工程监理合同后，在实施建设工程监理前，组建项目监理机构。项目监理机构的人员构成是监理投标书中的重要内容，是经建设单位在评标过程中认可的，总监理工程师在组建项目监理机构时，应根据监理大纲和签订的建设工程监理合同内容组建，并在监理规划和具体实施计划执行中及时地调整。

项目监理机构的组织形式和规模，可根据建设工程监理合同规定的服务内容、服务期限，以及工程特点、规模、技术复杂程度、工程环境等因素确定。

总监理工程师既是工程监理的责任主体，又是工程监理的权力主体，为体现总监理工程师负责制的原则，总监理工程师应全面领导建设工程的监理工作。

(4) 编制监理规划

监理规划是项目监理机构全面开展建设工程监理工作的指导性文件。其内容在第三章介绍。

(5) 编制监理实施细则

为具体指导质量控制、造价控制、进度控制以及安全生产管理的监理工作，对专业性较强、危险性较大的分部分项工程，项目监理机构应还需结合建设工程实际情况，编制监理实施细则。有关内容在第3章介绍。

(6) 规范化地开展监理工作

作为一种科学的工程项目管理制度，监理工作的规范化体现在以下几项。

1) 工作的时序性。即监理的各项工作都应按照一定的逻辑顺序先后展开，从而使监理工作能有效地达到目标而不致造成工作状态的无序和混乱。

2) 职责分工的严密性。建设工程监理工作是由同专业、不同层次的专家群体共同来完成的，他们之间严密的职责分工，是协调进行监理工作的前提和实现监理目标的重要保证。

3) 工作目标的确定性。在职责分工的基础上，每一项监理工作的具体目标都应是确定的，完成的时间也应有时限规定，从而能通过报表资料对监理工作及其效果进行检查和考核。

4) 监理工作过程系统化。施工阶段的监理工作主要包括三控制（质量控制、进度控制、造价控制）、两管理（合同管理、信息管理）、一协调（对工程建设相关方的关系进行协调），并履行建设工程安全生产管理法定职责的工作。施工阶段的监理工作按照控制措施作用于控制对象的时间，可分为事前控制、事中控制、事后控制；按照控制措施制定的出发点，可分为主动控制和被动控制，它形成了矩阵型的控制系统，因此，监理工作的开展必须实现工作过程的系统化。

(7) 参与验收，签署建设工程监理意见

建设工程施工完成后，监理单位应在正式验交前组织竣工预验收，在预验收中发现的问题，应及时与施工单位沟通，提出整改要求，竣工预验收合格后，项目监理机构应编写工程质量评估报告提交建设单位。监理单位应参加建设单位组织的工程竣工验收，签署监理单位意见。

(8) 向建设单位移交监理档案

建设工程监理工作完成后，监理单位向建设单位移交的监理文件资料档案应在建设工程监理合同中约定。建设工程监理档案资料一般应包括：设计变更、工程变更资料，监理指令性文件，各种签证资料等文件资料。在监理工作过程中，随时返给建设单位的文件资料可不重复移交。

(9) 监理工作总结

建设工程监理工作完成后，项目监理机构应及时从两个方面进行监理工作总结。

1) 向建设单位提交的监理工作总结，其主要内容包括：工程概况；项目监理机构（包括监理人员及投入的监理设施）；建设工程监理合同履行情况；监理工作成效（监理目标完成情况的评价）；监理工作中发现的问题及其处理情况；说明和建议等。

2) 向监理单位提交的监理工作总结，其主要内容包括：监理工作的经验，可以是采用某种监理技术、方法的经验，也可以是采用某种经济措施、组织措施的经验，以及建设工程监理合同执行方面的经验或如何处理好与建设单位、施工单位关系的经验等；监理工作中存在的问题及改进建议。

2.5 建设工程监理的组织协调

2.5.1 建设工程监理组织协调的概述

2.5.1.1 组织协调的概念与目的

在建设工程实施监理过程中，为了实现项目目标，组织协调工作是必不可少的。所谓组织协调工作，是指为了实现项目目标，监理人员所进行的监理机构内部人与人之间、机构与机构之间以及监理组织与外部环境组织之间的沟通、调和、联合和联结工作，以达到在实现项目总目标的过程中，相互理解信任、步调一致、运行一体化。组织协调工作最为重要，也最为困难，是监理工作能否成功的关键。只有通过积极的组织协调，才能实现整个系统全面协调控制的目的。

建设工程监理组织协调的目的就是对项目实施过程中产生的各种关系进行疏导，对产生的干扰和障碍及时排除或缓解，解决矛盾，处理争端，使整个项目的实施过程处于一种有序状态，并不断使各种资源得到有效合理的优化配置，实现所监理项目质量好、投资省、工期短，最终实现预期的目标和要求。

2.5.1.2 组织协调的分类

按监理人员与被协调对象之间的组织关系的“远、近”程度可分为组织内部协调、“近外层”协调、“远外层”协调三类。

1) 项目监理机构内部协调包括与监理单位的内部协调和项目监理机构自身组织的内部协调。

2) 近外层协调是与工程项目建设有合同关系单位之间的协调。如建设单位（甲方代表）、勘察、设计、总施工单位、专业分包单位、供货商、招标代理单位等，协调主要是相互配合，履行合同义务，共同实现项目目标。

3）远外层协调指的是与社会环境单位的协调，与工程项目建设没有合同关系，这些单位一般是政府执法部门或相关管理机构，主要的任务是维护社会公共利益，协调主要是联络沟通，满足远外层单位对建设项目的要求。

2.5.1.3 组织协调内容

（1）项目监理机构的内部协调

1）建立项目监理机构并明确各部门的组织管理关系。明确各部门和各岗位的目标、职责和权限，制定监理工作制度和工作程序，并在监理规划中明确。

2）召开监理工作交底会议。介绍工程项目的前期工作情况和监理规划交底。

3）发挥总监理工程师的核心作用。

4）建立内部沟通机制。

（2）项目监理机构的近外层协调

近外层协调主要是指监理组织（企业）与建设单位（业主）、勘察设计单位、施工单位、材料设备供应等参与工程建设单位之间关系的协调。

1）监理企业与业主的协调。工程项目法人责任制与建设工程监理制这两大体制的关系，决定了业主与监理企业这两类法人之间是一种平等的关系，是一种委托与被委托、授权与被授权的关系，更是相互依存、相互促进、共兴共荣的紧密关系。监理工程师应从以下几方面加强与业主的协调。

首先，监理工程师要清楚建设工程总目标，理解业主的建设意图。我国的实际情况是监理工程师一般不能参与项目决策过程，因此在开展监理工作之前必须了解项目构思的基础、起因和出发点，否则可能对监理目标及完成任务有不完整的理解，导致实际监理工作困难。

其次，监理工程师要利用工作之便做好监理宣传工作，增进业主对监理工作的理解，特别是对建设工程管理各方职能及监理程序的理解，以自己规范化、标准化、制度化的工作去影响和促进双方工作的协调一致。

最后，监理工程师要尊重业主，让业主一起投入到建设工程的全过程中，力求业主满意。对于业主提出的不适当要求，应寻求适当时机，以合适的方式进行说明和解释，以避免不必要的误解。

2）监理企业与承建商的协调。这里所说的承建商，不单是指施工企业，而是包括承接工程项目规划的规划单位、承接工程勘察的勘察单位、承接工程设计业务的设计单位、承接工程施工的总承包和分包单位，以及承接工程设备、工程构件和配件的加工制造单位在内的所有承建商。也就是说，凡是承接工程建设业务的单位，相对于业主来说，都叫作承建商。与承建商之间的协调，监理工程师要注意以下几个方面。

首先，要坚持原则，实事求是，严格按规范、规程办事，讲究科学的态度。在监理工作中，监理工程师应强调各方面利益和建设工程总目标的一致性，鼓励承建商将工程的实际进展状况、实施结果和遇到的困难及意见及时向监理方汇报，以找出影响目标控制可能的干扰因素。双方了解得越多、越深刻，监理工作中的对抗和争执就会越少。

其次，要注意协调的方式和方法。与承建商的协调工作不仅是方法问题、技术问题，更是语言艺术、感情交流和用权适度的问题。如何用高超的协调能力，把正确的协调意见表达出来，使对方容易接受，使各方都能满意，这是监理工程师必须仔细研究的问题。

（3）项目监理机构的远外层协调

远外层协调主要指监理组织（企业）与政府有关部门、社会团体等单位之间关系的协调。一个建设工程的开展还存在政府部门及其他单位的影响，如政府部门、金融组织、社会团体、新闻媒介、毗邻单位等，它们对建设工程起着一定的控制、监督、支持、帮助作用，这些关系若协调不好，建设工程实施也可能严重受阻。

1）与政府部门的协调　工程质量监督站是由政府授权的工程质量监督的实施机构，对委托监理的工程，质量监督站主要是核查勘察设计单位、施工单位和监理单位的资质，监督这些单位的质量行为和工程质量。监理单位在进行工程质量控制和质量问题处理时，要做好与工程质量监督站的交流和协调。

重大质量、安全事故，在承包商采取急救、补救措施的同时，应敦促承包商立即向政府有关部门报告情况，接受检查和处理。

建设工程合同应送公证机关公证，并报政府建设管理部门备案；协助业主的征地、拆迁、移民等工作要争取政府有关部门支持和协作；现场消防设施的配置，宜请消防部门检查认可；要敦促承包商在施工中注意防止环境污染，坚持做到文明施工。

2）与社会团体的协调　一些大中型建设工程建成后，不仅会给业主带来效益，还会给该地区的经济发展带来好处，同时给当地人民生活带来方便，因此必然会引起社会各界关注。业主和监理单位应把握机会，争取社会各界对建设工程的关心和支持。这是一种争取良好社会环境的协调。

对本部分的协调工作，从组织协调的范围看是属于远外层的管理。根据目前的工程监理实践，对远外层关系的协调，应由业主主持，监理单位主要是协调近外层关系。如业主将部分或全部远外层关系协调工作委托监理单位承担，则应在委托监理合同专用条件中明确委托的工作和相应的报酬。

2.5.2　组织协调的方法与要点

2.5.2.1　组织协调方法

监理机构进行组织协调可以采用如下方法。

（1）会议协调法

会议协调法是建设工程监理中最常用的一种协调方法，实践中常用的会议协调法包括第一次工地会议、监理例会、专业性监理会议（工程监理三大会议）等。

1）第一次工地会议　第一次工地会议是建设工程尚未全面展开前，履约各方相互认识、确定联络方式的会议，也是检查开工前各项准备工作是否就绪并明确监理程序的会议。第一次工地会议应在项目总监理工程师下达开工令之前举行，会议由建设单位主持召开，监理单位、总承包单位的授权代表参加，也可邀请分包单位参加，必要时邀请有关设计单位人员参加。

第一次工地会议应包括以下主要内容：

① 建设单位、承包单位和监理单位分别介绍各自驻现场的组织机构、人员及其分工；

② 建设单位根据委托监理合同宣布对总监理工程师的授权；

③ 建设单位介绍工程开工准备情况；

④ 承包单位介绍施工准备情况；

⑤ 建设单位和总监理工程师对施工准备情况提出意见和要求；

⑥ 总监理工程师介绍监理规划的主要内容；

⑦ 研究确定各方在施工过程中参加工地例会的主要人员，召开工地例会周期、地点及主要议题。

第一次工地会议纪要应由项目监理机构负责起草，并经与会各方代表会签。

2）监理例会　监理例会是由总监理工程师或其授权的专业监理工程师主持，按一定程序召开的，研究施工中出现的计划、进度、质量及工程款支付等问题的工地会议。监理例会应当定期召开，宜每周召开一次，参加人包括：项目总监理工程师（也可为总监理工程师代表）、其他有关监理人员、承包商项目经理、承包单位其他有关人员。需要时，还可邀请其他有关单位代表参加。

工地例会应包括以下主要内容：

① 检查上次例会议定事项的落实情况，分析未完事项原因；

② 检查分析工程项目进度计划完成情况，提出下一阶段进度目标及其落实措施；

③ 检查分析工程项目质量状况，针对存在的质量问题提出改进措施；

④ 检查工程量核定及工程款支付情况；

⑤ 解决需要协调的有关事项；

⑥ 其他有关事宜。

3）专题会议　专题会议是由总监理工程师或其授权的专业监理工程师主持或参加的，为解决监理过程中的工程专项问题而不定期召开的会议。为解决监理工作范围内工程专项问题，项目监理机构可根据需要主持召开专题会议，并可邀请建设单位、设计单位、施工单位、设备供应厂商等相关单位参加。此外，项目监理机构可根据需要，参加由建设单位、设计单位或施工单位等相关单位召集的专题会议。

（2）交谈协调法

在实践中，有时可采用“交谈”这一方法。交谈包括面对面的交谈和电话交谈两种形式。无论是内部协调还是外部协调，这种方法使用频率都是相当高的。其原因在于：

1）保持信息畅通。由于交谈本身没有合同效力及其方便性和及时性，所以建设工程参与各方之间及监理机构内部都愿意采用这一方法进行。

2）寻求协作和帮助。在寻求别人帮助和协作时，往往要及时了解对方的反应和意见，以及采取相应的对策。另外，相对于书面寻求协作，人们更难于拒绝面对面的请求。因此，采用交谈方式请求协作和帮助比采用书面方法实现的可能性要大。

3）及时发布工程指令。在实践中，监理工程师一般都采用交谈方式先发布口头指令，这样，一方面可以使对方及时地执行指令；另一方面可以和对方进行交流，了解对方是否正确理解了指令。随后，再以书面形式加以确认。

（3）书面协调法

当会议或者交谈不方便或不需要时，或者需要精确地表达自己的意见时，就会用到书面协调的方法。书面协调方法的特点是具有合同效力，一般常用于：不需双方直接交流的书面报告、报表、指令和通知等；需要以书面形式向各方提供详细信息和情况通报的报告、信函和备忘录等；事后对会议记录、交谈内容或口头指令的书面确认。

（4）访问协调法

访问法主要用于外部协调中，有走访和邀访两种形式。

走访是指监理工程师在建设工程施工前或施工过程中，对与工程施工有关的各政府部门、公共事业机构、新闻媒介或工程毗邻单位等进行访问，向他们解释工程的情况，了解他们的意见。

邀访是指监理工程师邀请上述各单位（包括业主）代表到施工现场对工程进行指导性巡视，了解现场工作。因为在多数情况下，这些有关方面并不了解工程，不清楚现场的实际情况，如果进行一些不恰当的干预，会对工程产生不利影响。这个时候，采用访问法可能是一个相当有效的协调方法。

（5）情况介绍法

情况介绍法通常是与其他协调方法紧密结合在一起的，它可能是在一次会议前，或是一次交谈前，或是一次走访或邀访前向对方进行的情况介绍。形式上主要是口头的，有时也伴有书面的。介绍往往作为其他协调的引导，目的是使别人首先了解情况。因此，监理工程师应重视任何场合下的每一次介绍，要使别人能够理解你介绍的内容、问题和困难、你想得到的协助等。

2.5.2.2　监理工程师组织协调要点

组织协调工作涉及面广，受主观和客观因素影响较大，所以监理工程师知识面要宽，要有较强工作能力，能因地制宜、因时制宜处理问题。在实际工作当中，监理工程师应把握好下列事项：

(1) 监理指令和审批

监理指令和审批包括监理通知、工程暂停指令、不合格项目处置记录、进度计划审批、工程延期审批、费用索赔审批、工作联系单等，用来协调与项目法人和承包单位的关系。

(2) 监理例会和专题会议

监理例会要定期召开，专题会议根据需要召开，协调与项目法人和承包单位的关系，会后要形成会议纪要，明确各方的责任、需承担的工作、完成的时间和相互的协调配合等。

(3) 监理月报

监理月报是与项目法人进行协调的重要方法，应比较完整地反映监理工作的情况、监理的意见和需要由项目法人解决的问题等。

(4) 现场协调

质量、进度、造价控制有时需要进行现场协调，特点是直观、准确、快捷，但现场协调后要形成文字意见。

(5) 个别交换意见

当有重大问题、复杂问题需要协调解决时，首先与有关方面个别沟通情况和交换意见，看法基本一致后开会解决，避免把问题激化搞僵。另外每次监理例会之前总监要与项目法人代表先交换意见，有时与承包单位的项目经理也要先交换意见，这样可以大大提高例会的质量，加快解决问题的时间。

(6) 汇报

项目监理部要主动向监理公司汇报工作，反映实际情况，积极争取各级的支持和帮助。除监理月报外，也应主动向项目法人汇报监理工作，以此取得项目法人的理解和支持。

【习题与案例】

一、单项选择题

1. 关于合伙监理企业的法人资格和承担责任的说法，正确的是（　　）。

A. 具有法人资格，独立对外承担责任

B. 具有法人资格，由合作各方对外承担连带责任

C. 不具有法人资格，由合作各方对外承担连带责任

D. 不具有法人资格，但可独立对外承担责任

2. 关于总监理工程师负责制原则所体现的权责主体的说法，正确的是（　　）。

A. 总监理工程师既是工程监理的责任主体，又是工程监理的权力主体

B. 总监理工程师只是工程监理的责任主体，不是工程监理的权力主体

C. 总监理工程师既是工程监理的权利主体，又是工程监理的责任主体

D. 总监理工程师只是工程监理的权利主体，不是工程监理的责任主体

3. 在项目监理机构组织形式中，易造成职能部门对指挥部门指令矛盾的是（　　）。

A. 职能制监理组织形式　　　　B. 直线职能制监理组织形式

C. 矩阵制监理组织形式　　　　D. 直线制监理组织形式

4. 根据《建设工程监理与相关服务收费管理规定》，仅将质量控制和安全生产监督管理服务委托给监理人的，其收费不宜低于施工监理服务收费额的（　　）。

A. 80%　　B. 70%　　C. 60%　　D. 50%

5. 工程监理企业专业资质标准中，可设立甲、乙、丙级的工程类别是（　）。

A. 公路工程　B. 电力工程　C. 矿山工程　D. 通信工程

6. 直线制监理组织形式的主要特点是（　　）。

A. 接受职能部门多头指挥，指令矛盾时，将使直线指挥部门人员无所适从

B. 统一指挥．直线领导，但职能部门与指挥部门易产生矛盾

C. 具有较大的机动性和适应性，但纵横向协调工作量大

D. 组织机构简单、权力集中、命令统一、职责分明、隶属关系明确

7. 下列职责中，属于监理员职责的是（　）。

A. 核查进场材料的质量证明文件及质量情况，并对合格者予以签认

B. 检查承包单位投入工程项目的人力、材料、主要设备及其使用、运行状况，并做好检查记录

C. 负责本专业的工程计量工作，审核工程计量的数据

D. 审查分包单位的资质，并提出审查意见

8. 下列职责中，属于专业监理工程师职责的是（　）。

A. 组织编写并签发监理月报　　　　B. 审定承包单位提交的进度计划

C. 审核工程计量的数据和原始凭证　　D. 对工序施工质量检查结果进行记录

9. 依据《注册监理工程师管理规定》，注册监理工程师在注册有效期满需继续执业的，要办理（　　）注册。

A. 初始　　B. 延续　　C. 变更　　D. 长期

10. 依据《工程监理企业资质管理规定》，下列工程监理企业资质标准中，属于乙级专业资质标准的是（　　）。

A. 具有独立法人资格且注册资本不少于300万元

B. 有必要的工程试验检测设备

C. 注册造价工程师不少于2人

D. 企业技术负责人具有15年以上从事工程建设工作的经历

11. 《建设工程监理规范》规定，总监理工程师应由具有（　　）年以上同类工程监理工作经验的人员承担。

A. 1　　B. 2　　C. 3　　D. 5

12. 《建筑法》规定，从事建筑活动的专业技术人员，应当依法取得（　　）的范围内从事建筑活动。

A. 相应的专业毕业证书，并在其专业领域涉及

B. 相应的职称证书，并在其职称等级对应

C. 相应的执业资格证书，并在执业资格证书许可

D. 相应的继续教育证明，并在其接受继续教育

13. 《建设工程监理规范》规定，分部工程经审核和现场检查符合要求后，应由（　　）予以签认。

A. 专业监理工程师　B. 总监理工程师　C. 监理单位技术负责人　D. 质量监督机构

14. 某工程项目的建设单位通过招标与某监理单位签订了施工阶段委托监理合同，总监理工程师应根据（　）组建项目监理机构。

A. 监理大纲和监理规划　　B. 监理大纲和委托监理合同

C. 委托监理合同和监理规划　　D. 监理规划和监理实施细则

15. 依据《工程监理企业资质管理规定》，具有专业乙级资质的工程监理企业，可以承担（　）建设工程项目的监理业务。

A. 所有专业类别三级以下（含三级）　　B. 相应专业类别三级以下（含三级）

C. 相应专业类别二级以下（含二级）　　D. 所有专业类别二级以下（含二级）

16. 不属于总监理工程师职责的是（　）。

A. 组织编写监理工作专题报告　　B. 参与编写监理月报

C. 签发监理工作阶段报告　　D. 组织编写并签发项目监理工作总结

17. 资质管理部门在审定监理单位资质等级时，要根据（　）核定其业务范围。

A. 监理工程的业绩　B. 专业技术人员的构成　C. 监理检测装备　D. 经营管理水平

18.（　）负责全国工程监理企业资质的归口管理工作。

A. 国务院建设行政主管部门　B. 国务院　C. 国家发改委　D. 工商行政管理部门

19. 建设工程监理工作中最常用的协调方法是（　）。

A. 会议协调法　B. 交谈协调法　C. 书面协调法　D. 访问协调法。

20. 某工业项目工程概算中的建筑安装工程费为6000万元，设备购置费为3500万元，联合试运转费为200万元，某监理单位与建设单位签订该项目施工委托监理合同，双方约定监理费浮动幅度为下浮15%。已知专业调整系数为0.9，工程复杂程度调整系数为1.0，高程调整系数为1.2。由《建设工程监理与相关服务收费标准》已知计费额为8000万元、10000万元时，监理收费基价分别是181万元、218.6万元。该工程施工监理服务收费应为（　）万元。

A. 129.32　B. 156.58　C. 193.18　D. 195.60

二、多项选择题

1. 下列监理工程师权利和义务中，既是监理工程师权利又是监理工程师义务的有（　）。

A. 使用注册监理工程师的称谓

B. 在规定范围内从事执业活动

C. 保证执业活动成果的质量，并承担相应责任

D. 在本人执业活动所形成的工程监理文件上签字

E. 接受继续教育

2. 下列建设工程监理组织协调方法中，不具有合同效力的有（　）。

A. 会议协调法　B. 交谈协调法　C. 书面协调法　D. 访问协调法　E. 情况介绍法

3. 关于工程监理企业资质的说法，符合《工程监理企业资质管理规定》的有（　）。

A. 综合资质由企业所在地省级建设主管部门初审

B. 专业资质由企业所在地省级建设主管部门审批

C. 事务所资质由企业所在地市级建设主管部门审批

D. 工程监理企业资质证书的有效期为5年

E. 工程监理企业资质证书的有效期为3年

4. 根据《建设工程监理规范》，专业监理工程师的职责包括（　）。

A. 参与工程质量事故调查　B. 对进场材料、设备、构（配）件进行平行检验

C. 主持整理工程项目的监理资料　D. 负责本专业分项工程验收及隐蔽工程验收

E. 负责本专业的工程计量工作

5. 根据《建设工程监理规范》，总监理工程师不得委托给总监理工程师代表的工作有（　　）。

A. 主持编写监理规划　　B. 调换不称职的监理人员

C. 审查和处理工程变更　　D. 主持监理工作会议　　E. 审核签认竣工结算

6.《建设工程监理规范》规定，监理单位应于委托监理合同签订后10天内将（　　）书面通知建设单位。

A. 项目监理机构的组织形式　　B. 监理实施细则　　C. 项目监理机构的人员构成

D. 对总监理工程师的任命　　E. 监理工作制度

7.《建设工程监理规范》规定，监理员应当履行的职责有（　　）。

A. 负责专业的工程计量工作，审核工程计量的数据和原始凭证

B. 在专业监理工程师的指导下开展现场监理工作

C. 担任旁站工作．发现问题及时指出并向专业监理工程师报告

D. 负责本专业分项工程验收及隐蔽工程验收

E. 做好监理日记和有关的监理记录

8. 依据《注册监理工程师管理规定》，注册监理工程师可以从事（　　）等业务。

A. 工程监理　　B. 工程审价　　C. 工程经济与技术咨询

D. 工程招标与采购咨询　　E. 工程项目管理服务

9. 配备项目监理机构人员数量时，主要考虑的影响因素有（　　）等。

A. 工程复杂程度　　B. 监理人员专业结构　　C. 监理单位业务范围

D. 工程建设强度　　E. 监理单位业务水平

10. 专业监理工程师在监理工作中承担的职责有（　　）。

A. 审查分包单位资质，并提出审查意见　　B. 参与工程质量事故调查

C. 审核工程计量的数据和原始凭证　　D. 分项工程及隐蔽工程验收

E. 参与工程项目的竣工预验收

11. 根据《建设工程监理规范》的规定，总监理工程师在施工阶段的职责不包括（　　）。

A. 检查并记录承包单位的施工工序　　B. 审查和处理工程变更

C. 负责隐蔽工程验收　　D. 组织人员对验收的工程项目进行质量检查

E. 审定承包单位提交的进度计划

12. 影响项目监理机构人员数量的主要因素有（　　）。

A. 工程复杂程度　　B. 监理单位业务范围　　C. 监理人员专业结构

D. 监理人员技术职称结构　　E. 监理机构组织结构和任务职能分工

13. 从项目监理机构的角度出发，属于近外层关联单位的有（　　）。

A. 建设单位　B. 设计单位　C. 施工单位　D. 政府主管部门　E. 工程毗邻单位

三、案例题

案例 1

某工程，施工总承包单位依据施工合同约定，与甲安装单位签订了安装分包合同。基础工程完成后，由于项目用途发生变化，建设单位要求设计单位编制设计变更文件，并授权项目监理机构就设计变更引起的有关问题与总承包单位进行协商。项目监理机构在收到经相关部门重新审查批准的设计变更文件后，经研究对其今后工作安排如下：

(1) 由总监理工程师负责与总承包单位进行质量、费用和工期等问题的协商工作；

(2) 要求总承包单位调整施工组织设计，并报建设单位同意后实施；

(3) 由总监理工程师代表主持修订监理规划；

(4) 由负责合同管理的专业监理工程师全权处理合同争议；

(5) 安排一名监理员主持整理工程监理资料。

在协商变更单价过程中，项目监理机构未能与总承包单位达成一致意见，总监理工程师决定以双方提出的变更单价的均值作为最终的结算单价。

项目监理机构认为甲安装分包单位不能胜任变更后的安装工程，要求更换安装分包单位。总承包单位认为项目监理机构无权提出该要求，但仍表示愿意接受，随即提出由乙安装单位分包。

甲安装单位依据原定的安装分包合同已采购的材料，因设计变更需要退货，向项目监理机构提出了申请，要求补偿因材料退货造成的费用损失。

问题：

1. 逐项指出项目监理机构对其今后工作的安排是否妥当，不妥之处写出正确做法。

2. 指出在协商变更单价过程中项目监理机构做法的不妥之处，并按《监理规范》写出正确做法。

3. 总承包单位认为项目监理机构无权提出更换甲安装分包单位的意见是否正确？为什么？写出项目监理机构对乙安装单位分包资格的审批程序。

4. 指出甲安装单位要求补偿材料退货造成费用损失申请程序的不妥之处，写出正确做法。该费用损失应由谁承担？

案例2

某城市建设项目，建设单位委托监理单位承担施工阶段的监理任务，并通过公开招标选定甲施工单位作为施工总承包单位。工程实施中发生了下列事件：

事件1：桩基工程开始后，专业监理工程师发现，甲施工单位未经建设单位同意将桩基工程分包给乙施工单位，为此，项目监理机构要求暂停桩基施工。征得建设单位同意分包后，甲施工单位将乙施工单位的相关材料报项目监理机构审查，经审查乙施工单位的资质条件符合要求，可进行桩基施工。

事件2：桩基施工过程中，出现断桩事故。经调查分析，此次断桩事故是因为乙施工单位抢进度，擅自改变施工方案引起。对此，原设计单位提供的事故处理方案为：断桩清除，原位重新施工。乙施工单位按处理方案实施。

事件3：为进一步加强施工过程质量控制，总监理工程师代表指派专业监理工程师对原监理实施细则中的质量控制措施进行修改，修改后的监理实施细则经总监理工程师代表审查批准后实施。

事件4：工程进入竣工验收阶段，建设单位发文要求监理单位和甲施工单位各自邀请城建档案管理部门进行工程档案的验收并直接办理档案移交事宜，同时要求监理单位对施工单位的工程档案质量进行检查。甲施工单位收到建设单位发文后将该文转发给乙施工单位。

事件5：项目监理机构在检查甲施工单位的工程档案时发现，缺少乙施工单位的工程档案，甲施工单位的解释是：按建设单位要求，乙施工单位自行办理工程档案的验收及移交；在检查乙施工单位的工程档案时发现，缺少断桩处理的相关资料，乙施工单位的解释是：断桩清除后原位重新施工，不需列入这部分资料。

问题：

1. 事件1中，项目监理机构对乙施工单位资质审查的程序和内容是什么？

2. 项目监理机构应如何处理事件2中的断桩事故？

3. 事件3中，总监理工程师代表的做法是否正确？说明理由。

4. 指出事件4中建设单位做法的不妥之处，写出正确做法。

5. 分别说明事件5中甲施工单位和乙施工单位的解释有何不妥？对甲施工单位和乙施工单位工程档案中存在的问题，项目监理机构应如何处理？

案例3

某实施监理的市政工程，分成A、B两个施工标段。工程监理合同签订后，监理单位将项目监理机构组织形式、人员构成和对总监理工程师的任命书面通知建设单位。该总监理工程师担任总监理工程师的另一工程项目尚有一年方可竣工。根据工程专业特点，市政工程A、B两个标段分别设置了总监理工程师代表甲和乙。甲、乙均不是注册监理工程师，但甲具有高级专业技术职称，在监理岗位任职15年：乙具有中级专业技术职称，已取得了建造师执业资格证书尚未注册，有5年施工管理经验，1年前经培训开始在监理岗位就职。工程实施中发生以下事件：

事件1：建设单位同意对总监理工程师的任命，但认为甲、乙二人均不是注册监理工程师，不同意二人担任总监理工程师代表。

事件2：工程质量监督机构以同时担任另一项目的总监理工程师，有可能“监理不到位”为由，要求更换总监理工程师。

事件3：监理单位对项目监理机构人员进行了调整，安排乙担任专业监理工程师。

事件4：总监理工程师考虑到身兼两项工程比较忙，委托总监理工程师代表开展若干项工作，其中有：组织召开监理例会、组织审查施工组织设计、签发工程款支付证书、组织审查和处理工程变更、组织分部工程验收。

事件5：总监理工程师在安排工程计量工作时，要求监理员进行具体计量，由专业监理工程师进行复核检查。

问题：

1. 事件1中，建设单位不同意甲、乙担任总监理工程师代表的理由是否正确？甲和乙是否可以担任总监理工程师？分别说明理由。

2. 事件2中，工程质量监督机构的要求是否妥当？说明理由。

3. 事件3中，监理单位安排乙担任专业监理工程师是否妥当？说明理由。

4. 指出事件4中总监理工程师对所列工作的委托，哪些是正确的？哪些不正确？

5. 事件5中，总监理工程师的做法是否妥当？说明理由。

第3章 建设工程质量控制

Chapter 03

3.1 建设工程质量控制概述

3.1.1 工程质量

（1）工程质量的概念

建设工程质量简称工程质量。工程质量是指工程满足建设单位需要的，符合国家法律、法规、技术规范标准、设计文件及合同规定的特性综合。

建设工程作为一种特殊的产品，除具有一般产品共有的质量特性，如性能、寿命、可靠性、安全性、经济性等满足社会需要的使用价值及其属性外，还具有特定的内涵。

（2）工程质量的特性

主要表现在以下六个方面：

1）适用性。即功能，是指工程满足使用目的的各种性能。包括：理化性能、结构性能、使用性能、外观性能等。

2）耐久性。即寿命，是指工程在规定的条件下，满足规定功能要求使用的年限，也就是工程竣工后的合理使用寿命周期。

3）安全性。是指工程建成后在使用过程中保证结构安全、保证人身和环境免受危害的程度。

4）可靠性。是指工程在规定的时间和规定的条件下完成规定功能的能力。

5）经济性。是指工程从规划、勘察、设计、施工到整个产品使用寿命周期内的成本和消耗的费用。

6）与环境的协调性。是指工程与其周围生态环境协调，与所在地区经济环境协调以及与周围已建工程相协调，以适应可持续发展的要求。

上述六个方面的质量特性彼此之间是相互依存的，总体而言，适用、耐久、安全、可靠、经济、与环境适应性，都是必须达到的基本要求，缺一不可。

(3) 建设工程质量形成过程

工程建设的不同阶段，对工程项目质量的形成起着不同的作用和影响。项目可行性研究阶段，确定工程项目的质量要求，并与投资目标相协调。项目决策阶段对项目的建设方案做出决策，确定工程项目应达到的质量目标和水平。工程地质勘察是为建设场地的选择和工程的设计与施工提供地质资料依据。而工程设计是根据建设项目总体需要和地质报告，对工程的外形和内在的实体进行筹划、研究、构思、设计和描绘，形成设计说明书和图纸等相关文件，使得质量目标和水平具体化，为施工提供直接依据。

工程设计质量是决定工程质量的关键环节。而工程施工活动决定了设计意图能否体现，它直接关系到工程的安全可靠、使用功能的保证，以及外表观感能否体现建筑设计的艺术水平。在一定程度上，工程施工是形成实体质量的决定性环节。工程竣工验收就是对项目施工阶段的质量通过检查评定、试车运转，考核项目质量是否达到设计要求，是否符合决策阶段确定的质量目标和水平，并通过验收确保工程项目的质量。所以工程竣工验收对质量的影响是保证最终产品的质量。

(4) 建设工程质量影响因素

影响工程质量的因素很多，但归纳起来主要有五个方面，即人（Man）、机械（Machine）、材料（Material）、方法（Method）和环境（Environment），简称为4M1E因素。

1）人员素质。人是生产经营活动的主体，也是工程项目建设的决策者、管理者、操作者，人员的素质直接和间接地对规划、决策、勘察、设计和施工的质量产生影响。因此，建筑行业实行经营资质管理和各类专业从业人员持证上岗制度是保证人员素质的重要管理措施。

2）机械设备。机械设备可分为两类：一是指组成工程实体及配套的工艺设备和各类机具，它们构成了建筑设备安装工程或工业设备安装工程，形成完整的使用功能；二是指施工过程中使用的各类机具设备，简称施工机具设备，它们是施工生产的手段。机具设备对工程质量也有重要的影响。工程用机具设备其产品质量优劣，直接影响工程使用功能质量。施工机具设备的类型是否符合工程施工特点，性能是否先进稳定，操作是否方便安全等，都将会影响工程项目的质量。

3）工程材料。工程材料选用是否合理、产品是否合格、材质是否经过检验、保管使用是否得当等等，都将直接影响建设工程的结构刚度和强度，影响工程外表及观感，影响工程的使用功能，影响工程的使用安全。

4）方法。在工程施工中，施工方案是否合理，施工工艺是否先进，施工操作是否正确，都将对工程质量产生重大的影响。大力推进采用新技术、新工艺、新方法，不断提高工艺技术水平，是保证工程质量稳定提高的重要因素。

5）环境条件。是指对工程质量特性起重要作用的环境因素，包括：工程技术环境，工程作业环境，工程管理环境，周边环境等。环境条件往往对工程质量产生特定的影响。加强环境管理，改进作业条件，把握好技术环境，辅以必要的措施，是控制环境对质量影响的重要保证。

3.1.2 工程质量的控制

3.1.2.1 工程质量控制的概念

工程质量控制是指致力于满足工程质量要求，也就是为了保证工程质量满足工程合同、规范标准所采取的一系列措施、方法和手段。工程质量要求主要表现为工程合同、设计文件、技术规范标准规定的质量标准。

1）工程质量控制按其实施主体不同，分为政府工程质量控制和工程监理单位质量控制的监控主体，勘察设计单位质量控制和施工单位质量控制的自控主体。前者是指对他人质量能力和效果的监控者，后者是指直接从事质量职能的活动者。

2）工程质量控制按工程质量形成过程，包括全过程各阶段的质量控制，主要是决策阶段的质量控制、工程勘察设计阶段的质量控制、工程施工阶段的质量控制。

3.1.2.2　工程项目各方的质量责任

在工程项目建设中，参与工程建设的各方，应根据国家颁布的《建设工程质量管理条例》以及合同、协议及有关文件的规定承担相应的质量责任。

（1）建设单位的质量责任

1）建设单位要根据工程特点和技术要求，按有关规定选择相应资质等级的勘察、设计单位和施工单位，在合同中必须有质量条款，明确质量责任，并真实、准确、齐全地提供与建设工程有关的原始资料。凡建设工程项目的勘察、设计、施工、监理以及工程建设有关重要设备材料等的采购，均实行招标，依法确定程序和方法，择优选定中标者。不得将应由一个施工单位完成的建设工程项目肢解成若干部分发包给几个施工单位；不得迫使承包方以低于成本的价格竞标；不得任意压缩合理工期；不得明示或暗示设计单位或施工单位违反建设强制性标准，降低建设工程质量。建设单位对其自行选择的设计、施工单位发生的质量问题承担相应责任。

2）建设单位应根据工程特点，配备相应的质量管理人员。对国家规定强制实行监理的工程项目，必须委托有相应资质等级的工程监理单位进行监理。建设单位应与监理单位签订监理合同，明确双方的责任和义务。

3）建设单位在工程开工前，负责办理有关施工图设计文件审查、工程施工许可证和工程质量监督手续，组织设计和施工单位认真进行设计交底；在工程施工中，可按国家现行有关工程建设法规、技术标准及合同规定，对工程质量进行检查，涉及建筑主体和承重结构变动的装修工程，建设单位应在施工前委托原设计单位或者相应资质等级的设计单位提出设计方案，经原审查机构审批后方可施工。工程项目竣工后，应及时组织设计、施工、工程监理等有关单位进行施工验收，未经验收备案或验收备案不合格的，不得交付使用。

4）建设单位按合同的约定负责采购供应的建筑材料、建筑构配件和设备，应符合设计文件和合同要求，对发生的质量问题，应承担相应的责任。

（2）勘察、设计单位的质量责任

1）勘察、设计单位必须在其资质等级许可的范围内承揽相应的勘察设计任务，不许承揽超越其资质等级许可范围以外的任务，不得将承揽工程转包或违法分包，也不得以任何形式用其他单位的名义承揽业务或允许其他单位或个人以本单位的名义承揽业务。

2）勘察、设计单位必须按照国家现行的有关规定、工程建设强制性技术标准和合同要求进行勘察、设计工作，并对所编制的勘察、设计文件的质量负责。勘察单位提供的地质、测量、水文等勘察成果文件必须真实、准确。设计单位应提供的设计文件应当符合国家规定的设计深度要求，注明工程合理使用年限。设计文件中选用的材料、构配件和设备，应当注明规格、型号、性能等技术指标，其质量必须符合国家规定的标准。除有特殊要求的建筑材料、专用设备、工艺生产线外，不得指定生产厂、供应商。设计单位应就审查合格的施工图文件向施工单位做出详细说明，解决施工中对设计提出的问题，负责设计变更。参与工程质量事故分析，并对因设计造成的质量事故，提出相应的技术处理方案。

(3) 施工单位的质量责任

1) 施工单位必须在其资质等级许可的范围内承揽相应的施工任务，不许承揽超越其资质等级业务范围以外的任务，不得将承接的工程转包或违法分包，也不得以任何形式用其他施工单位的名义承揽工程或允许其他单位或个人以本单位的名义承揽工程。

2) 施工单位对所承包的工程项目的施工质量负责。应当建立健全质量管理体系，落实质量责任制，确定工程项目的项目经理、技术负责人和施工管理负责人。实行总承包的工程，总施工单位应对全部建设工程质量负责。建设工程勘察、设计、施工、设备采购的一项或多项实行总承包的，总施工单位应对其承包的建设工程或采购的设备的质量负责；实行总分包的工程，分包可按照分包合同约定对其分包工程的质量向总施工单位负责，总施工单位与分包单位对分包工程的质量承担连带责任。

3) 施工单位必须按照工程设计图纸和施工技术规范标准组织施工。未经设计单位同意，不得擅自修改工程设计。在施工中，必须按照工程设计要求、施工技术规范标准和合同约定，对建筑材料、构配件、设备和商品混凝土进行检验，不得偷工减料，不使用不符合设计和强制性技术标准要求的产品，不使用未经检验和试验或检验和试验不合格的产品。

(4) 工程监理单位的质量责任

1) 工程监理单位可按其资质等级许可的范围承担工程监理业务，不许超越本单位资质等级许可的范围或以其他工程监理单位的名义承担工程监理业务，不得转让工程监理业务，不许其他单位或个人以本单位的名义承担工程监理业务。

2) 工程监理单位应依照法律、法规以及有关技术标准、设计文件和建设工程承包合同，与建设单位签订监理合同，代表建设单位对工程质量实施监理，并对工程质量承担监理责任。监理责任主要有违法责任和违约责任两个方面。如果工程监理单位故意弄虚作假，降低工程质量标准，造成质量事故的，要承担法律责任。若工程监理单位与施工单位串通，谋取非法利益，给建设单位造成损失的，应当与施工单位承担连带赔偿责任。如果监理单位在责任期内，不按照监理合同约定履行监理职责，给建设单位或其他单位造成损失的，属违约责任，应当向建设单位赔偿。

(5) 建筑材料、构配件及设备生产或供应单位的质量责任

建筑材料、构配件及设备生产或供应单位对其生产或供应的产品质量负责。生产厂或供应商必须具备相应的生产条件、技术装备和质量管理体系，所生产或供应的建筑材料、构配件及设备的质量应符合国家和行业现行的技术规定的合格标准和设计要求，并与说明书和包装上的质量标准相符，且应有相应的产品检验合格证，设备应有详细的使用说明等。

3.2 施工质量控制实务

3.2.1 施工质量控制工作程序

施工阶段的质量控制是一个由对投入的资源和条件的质量控制，进而对生产过程及各环节质量进行控制，直到对所完成的工程产出品的质量检验与控制为止的全过程的系统控制过程。

(1) 施工质量控制的分类

按工程实体质量形成过程的时间阶段划分，施工阶段的质量控制可以分为以下三个环节：

1) 施工准备控制。指在各工程对象正式施工活动开始前，对各项准备工作及影响质量

的各因素进行控制，这是确保施工质量的先决条件。

2）施工过程控制。指在施工过程中对实际投入的生产要素质量及作业技术活动的实施状态和结果所进行的控制，包括作业者发挥技术能力过程的自控行为和来自有关管理者的监控行为。

3）竣工验收控制。是指对于通过施工过程所完成的具有独立的功能和使用价值的最终产品（单位工程或整个工程项目）及有关方面（例如质量文档）的质量进行控制。

上述三个环节的质量控制涉及的主要方面如图 3-1 所示。

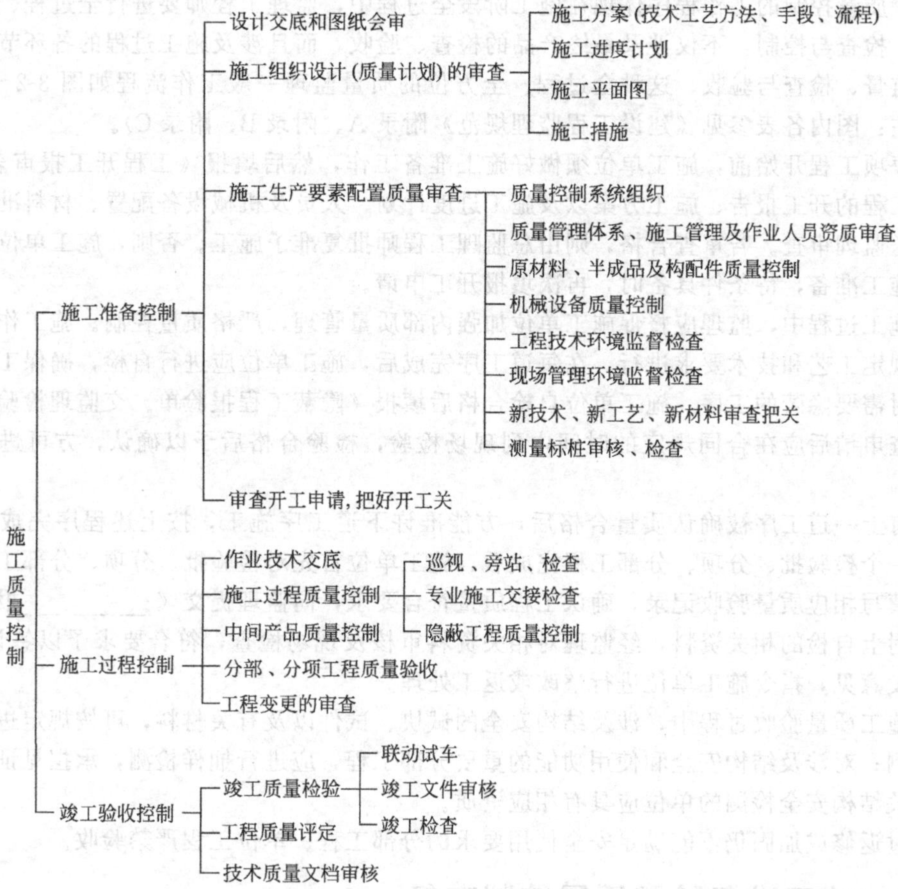

图 3-1　施工阶段质量控制的主要方面

（2）工程质量控制的依据

施工阶段项目监理机构进行质量控制的依据，大体上有以下四类。

1）工程合同文件（包括工程承包合同文件、委托监理合同文件等）。

2）设计文件“按图施工”是施工阶段质量控制的一项重要原则。因此经过批准的设计图纸和技术说明书等设计文件，无疑是质量控制的重要依据。

3）国家及政府有关部门颁布的有关质量管理方面的法律、法规性文件。

4）有关质量检验与控制的专门技术法规性文件。概括说来，属于这类专门的技术法规性的依据主要有以下四类。

① 工程项目施工质量验收标准。《建筑工程施工质量验收统一标准》（GB 50300—2013）以及其他行业工程项目的质量验收标准。

② 有关工程材料、半成品和构配件质量控制方面的专门技术法规性依据。包括：有关

工程材料及其制品质量的技术标准；有关材料或半成品等的取样、试验等方面的技术标准或规程等；有关材料验收、包装、标识及质量证明书的一般规定等。

③ 控制施工作业活动质量的技术规程。

④ 凡采用新工艺、新技术、新材料的工程，事先应进行试验，并应有权威性技术部门的技术鉴定书及有关的质量数据、指标，在此基础上制定有关的质量标准和施工工艺规程，以此作为判断与控制质量的依据。

(3) 工程质量控制的工作程序

施工质量控制的工作程序体现在施工阶段全过程中，监理工程师要进行全过程、全方位的监督、检查与控制，不仅涉及最终产品的检查、验收，而且涉及施工过程的各环节及中间产品的监督、检查与验收。这种全过程、全方位的质量监理一般工作流程如图 3-2～图 3-4 所示（注：图内各表参见《建设工程监理规范》附录 A、附录 B、附录 C）。

在每项工程开始前，施工单位须做好施工准备工作，然后填报《工程开工报审表》，附上该项工程的开工报告、施工方案以及施工进度计划、人员及机械设备配置、材料准备情况等，报送监理审查。若审查合格，则由总监理工程师批复准予施工。否则，施工单位应进一步做好施工准备，待条件具备时，再次填报开工申请。

在施工过程中，监理应督促施工单位加强内部质量管理，严格质量控制。施工作业过程均可按规定工艺和技术要求进行。在每道工序完成后，施工单位应进行自检，确保工序质量合格，对需要隐蔽的工序，施工单位自检合格后填报《隐蔽工程报验单》交监理检验。监理收到检查申请后应在合同规定的时间内到现场检验，检验合格后予以确认，方可进行下一工序。

只有上一道工序被确认质量合格后，方能准许下道工序施工，按上述程序完成逐道工序。当一个检验批、分项、分部工程完成后，施工单位首先对检验批、分项、分部工程进行自检，填写相应质量验收记录，确认工程质量符合要求，向监理提交《__________报审、报验表》附上自检的相关资料，经监理对相关资料审核及现场检查，符合要求予以签认验收，否则签发意见，指令施工单位进行整改或返工处理。

在施工质量验收过程中，涉及结构安全的试块、试件以及有关材料，可按规定进行见证取样检测；对涉及结构安全和使用功能的重要分部工程，应进行抽样检测，承担见证取样检测及有关结构安全检测的单位应具有相应资质。

通过返修或加固仍不能满足安全使用要求的分部工程、单位工程严禁验收。

3.2.2 施工准备阶段质量控制实务

(1) 工程定位及标高基准控制

1) 监理工程师应要求施工单位，对建设单位（或其委托的单位）给定的原始基准点、基准线和标高等测量控制点进行复核，并将复测结果报监理工程师审核，经批准后施工单位始能据此进行准确的测量放线，建立施工测量控制网，并应对其正确性负责，同时做好基桩的保护。

2) 复测施工测量控制网（复测施工测量控制网时应抽检建筑方格网、控制高程的水准网点以及标桩埋设位置等）。

施工过程中的施工测量放线审查程序：

① 施工单位在测量放线完毕，应进行自检，合格后填写《施工控制测量成果报验表》，并附上放线的依据材料及放线成果表《基槽及各层放线测量及复测记录》，报送项目监理机构。

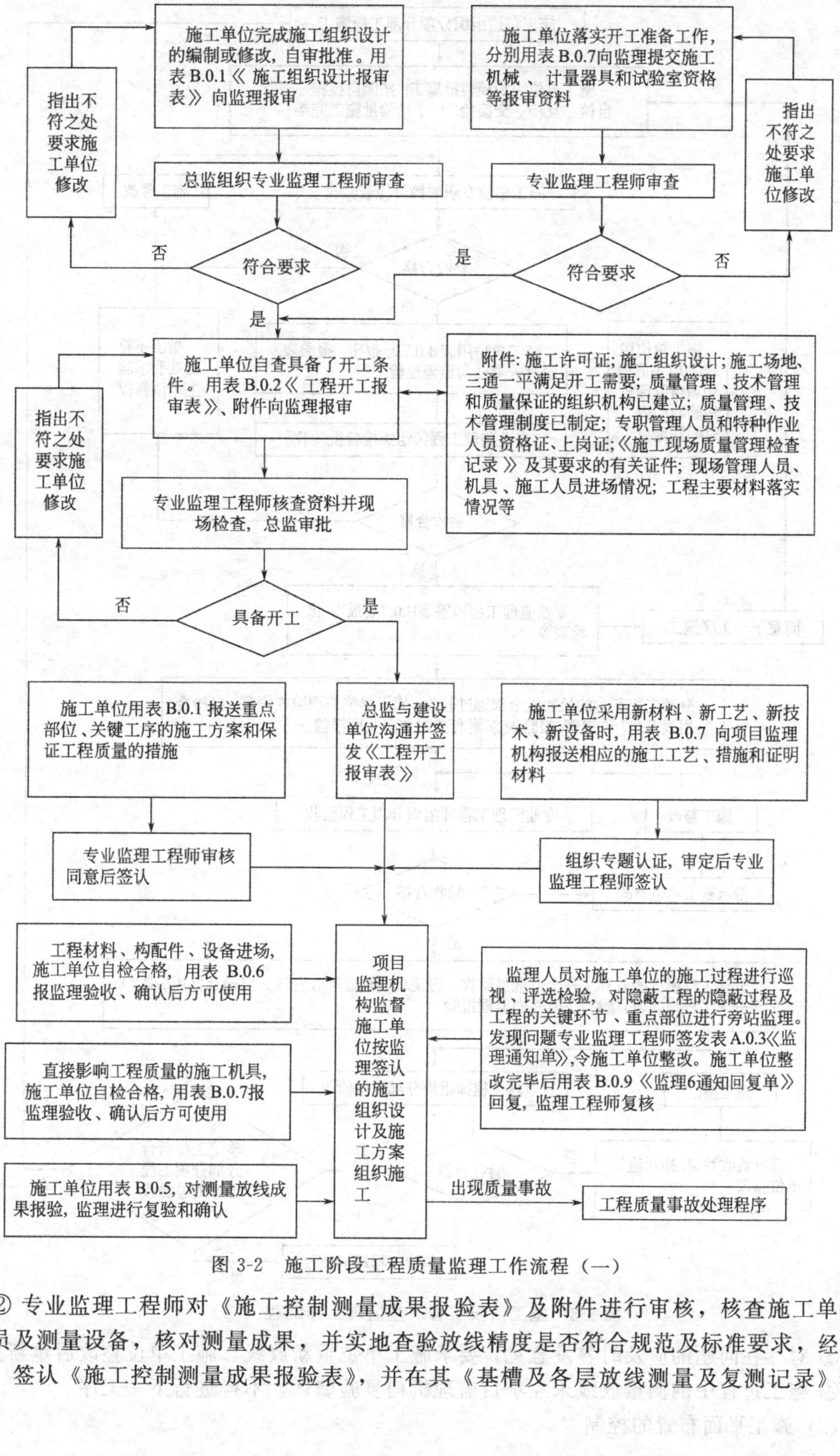

图 3-2　施工阶段工程质量监理工作流程（一）

② 专业监理工程师对《施工控制测量成果报验表》及附件进行审核，核查施工单位测量人员及测量设备，核对测量成果，并实地查验放线精度是否符合规范及标准要求，经审核查验，签认《施工控制测量成果报验表》，并在其《基槽及各层放线测量及复测记录》签字盖章。

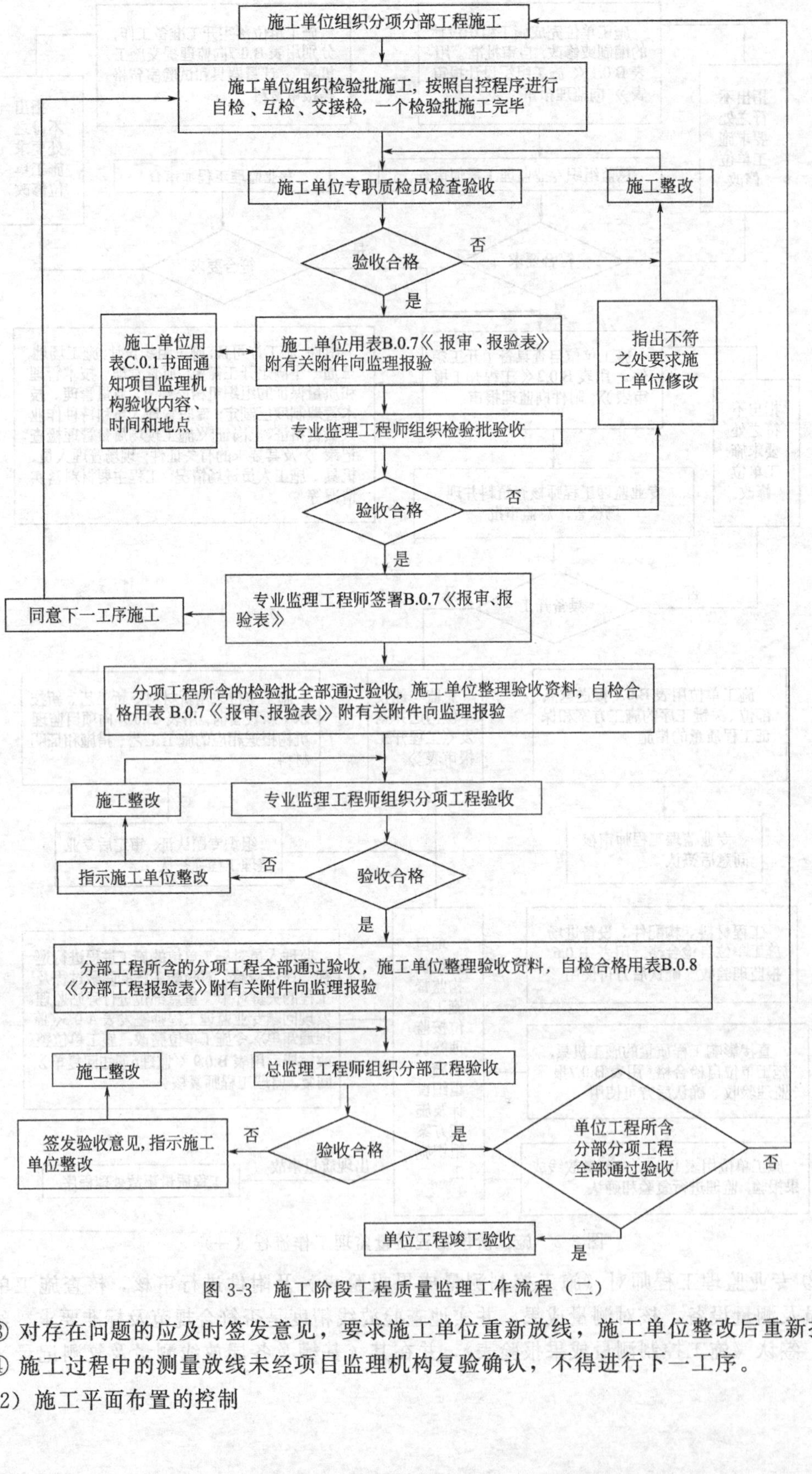

图 3-3 施工阶段工程质量监理工作流程（二）

③ 对存在问题的应及时签发意见，要求施工单位重新放线，施工单位整改后重新报验。

④ 施工过程中的测量放线未经项目监理机构复验确认，不得进行下一工序。

（2）施工平面布置的控制

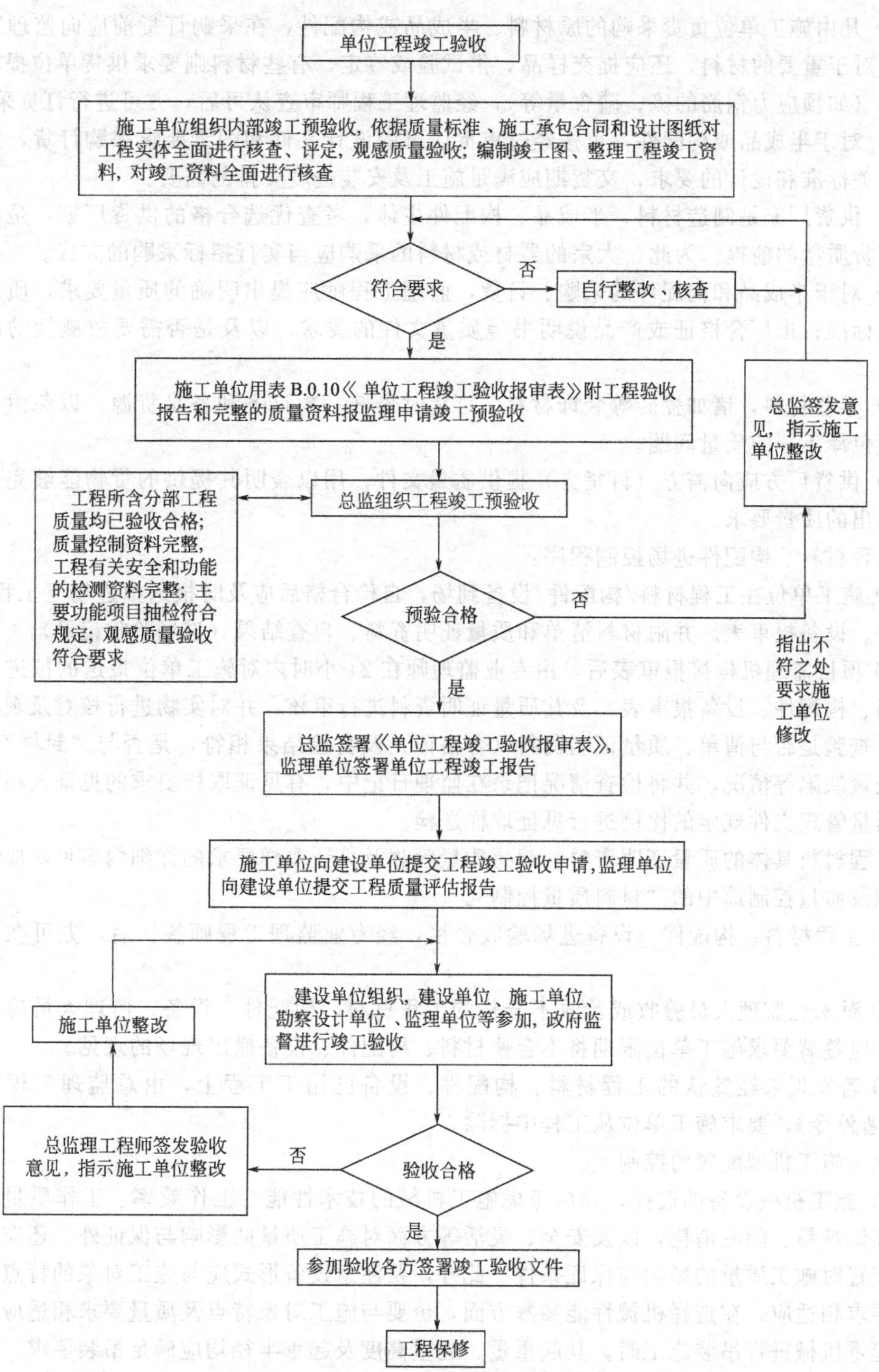

图 3-4　施工阶段工程质量监理工作流程（三）

监理工程师要检查施工现场总体布置是否合理，是否有利于保证施工的正常、顺利地进行，是否有利于保证质量，特别是要对场区的道路、防洪排水、器材存放、给水及供电、混凝土供应及主要垂直运输机械设备布置等方面予以重视。

（3）材料构配件采购订货的控制（要从六个方面进行控制）

1）凡由施工单位负责采购的原材料、半成品或构配件，在采购订货前应向监理工程师申报；对于重要的材料，还应提交样品，供试验或鉴定，有些材料则要求供货单位提交理化试验单（如预应力钢筋的硫、磷含量等），经监理工程师审查认可后，方可进行订货采购。

2）对于半成品或构配件，可按经过审批认可的设计文件和图纸要求采购订货，质量应满足有关标准和设计的要求，交货期应满足施工及安装进度安排的需要。

3）供货厂家是制造材料、半成品、构配件主体，考查优选合格的供货厂家，是保证采购、订货质量的前提。为此，大宗的器材或材料的采购应当实行招标采购的方式。

4）对于半成品和构配件的采购、订货，监理工程师应提出明确的质量要求，质量检测项目及标准；出厂合格证或产品说明书等质量文件的要求，以及是否需要权威性的质量认证等。

5）某些材料，诸如瓷砖等装饰材料，订货时最好一次订齐和备足货源，以免由于分批而出现色泽不一的质量问题。

6）供货厂方应向需方（订货方）提供质量文件，用以表明其提供的货物能够完全达到需方提出的质量要求。

工程材料、构配件进场控制程序：

① 施工单位在工程材料/构配件/设备到场，自检合格后应及时报送拟进场《工程材料、构配件、设备报审表》并附材料清单和质量证明资料、自查结果（进场验收记录）。

② 项目监理机构接报审表后，由专业监理师在24小时内对施工单位报送的拟进场《工程材料、构配件、设备报审表》及其质量证明资料进行审核，并对实物进行核对及观感质量验收，查验是否与清单、质量证明资料（合格证）及自检结果相符，是否与“封样”相符，有无质量缺陷等情况，并将检查情况记录在监理日记中，有见证取样要求的见证人根据有关工程质量管理文件规定的比例进行见证取样送检。

工程材料具体的质量证明资料、观感质量验收及见证取样要求的详细内容见对应专业基础知识及质量控制篇中的“材料质量控制”。

③ 工程材料、构配件、设备进场验收合格，经专业监理工程师签认后，方可在工程上使用。

④ 对未经监理人员验收或验收不合格的工程材料、构配件、设备，监理人员应拒绝签认，并应签署要求施工单位限期将不合格材料、构配件、设备撤出现场的意见。

⑤ 若发现未经签认的工程材料、构配件、设备已用于工程上，由总监理工程师签发《工程暂停令》，要求施工单位从工程中拆除。

（4）施工机械配置的控制

1）施工机械设备的选择，除应考虑施工机械的技术性能、工作效率、工作质量、可靠性及维修难易、能源消耗，以及安全、灵活等方面对施工质量的影响与保证外，还应考虑其数量配置对施工质量的影响与保证条件。此外，要注意设备形式应与施工对象的特点及施工质量要求相适应。在选择机械性能参数方面，也要与施工对象特点及质量要求相适应，例如选择起重机械进行吊装施工时，其起重量、起重高度及起重半径均应满足吊装要求。

2）审查施工机械设备的数量是否足够。

3）审查所需的施工机械设备，是否按已批准的计划备妥；所准备的机械设备是否与监理工程师审查认可的施工组织设计或施工计划中所列者一致；所准备的施工机械设备是否都处于完好的可用状态等。

进场施工机械设备性能及工作状态的控制：

① 施工机械设备的进场检查。

② 机械设备工作状态的检查。

③ 特殊设备安全运行的审核。对于现场使用的塔吊及有关特殊安全要求的设备，进入现场后在使用前，必须经当地劳动安全部门鉴定，符合要求并办好相关手续后方允许施工单位投入使用。

④ 大型临时设备的检查。

（5）分包单位资格的审核确认

1）施工单位应在工程项目开工前或拟分包的分项、分部工程开工前，填写《分包单位资格报审表》，附上经其自审认可的分包单位的有关资料（包括：营业执照、企业资质等级证书，安全生产许可文件，类似工程业绩，专职管理人员和特种作业人员的资格等），报项目监理机构审核。

2）监理工程师审查施工单位提交的《分包单位资格报审表》。审查时，主要是审查施工承包合同是否允许分包，分包的范围和工程部位是否可进行分包，分包单位是否具有按工程承包合同规定的条件完成分包工程任务的能力（审查、控制的重点一般是分包单位资质证书，分包单位施工组织者、管理者的资格与质量管理水平，特殊专业工种、专业工种、关键施工工艺或新技术、新工艺、新材料等应用方面操作者的素质与能力）。

3）项目监理机构和建设单位认为必要时，可会同施工单位对分包单位进行实地考察，以验证分包单位有关资料的真实性。

4）分包单位的资格符合有关规定并满足工程需要，由总监理工程师签发《分包单位资格报审表》予以确认。

5）分包合同签订后，施工单位将分包合同报项目监理机构备案。

（6）严把开工关

1）工程具备开工条件，施工单位应向项目监理机构报送《工程开工报审表》及《施工现场质量管理检查记录》、开工报告、施工许可证、项目经理、质检员、安全员岗位证书、特殊工种上岗证书、施工方案、有关标准和制度等。

2）总监理工程师应指定监理人员对于与拟开工工程有关的现场各项施工准备工作（包括：施工许可证；施工组织设计；道路、水、电、通信；施工单位现场管理人员；施工机具、人员；主要工程材料；现场质量管理制度、质量责任制；有关施工技术标准和质量检验制度；施工图；施工现场临时设施；地下障碍物；试验室等）进行检查确认符合开工条件后，方可发布书面的开工指令。如委托监理合同中需建设单位批准，项目总监审核后报建设单位，由建设单位批准。

3）在总监理工程师向施工单位发出开工通知书时，建设单位应及时按计划、保质保量地提供施工单位所需的场地和施工通道以及水、电供应等条件，以保证及时开工，防止承担补偿工期和费用损失的责任。

4）对于已停工程，则需有总监理工程师的复工指令始能复工，对于合同中所列单项工程及工程变更的项目，开工前施工单位必须提交《工程开工报审表》，经监理工程师审查前述各方面条件具备并由总监理工程师予以批准后，施工单位才能开始正式进行施工。

（7）监督组织内部的监控准备工作

建立并完善项目监理机构的质量监控体系，做好监控准备工作，使之能适应工程项目质量监控的需要，这是监理工程师做好质量控制的基础工作之一。例如，针对分部、分项工程的施工特点拟定监理实施细则，配备相应人员，明确分工及职责，配备所需的检测仪器设备并使之处于良好的可用状态，熟悉有关的检测方法和规程等。

3.2.3 施工阶段质量控制实务

3.2.3.1 工序质量控制

工程项目的施工过程，是由一系列相互关联、相互制约的工序所构成，工序质量是基础，直接影响工程项目的整体质量。要控制工程项目施工过程的质量，首先必须控制工序的质量。

工序质量包含工序活动条件的质量和工序活动效果的质量；从质量控制的角度来看，这两者是互为关联的，一方面要控制工序活动条件的质量，即每道工序投入品的质量（即人、机械、材料、方法和环境的质量）是否符合要求；另一方面又要控制工序活动效果的质量，即每道工序施工完成的工程产品是否达到有关质量标准。因此，项目监理机构质量控制工作应体现在对作业活动的控制上。就某一具体作业活动而言，项目监理机构的质量控制主要围绕影响其施工质量的因素进行。例如某工程混凝土工程质量工序控制如图 3-5 所示。

(1) 质量控制点的设置

1) 质量控制点是指为了保证作业过程质量而确定的重点控制对象、关键部位或薄弱环节。设置质量控制点是保证达到施工质量要求的必要前提，监理在拟定质量控制工作计划时，应予以详细地考虑，并以制度来保证落实。对于质量控制点，一般要事先分析可能造成质量问题的原因，再针对原因制定对策和措施进行预控。施工单位在工程施工前应根据施工过程质量控制的要求，列出质量控制点明细表，提交项目监理机构审查批准后，在此基础上实施质量预控。建筑工程质量控制点设置的一般位置示例如表 3-1 所示。

表 3-1 建筑工程质量控制点设置位置

分项工程	质量控制点
工程测量定位	标准轴线桩、水平桩、龙门板、定位轴线、标高
地基、基础（含设备基础）	基坑（槽）尺寸、标高、土质、地基承载力，基础垫层标高，基础位置、尺寸、标高，预留洞孔、预埋件的位置、规格、数量，基础标高、杯底弹线
砌体	砌体轴线，皮数杆，砂浆配合比，预留洞孔、预埋件位置、数量，砌块排列
模板	位置、尺寸、标高，预埋件位置，预留洞孔尺寸、位置，模板强度及稳定性，模板内部清理及润湿情况
钢筋混凝土	水泥品种、强度等级，砂石质量，混凝土配合比，外加剂比例，混凝土振捣，钢筋品种、规格、尺寸、搭接长度，钢筋焊接，预留洞、孔及预埋件规格、数量、尺寸、位置，预制构件吊装或出场（脱模）强度，吊装位置、标高、支承长度、焊缝长度
吊装	吊装设备起重能力、吊具、索具、地锚
钢结构	翻样图、放大样
焊接	焊接条件、焊接工艺
装修	视具体情况而定

2) 选择质量控制点的一般原则

① 施工过程中的关键工序或环节以及隐蔽工程；

② 施工中的薄弱环节，或质量不稳定的工序、部位或对象；

③ 对后续工程施工或对后续工序质量或安全有重大影响的工序、部位或对象；

④ 采用新技术、新工艺、新材料的部位或环节；

⑤ 施工上无足够把握的、施工条件困难的或技术难度大的工序或环节。

是否设置为质量控制点，主要是视其对质量特性影响的大小、危害程度以及其质量保证的难度大小而定。

(2) 见证点

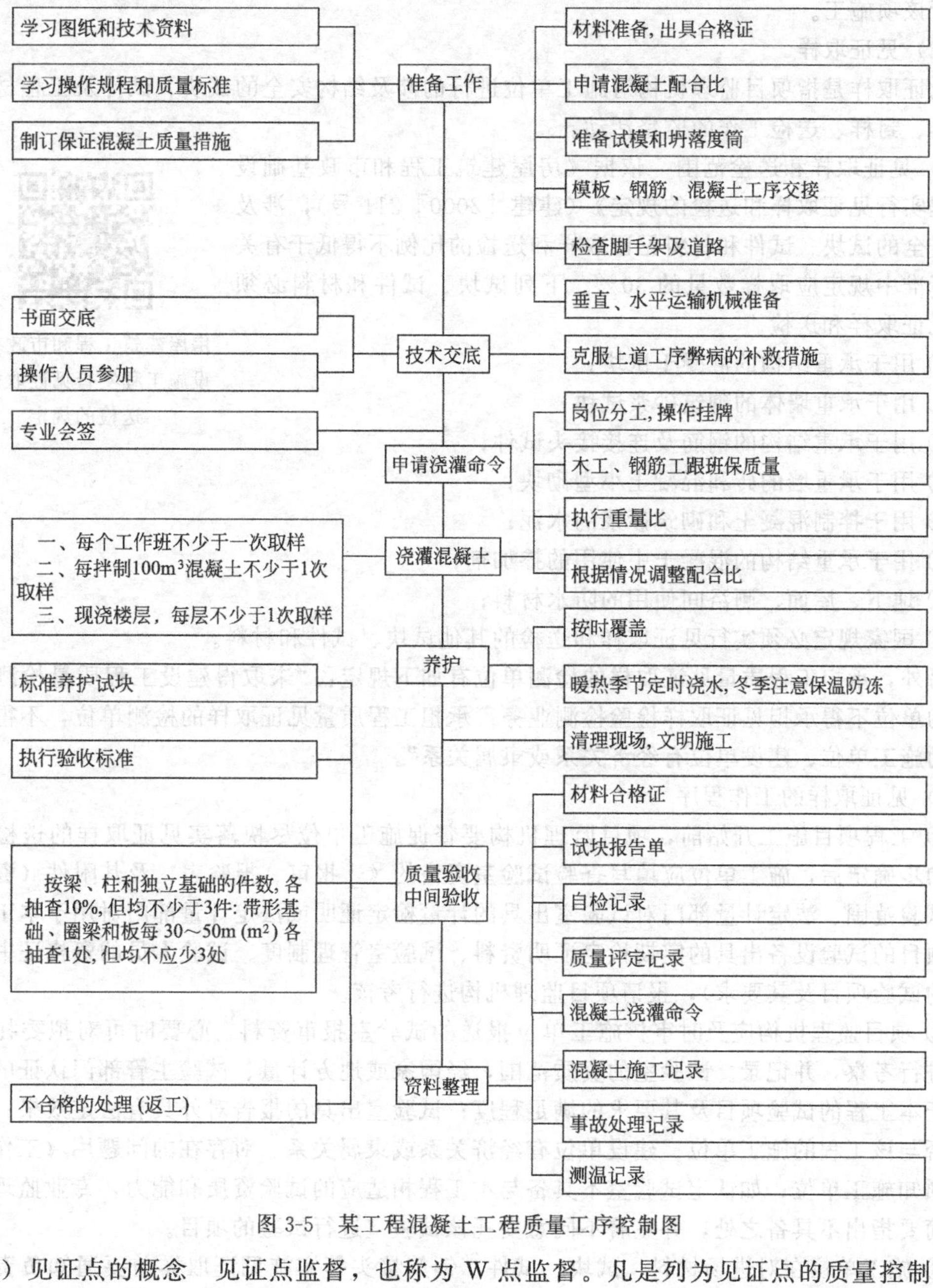

图 3-5　某工程混凝土工程质量工序控制图

1）见证点的概念　见证点监督，也称为 W 点监督。凡是列为见证点的质量控制对象，在规定的关键工序施工前，施工单位应提前通知监理人员在约定的时间内到现场进行见证和对其施工实施监督。如果监理人员未能在约定的时间内到现场见证和监督，则施工单位有权进行该 W 点的相应的工序操作和施工。

2）见证点的监理实施程序

① 施工单位应在某见证点施工之前一定时间，用《工作联系单》书面通知项目监理机构，说明该见证点准备施工的日期与时间，请监理人员届时到达现场进行见证和监督。

② 项目监理机构收到《工作联系单》后，应注明收到该通知的日期并签字。

③ 监理工程师可按规定的时间到现场见证。

④ 如果监理人员在规定的时间不能到场见证，施工单位可以认为已获监理默认。可有

权进行该项施工。

(3) 见证取样

见证取样是指项目监理机构对施工单位进行的涉及结构安全的试块、试件及工程材料现场取样、封样、送检工作的监督活动。

1) 见证取样和送检范围　依据《房屋建筑工程和市政基础设施工程实行见证取样和送检的规定》(建建［2000］211号)，涉及结构安全的试块、试件和材料见证取样和送检的比例不得低于有关技术标准中规定应取样数量的30%。下列试块、试件和材料必须实施见证取样和送检。

房屋建筑工程和市政基础设施工程实行见证取样和送检的规定

① 用于承重结构的混凝土试块；

② 用于承重墙体的砌筑砂浆试块；

③ 用于承重结构的钢筋及连接接头试件；

④ 用于承重墙的砖和混凝土小型砌块；

⑤ 用于拌制混凝土和砌筑砂浆的水泥；

⑥ 用于承重结构的混凝土中使用的掺加剂；

⑦ 地下、屋面、厕浴间使用的防水材料；

⑧ 国家规定必须实行见证取样和送检的其他试块、试件和材料。

另外，承担工程质量见证取样的检测单位有如下规定："未取得建设工程质量检测单位资质的单位不得承担见证取样检验检测业务。承担工程质量见证取样的检测单位，不得与该工程的施工单位、建设单位有经济关系或隶属关系"。

2) 见证取样的工作程序

① 工程项目施工开始前，项目监理机构要督促施工单位尽快落实见证取样的送检试验室。初步确定后，施工单位应填写查验试验室资格的《__报审、报验表》及其附件（资料包括：试验范围、法定计量部门对试验室出具的计量检定证明或法定计量部门对用于本工程的试验项目的试验设备出具的定期检定证明资料、试验室管理制度、试验人员的资格证书、本工程的试验项目及其要求），报请项目监理机构进行考核。

② 项目监理机构应及时审核施工单位报送的试验室报审资料，必要时可对拟委托的试验室进行考察，并记录。试验室的资质范围，经国家或地方计量、试验主管部门认证的试验项目于本工程的试验项目及其要求的满足程度；试验室出具的报告对外具有法定效果；试验室是否与该工程的施工单位、建设单位有经济关系或隶属关系。对存在的问题用《工作联系单》通知施工单位；如认定试验室不具备与本工程相适应的试验资质和能力，专业监理工程师应简要指出不具备之处，并签署不同意委托该试验室进行试验的项目。

③ 施工单位在对进场材料、试块、试件、钢筋接头等实施见证取样前要通知负责见证取样的监理人员，在该见证取样员的现场监督下，施工单位按相关规范的要求，完成材料、试块、试件等的取样过程。

④ 完成取样后，施工单位将送检样品装入见证取样箱，由见证取样员加封，不能装入箱中的试件，如钢筋样品，钢筋接头，则贴上专用加封标志，然后送往试验室。

3.2.3.2　质量控制重点内容

1) 检查施工单位是否按照工程设计文件、工程建设标准和批准的施工组织设计、(专项）施工方案施工。施工单位必须按照工程设计图纸和施工技术标准施工，不得擅自修改工程设计，不得偷工减料。

2) 检查施工单位使用的工程原材料、构配件和设备是否合格。不得在工程中使用不合格的原材料、构配件和设备，只有经过复试检测合格的原材料、构配件和设备才能够用于工程。

重点检查施工现场原材料、构配件的采购和堆放是否符合施工组织设计（方案）要求；其规格、型号等是否符合设计要求；是否已见证取样，并检测合格；是否已按程序报项目监理机构验收并允许使用；有无使用不合格材料、质量合格证明资料欠缺的材料等。

3）对施工现场管理人员，特别是施工质量管理人员是否到位及履职情况做好检查和记录。

项目经理、项目技术负责人及质检员是否在岗并持证上岗，能否确保各项工程质量管理制度和质保体系的及时落实、稳定有效。

4）对施工单位特种作业人员是否持证上岗进行检查。根据《建筑施工特种作业人员管理规定》，对于建筑电工、建筑架子工、建筑起重信号司索工、建筑起重机械司机、建筑起重机械安装拆卸工、高处作业吊篮安装拆卸工、焊接切割操作工以及经省级以上人民政府建设主管部门认定的其他特种作业人员，必须持施工特种作业人员操作证上岗。

3.2.3.3 质量控制重点部位

（1）深基坑土方开挖工程

1）土方开挖前的准备工作是否到位、充分、开挖条件是否具备。

2）土方开挖顺序、方法是否与设计工况一致，是否符合“开槽支撑，先撑后挖，分层开挖，严禁超挖”的要求。

3）挖土是否分层、分块进行，分层高度和开挖面放坡坡度是否符合要求，垫层混凝土的浇筑是否及时。

4）基坑边和支撑上的堆载是否允许，是否存在安全隐患。

5）挖土机械有无碰撞或损伤基坑围护和支撑结构、工程桩、降水井等现象。

6）挖土机械如果在已浇筑的混凝土支撑上行走时，设计是否允许，有无采取覆土、铺钢板等措施，严禁在底部掏空的支撑构件上行走与操作（因施工需要而设计的主栈桥除外）。

7）是否限时开挖，尽快形成围护支撑，尽量缩短围护结构无支撑暴露时间，挖土、支撑要连续施工。

8）对围护体表面的修补、止水帷幕的渗漏及处理是否有专人负责，是否符合设计和技术处理方案的要求。

9）每道支撑上的安全通道和临边防护的搭设是否及时、符合要求。

10）挖土机械工是否有专人指挥，有无违章、冒险作业现象。

（2）施工现场拌制砂浆等混合料配合比检查

1）是否使用有资质的材料检测单位提供的正式配合比，是否根据实际含水量进行了配合比调整。

2）现场配合比标牌的制作和放置是否规范、耐用、美观，内容是否齐全、清楚、具有可操作性。

3）是否有专人负责计量，能否做到“车车计量”，尤其是外加剂和水的掺量是否严格控制在允许范围之内，计量记录是否真实、完整。

4）计量衡器是否有合格证，物证是否相符，是否已经法定计量检定部门检定合格并在有效期内使用，其使用和保管是否正常，有无损坏、人为拆卸调整现象。

（3）砌体工程

1）基层清理是否干净，是否按要求用细石混凝土进行了找平。

2）是否有“碎砖”集中使用和外观质量不合格的块材使用现象。

3）是否按要求使用皮数杆，墙体拉结筋型式、规格、尺寸、位置是否正确，砂浆饱满度是否合格，灰缝厚度是否超标，有无“透明缝”、“瞎缝”和“假缝”。

4）工程需要的预留孔、预埋件等有无遗漏等。

（4）钢筋工程

1）钢筋有无锈蚀、被隔离剂和淤泥等污染现象，是否已清理干净。

2）垫块规格、尺寸是否符合要求，强度能否满足施工需要，有无用木块、大理石板等代替水泥砂浆（或混凝土）垫块的现象。

3）钢筋的数量、规格型号、搭接长度、位置、连接方式是否符合设计要求，搭接区段箍筋是否按要求“加密”；对于梁柱或梁梁交叉部位的“核心区”有无主筋被截断、箍筋漏放等现象。

（5）模板工程

1）模板安装和拆除是否符合施工组织设计或施工方案的要求，支模前隐蔽工程项目是否已经专业监理工程师验收合格。

2）模板表面是否清理干净、有无变形损坏，是否已涂刷隔离剂，模板拼缝是否严密，安装是否牢固。

3）拆模是否事先按程序和要求向专业监理工程师报审并经专业监理工程师签认同意，拆模有无违章冒险行为，模板捆扎、吊运、堆放是否符合要求。

（6）混凝土工程

1）现浇混凝土结构构件的保护是否符合要求，是否允许堆载、踩踏。

2）拆模后混凝土构件的尺寸偏差是否在允许范围内，有无质量缺陷、其修补处理是否符合要求。

3）现浇构件的养护措施是否有效、可行、及时等。

（7）钢结构工程

主要检查内容：钢结构零部件加工条件是否合格（如场地、温度、机械性能等），安装条件是否具备（如基础是否已经验收合格等）；施工工艺是否合理、符合相关规定；钢结构原材料及零部件的加工、焊接、组装、安装及涂饰质量是否符合设计文件和相关标准、要求等。

（8）屋面工程

1）基层是否平整坚固、清理干净。

2）防水卷材搭接部位、宽度、施工顺序、施工工艺是否符合要求，卷材收头、节点、细部处理是否合格。

3）屋面块材搭接、铺贴质量如何、有无损坏现象等。

（9）装饰装修工程

1）基层处理是否合格，是否按要求使用垂直、水平控制线，施工工艺是否符合要求。

2）需要进行隐蔽的部位和内容是否已经按程序报验并通过验收。

3）细部制作、安装、涂饰等是否符合设计要求和相关规定。

4）各专业之间工序穿插是否合理，有无相互污染、相互破坏现象等。

（10）安装工程及其他

重点检查是否按规范、规程、设计图纸、图集和经专业监理工程师审批的施工组织设计或施工方案施工；是否有专人负责，施工是否正常等。

3.2.4　施工验收阶段质量控制实务

3.2.4.1　建筑工程施工质量验收体系

（1）建筑工程施工质量验收统一标准、规范体系的构成

建筑工程施工质量验收统一标准、规范体系由《建筑工程施工质量验收统一标准》（GB 50300—2013）和各专业验收规范共同组成，在使用过程中它们必须配套使用验收规范。具体包括：《建筑地基基础工程施工质量验收规范》；《砌体工程施工质量验收规范》；《混凝土结构工程施工质量验收规范》；《钢结构工程施工质量验收规范》；《屋面工程质量验收规范》；《地下防水工程质量验收规范》；《建筑地面工程施工质量验收规范》；《建筑装饰装修工程施工质量验收规范》；《建筑给水排水及采暖工程施工质量验收规范》；《通风与空调工程施工质量验收规范》；《给水排水管道工程施工及验收规范》；《建筑电气工程施工质量验收规范》；《智能建筑工程施工质量验收规范》；《电梯工程施工质量验收规范》；《建筑节能工程施工质量验收规范》。

（2）施工质量验收的有关术语

《建筑工程施工质量验收统一标准》中的术语，对规范有关建筑工程施工质量验收活动中的用语，加深对标准条文的理解，特别是更好地贯彻执行标准是十分必要的。与质量验收相关的重要术语如下。

1）验收：建筑工程在施工单位自行质量检查评定的基础上，参与建设活动的有关单位共同对检验批、分项、分部、单位工程的质量进行抽样复验，根据相关标准以书面形式对工程质量达到合格与否做出确认。

2）进场验收：对进入施工现场的材料、构配件、设备等按相关标准规定要求进行检验，对产品达到合格与否做出确认。

3）检验批：按同一的生产条件或按规定的方式汇总起来供检验用的，由一定数量样本组成的检验体。检验批是施工质量验收的最小单位，是分项工程乃至整个建筑工程质量验收的基础。

4）检验：对检验项目中的性能进行量测、检查、试验等，并将结果与标准规定要求进行比较，以确定每项性能是否合格所进行的活动。

5）见证取样检测：在监理单位或建设单位监督下，由施工单位有关人员现场取样，并送至具备相应资质的检测单位所进行的检测。

6）主控项目：建筑工程中的对安全、卫生、环境保护和公众利益起决定性作用的检验项目。

7）一般项目：除主控项目以外的项目都是一般项目。

8）观感质量：通过观察和必要的量测所反映的工程外在质量。

9）返修：对工程不符合标准规定的部位采取整修等措施。

10）返工：对不合格的工程部位采取的重新制作、重新施工等措施。

（3）施工质量验收的基本规定

《建筑工程施工质量验收统一标准》中的基本规定，在建筑工程施工质量验收活动中应全面贯彻执行。其主要内容如下。

1）施工现场质量管理应有相应的施工技术标准、健全的质量管理体系、施工质量检验制度和综合施工质量水平评定考核制度，并做好施工现场质量管理检查记录。

2）建筑工程施工质量可按下列要求进行验收。

① 建筑工程质量应符合本标准和相关专业验收规范的规定。

② 建筑工程施工应符合工程勘察、设计文件的要求。

③ 参加工程施工质量验收的各方人员应具备规定的资格。

④ 工程质量的验收均应在施工单位自行检查评定的基础上进行。

⑤ 隐蔽工程在隐蔽前应由施工单位通知有关单位进行验收，并应形成验收文件。

⑥ 涉及结构安全的试块、试件以及有关材料，可按规定进行见证取样检测。

⑦ 检验批的质量可按主控项目和一般项目验收。

⑧ 对涉及结构安全和使用功能的重要分部工程应进行抽样检测。

⑨ 承担见证取样检测及有关结构安全检测的单位应具有相应资质。

⑩ 工程的观感质量应由验收人员通过现场检查，并应共同确认。

(4) 建筑工程施工质量验收层次的划分

为了便于工程质量监督检查，控制工序质量，确保单位工程质量，将建筑安装工程划分成单位工程、分部工程、分项工程、检验批进行质量检验评定。单位工程里包括若干个分部工程，分部工程中又包括若干个分项工程。

1）单位工程　单位工程是建设项目的组成部分，是具有独立的设计文件，在竣工后可以独立发挥效益或生产能力的独立工程。如一个仓库、一幢住宅。单位工程的划分应符合以下规定。

① 建筑工程和建筑设备安装工程共同组成一个单位工程，目的是突出建筑物整体工程质量及使用功能。这就说明一个单位工程是由建筑工程的 6 个分部和建筑设备安装工程的 4 个分部共同组成的，10 个分部工程均参加单位工程质量评定，缺一不可。

② 新（扩）建的居住小区和厂区内单位工程的划分：小区和厂区内室外给水、排水、供热、煤气等建筑采暖卫生与煤气工程组成一个单位工程；小区和厂区内室外架空线路、电缆线路、路灯等建筑电气安装工程组成一个单位工程；小区和厂区内道路、围墙等建筑工程组成一个单位工程。

2）分部工程、分项工程　按工程的种类或主要部位将单位工程划分为分部工程。按不同的施工方法、构造及规格将分部工程划分为分项工程。

建筑工程各分部所包含的分项工程有：

① 地基与基础工程；

② 主体工程；

③ 地面与楼面工程；

④ 门窗工程；

⑤ 装饰工程；

⑥ 屋面工程。

建筑设备安装工程各分部所包含的分项工程有：

① 建筑采暖卫生与煤气工程；

② 建筑电气安装工程；

③ 通风与空调工程；

④ 电梯安装工程。

3.2.4.2　工程质量验收实务

（1）隐蔽工程验收

隐蔽工程是指将被其后工程施工所隐蔽的检验批、分项和分部工程，在隐蔽前所进行的检查验收。它是对一些已完检验批、分项和分部工程质量的最后一道检查，由于检查对象就要被其他工程覆盖，给以后的检查整改造成障碍，故显得尤为重要，它是质量控制的一个关键过程。

1）隐蔽工程验收程序

① 隐蔽工程施工完毕，施工单位按有关技术规程、规范、施工图纸先进行自检，自检合格后，填写隐蔽工程报审、报验表（参见 GB/T 50319—2013 附录表 B.0.7 所示），附上相应的工程检查证明资料（如隐蔽工程验收记录）及有关材料证明，试验报告，复试报告等，报送项目监理机构。

② 专业监理工程师收到报验申请后首先对质量证明资料进行审查，并在合同规定的时间内到现场检查（检测或核查），施工单位的专职质检员及相关施工人员应随同一起到现场。

③ 经现场检查，如符合质量要求，专业监理工程师在隐蔽工程报审、报验表及工程检查证明资料（如隐蔽工程验收记录）上签字确认，准予施工单位隐蔽、覆盖，进入下一道工序施工。

如经现场检查发现不合格，监理工程师签发意见，指令施工单位整改，整改后自检合格再报专业监理工程师复查。

施工单位未通知专业监理工程师到场检查，私自将工程隐蔽部位覆盖或覆盖工程隐蔽部位后，专业监理工程师对质量有疑问的，可要求施工单位对已覆盖的部位进行钻孔探测或揭开重新检查，施工单位应遵照执行，并在检查后重新覆盖恢复原状。

2）隐蔽工程检查验收的质量控制要点　以工业及民用建筑为例，下述工程部位进行隐蔽检查时必须重点控制，防止出现质量隐患。

① 基础施工前对地基质量的检查，尤其要检测地基承载力。

② 基坑回填土前对基础质量的检查。

③ 混凝土浇筑前对钢筋的检查（包括模板检查）。

④ 混凝土墙体施工前，对敷设在墙内的电线管检查。

⑤ 防水层施工前对基层质量的检查。

⑥ 建筑幕墙施工挂板之前对龙骨系统的检查。

⑦ 屋面板与屋架（梁）埋件的焊接检查。

⑧ 避雷引下线及接地引下线的连接。

⑨ 覆盖前对直埋于楼地面的电缆、封闭前对敷设于暗井道、吊顶、楼板垫层内的设备管道。

⑩ 易出现质量通病的部位。

3）钢筋隐蔽工程验收要点（示例）

① 按施工图核查绑扎成型的钢筋骨架，检查钢筋品种、直径、数量、间距、形状。

② 骨架外形尺寸，其偏差是否超过规定；检查保护层厚度，构造筋是否符合构造要求。

③ 锚固长度，箍筋加密区及加密间距。

④ 检查钢筋接头：如是绑扎搭接，要检查搭接长度，接头位置和数量（错开长度、接

头百分率）；焊接接头或机械连接，要检查外观质量，取样试件力学性能试验是否达到要求，接头位置（相互错开）、数量（接头百分率）。

（2）检验批的验收

分项工程可由一个或若干个检验批组成，检验批可根据施工及质量控制和专业验收需要按楼层、施工段、变形缝等进行划分。建筑工程的地基与基础分部工程中的分项工程一般划分为一个检验批；有地下层的基础工程可按不同地下层划分检验批；屋面分部工程中的分项工程不同楼层屋面可划分为不同的检验批；单层建筑工程中的分项工程可按变形缝等划分检验批，多层及高层建筑工程中主体分部的分项工程可按楼层或施工段来划分检验批；其他分部工程中的分项工程一般按楼层划分检验批；对于工程量较少的分项工程可统一化为一个检验批。安装工程一般按一个设计系统或组别划分为一个检验批。室外工程统一划分为一个检验批。散水、台阶、明沟等含在地面检验批中。

1）检验批合格质量规定

①主控项目和一般项目的质量经抽样检验合格。

②具有完整的施工操作依据、质量检查记录。

从上面的规定可以看出，检验批的质量验收包括了质量资料的检查和主控项目、一般项目的检验两方面的内容。

2）检验批按规定验收　质量控制资料反映了检验批从原材料到验收的各施工工序的施工操作依据，检查情况以及保证质量所必需的管理制度等。对其完整性的检查，实际是对过程控制的确认，这是检验批合格的前提。所要检查的资料主要包括：

① 图纸会审、设计变更、洽商记录；

② 建筑材料、成品、半成品、建筑构配件、器具和设备的质量证明书及进场检（试）验报告；

③ 工程测量、放线记录；

④ 按专业质量验收规范规定的抽样检验报告；

⑤ 隐蔽工程验收记录；

⑥ 施工过程记录和施工过程检查记录；

⑦ 新材料、新工艺的施工记录；

⑧ 质量管理资料和施工单位操作依据等。

为确保工程质量，使检验批的质量符合安全和使用功能的基本要求，各专业质量验收规范对各检验批的主控项目和一般项目的子项合格质量都给予明确规定。

如砖砌体工程检验批质量验收时主控项目包括砖强度等级、砂浆强度等级、斜槎留置、直槎拉结钢筋及接槎处理、砂浆饱满度、轴线位移、每层垂直度等内容；而一般项目则包括组砌方法、水平灰缝厚度、顶（楼）面标高、表面平整度、门窗洞口高宽、窗口偏移、水平灰缝的平直度以及清水墙游丁走缝等内容。

检验批的合格质量主要取决于对主控项目和一般项目的检验结果。主控项目是对检验批的基本质量起决定性影响的检验项目，因此必须全部符合有关专业工程验收规范的规定。这意味着主控项目不允许有不符合要求的检验结果，即这种项目的检查具有否决权。鉴于主控项目对基本质量的决定性影响，从严要求是必需的。

3）检验批的质量验收记录　检验批的质量验收记录由施工项目专业质量检查员填写，监理工程师（建设单位专业技术负责人）组织项目专业质量检查员等进行验收，并按表3-2记录。

表3-2　检验批质量验收记录　　编号________

工程名称		分项工程名称		验收部位	
施工单位				项目经理	
施工执行标准名称及编号				专业工长	
分包单位		分包项目经理		施工班组长	
		质量验收规范的规定		施工单位检查评定记录	监理（建设）单位验收记录
主控项目	1				
	2				
	3				
	4				
	5				
	6				
一般项目	1				
	2				
	3				
	4				
施工单位检查评定结果	项目专业质量检查员：　　年　月　日				
监理（建设）单位验收结论	监理工程师：（建设单位项目专业技术负责人）　　年　月　日				

4）检验批验收程序

① 检验批施工完毕，施工单位自检合格，填写《__________报审、报验表》（参见GB/T 50319—2013附录表B.0.7所示），附检验批质量验收记录向专业监理工程师报验。

② 施工单位应在检验批验收前48h通知专业监理工程师验收内容、验收时间和地点。

③ 专业监理工程师应按时组织施工单位项目专业质量检查员等进行验收，专业监理工程师采取平行检验的方式现场实物检查、检测，审核其有关资料，主控项目和一般项目的质量经抽样检查合格，施工质量验收记录完整、符合要求，专业监理工程师应予以签认。否则，专业监理工程师应签发意见，翔实指出不符合规范或设计之处，要求施工单位整改。

④ 施工单位按工程质量整改通知要求整改完毕，自检合格后用监理工程师通知回复单报专业监理工程师复核，符合要求后予以确认。施工单位应按上述程序重新报验。

对未经专业监理工程师验收或验收不合格的、需旁站而未旁站或没有旁站记录的隐蔽工程或检验批，专业监理工程师不得签认，施工单位严禁进行下一道工序的施工。

5）基槽（基坑）验收　基槽开挖是基础施工中的一项内容，由于其质量状况对后续工程质量影响大，故均作为一个关键工序或一个检验批进行质量验收。基槽开挖质量验收主要涉及地基承载力的检查确认；地质条件的检查确认；开挖边坡的稳定及支护状况的检查确认。由于部位的重要，基槽开挖验收均要有勘察、设计单位的有关人员参加，并请质量监督部门参加，经现场检查，测试（或平行检测）确认其地基承载力是否达到设计要求，地质条件是否与设计相符。如不相符，则共同签署验收资料，如达不到设计要求或与勘察设计资料不符，则应采取措施进一步处理或工程变更，由原设计单位提出处理方案，经施工单位实施完毕后重新验收。

（3）分项工程验收

分项工程应按主要工种、材料、施工工艺、设备类别等进行划分。如混凝土结构工程中按主要工种分为模板工程、钢筋工程、混凝土工程等分项工程；按施工工艺又分为预应力、现浇结构、装配式结构等分项工程。

建筑工程分部（子分部）工程、分项工程的具体划分见《建筑工程施工质量验收统一标准》（GB 50300—2013）。

1）分项工程质量验收合格应符合的规定

① 分项工程所含的检验批均应符合合格质量规定。

② 分项工程所含的检验批的质量验收记录应完整。

2）分项工程质量验收记录　分项工程质量应由专业监理工程师（建设单位项目专业技术负责人）组织项目专业技术负责人等进行验收，并按表 3-3 记录。

表 3-3　分项工程质量验收记录

工程名称		结构类型		检验批数	
施工单位		项目经理		项目技术负责人	
分包单位		分包单位负责人		分包项目经理	
序号	检验批部位、区段	施工单位检查评定结果		监理（建设）单位验收结论	
1					
2					
3					
4					
5					
6					
7					
8					
9					
10					
11					
12					
13					
签字栏	监理工程师： （建设单位项目专业技术负责人） 年　月　日			项目专业技术负责人： 年　月　日	

3）分项工程质量验收程序

①分项工程所含的检验批全部通过验收，施工单位整理验收资料，在自检评定合格后填报《________报审、报验表》（参见 GB/T 50319—2013 附录表 B. 0. 7 所示），附分项工程质量验收记录报专业监理工程师。

②专业监理工程师组织施工单位项目专业技术负责人等进行验收，对施工单位所报资料

和该分项工程的所有检验批质量验收记录进行审查，构成分项工程的各检验批的验收资料文件完整，并且均已验收合格，专业监理工程师予以签认。

（4）分部工程验收

1）验收程序和组织　分部工程应由总监理工程师（建设单位项目负责人）组织施工单位项目负责人和技术、质量负责人等进行验收；地基与基础、主体结构分部工程的勘察、设计单位工程项目负责人和施工单位技术、质量部门负责人也应参加相关分部工程验收。

① 分部（子分部）工程所含的分项工程全部通过验收，施工单位整理验收资料，在自检评定合格后填写《分部工程报验表》（参见 GB/T 50319—2013 附录表 B.0.8 所示），附《分部（子分部）工程质量验收记录》及工程质量验收规范要求的质量控制资料、安全和功能检验（检测）报告等向项目监理机构报验。

② 施工单位应在验收前 72h 以书面形式通知监理验收内容、验收时间和地点。总监理工程师按时组织施工单位项目经理（项目负责人）和技术、质量负责人等进行验收；地基与基础、主体结构分部工程的勘察、设计单位工程项目负责人和施工单位技术、质量部门负责人也应参加相关分部工程验收。

③ 分部（子分部）工程质量验收含报验资料核查和实体质量抽样检测（检查）。分部（子分部）工程所含分项工程的质量均已验收合格；质量控制资料完整；地基与基础、主体结构和设备安装等分部工程有关安全及功能的检验和抽样检测结果均符合有关规定；观感质量验收符合要求。总监理工程师应予以确认，在《分部工程报验表》签署验收意见，各参加验收单位项目负责人签字。否则，总监理工程师应签发验收意见，指出不符合之处，要求施工单位整改。

2）分部（子分部）工程质量验收合格应符合下列规定

① 分部（子分部）工程所含工程的质量均应验收合格。

② 质量控制资料应完整。

③ 地基与基础、主体结构和设备安装等分部工程有关安全及功能的检验和抽样检测结果应符合有关规定。

④ 观感质量验收应符合要求。

分部工程的验收在其所含各分项工程验收的基础上进行。首先，分部工程的各分项工程必须已验收且相应的质量控制资料文件必须完整，这是验收的基本条件。由于各分项工程的性质不尽相同，因此分部工程不能简单地组合而加以验收，尚须增加两类检查。

一是涉及安全和使用功能的地基基础、主体结构、有关安全及重要使用功能的安装分部工程，应进行有关见证取样送样试验或抽样检测。如建筑物垂直度、标高、全高测量记录，建筑物沉降观测测量记录，给水管道通水试验记录，暖气管道、散热器压力试验记录，照明动力全负荷试验记录等。

二是观感质量验收。观感质量验收的检查往往难以定量，只能以观察、触摸或简单量测的方式进行，检查结果并不给出“合格”或“不合格”的结论，而是综合给出质量评价。评价的结论为“好”、“一般”和“差”三种。对于“差”的检点应通过返修处理等进行补救。

（5）单位工程竣工验收

1）验收程序和组织　单位工程完工后，施工单位应自行组织有关人员进行检查评定，并向建设单位提交工程验收报告。

建设单位收到工程报告后，应由建设单位（项目）负责人组织施工（含分包单位）设计、监理等单位（项目）负责人进行单位（子单位）工程验收。

单位工程由分包单位施工时，分包单位对所承包的工程按本标准规定的程度检查评定，总包单位应派人参加。分包工程完成后，应将工程有关资料交总包单位。

① 单位（子单位）工程完成后，承包单位要依据质量标准、施工承包合同和设计图纸等组织有关人员自检，并对检测结果进行评定，符合要求后填写《单位工程竣工验收报审表》，并附工程验收报告和完整的质量资料报送项目监理机构，申请竣工预验收。

② 总监理工程师组织各专业监理工程师对竣工资料进行核查：按施工承包合同全部完成设计工作内容；构成单位工程的各分部工程均已验收，且质量验收合格；按《建筑工程施工质量验收统一标准》和相关专业质量验收规范的规定，相关资料文件完整；涉及安全和使用功能的分部工程有关安全和功能检验资料，按《建筑工程施工质量验收统一标准》逐项复查。不仅要全面检查其完整性（不得有漏检缺项），而且对分部工程验收时补充进行的见证抽样检验报告也要复查。

③ 总监理工程师应组织各专业监理工程师会同承包单位对各专业的工程质量进行全面检查、检测，按《建筑工程施工质量验收统一标准》进行观感质量检查，对发现影响竣工验收的问题，签发验收意见，要求承包单位整改，承包单位整改完成，填报《监理通知回复单》，由专业监理工程师进行复查，直至符合要求；对需要进行功能试验的工程项目（包括单机试车和无负荷试车），专业监理工程师应督促承包单位及时进行试验，并对重要项目进行现场监督、检查，必要时请建设单位和设计单位参加。专业监理工程师应认真审查试验报告单。

④ 经项目监理机构对竣工资料及实物全面检查，验收合格后由总监理工程师签署《单位工程竣工验收报审表》和竣工报告。

⑤ 竣工报告经总监理工程师、监理单位法定代表人签字并加盖监理单位公章后，由施工单位向建设单位申请竣工。

⑥ 总监理工程师组织专业监理工程师编写质量评估报告。总监理工程师、监理单位技术负责人签字并加盖监理单位公章后报建设单位。

⑦ 建设单位收到竣工报告后 28 天内，进行公安消防、规划、环保、城建档案等政府管理部门专项验收，取得专项验收合格证明文件后，组织勘察设计、施工图审查、承包、监理单位参加的工程竣工验收会（应提前三个工作日通知监督机构，并提交有关工程质量文件和质量保证资料）。监理应提供相关监理资料和工程质量评估报告。28 天内未组织竣工验收，视为竣工验收报告认可，从第 29 天起建设单位承担工程保管和一切意外责任。

⑧ 工程竣工验收后 14 天内，签署竣工验收报告或提出进一步整改意见，若 14 天内不提出修改意见，则竣工验收报告被视为认可。若提出整改意见，则承包单位需整改后重新报验。

2）单位（子单位）工程质量验收合格应符合下列规定

① 单位（子单位）工程所含分部（子分部）工程的质量均应验收合格。

② 质量控制资料应完整。

③ 单位（子单位）工程所含分部工程有关安全和功能的检测资料应完整。

④ 主要功能项目的抽查结果应符合相关专业质量验收规范的规定。

⑤ 观感质量验收应符合要求。

单位工程质量验收也称质量竣工验收，是建筑工程投入使用前的最后一次验收，也是最重要的一次验收。验收合格的条件有以上 5 条：除构成单位工程的各分部工程应该合格，并且有关的资料文件应完整以外，还应进行以下三方面的检查。

一是涉及安全和使用功能的分部工程应进行检验资料的复查。不仅要全面检查其完整性（不得有漏检缺项），而且对分部工程验收时补充进行的见证抽样检验报告也要复核。这种强化验收的手段体现了对安全和主要使用功能的重视。

二是对主要使用功能还须进行抽查。使用功能的检查是对建筑工程和设备安装工程最终质量的综合检查，也是用户最为关心的内容。因此，在分项、分部工程验收合格的基础上，竣工验收时再作全面检查。抽查项目是在检查资料文件的基础上由参加验收的各方人员商定，并用计量、计数的抽样方法确定检查部位。检查要求按有关专业工程施工质量验收标准的要求进行。

三是由参加验收的各方人员共同进行观感质量检查。检查的方法、内容、结论等应在分部工程的相应部分中阐述，最后共同确定是否通过验收。

(6) 施工质量不符合要求时的处理

一般情况下，不合格现象在检验批的验收时就应发现并及时处理，所有质量隐患必须尽快消灭在萌芽状态，否则将影响后续检验批和相关的分项、分部工程的验收。但非正常情况下可按下述规定进行处理：

1) 经返工重做或更换器具、设备检验批，应重新进行验收。

这种情况是指主控项目不能满足验收规范规定或一般项目超过偏差限制的子项不符合检验规定的要求时，应及时进行处理的检验批。其中，严重的缺陷应推倒重来；一般的缺陷通过返修或更换器具、设备予以解决，应允许施工单位在采取相应的措施后重新验收。

2) 经有资质的检测单位鉴定达到设计要求的检验批，应予以验收。

这种情况是指个别检验批发现试块强度等不满足要求等问题，难以确定是否验收时，应请具有资质的法定检测单位检测，当鉴定结果能够达到设计要求时，该检验批应允许通过验收。

3) 经有资质的检测单位鉴定达不到设计要求，但经原设计单位核算认可能满足结构安全和使用功能的检验批，可予以验收。

这种情况是指，一般情况下，规范标准给出了满足安全和功能的最低限度要求，而设计往往在此基础上留有一些余量。不满足设计要求和符合相应规范标准的要求，两者并不矛盾。

4) 经返修或加固的分项、分部工程，虽然改变外形尺寸但仍能满足安全使用要求可按技术处理方案和协商文件进行验收。

这种情况是指更为严重缺陷或范围超过检验批的更大范围内的缺陷可能影响结构的安全性和使用功能。如经法定检测单位检测鉴定以后认为达不到规范标准的相应要求，即不能满足最低限度的安全储备和使用功能，则必须按一定的技术方案进行加固处理，使之能保证其满足安全使用的基本要求。这样会造成一些永久性的缺陷，如改变结构的外形尺寸，影响一些次要的使用功能等。为了避免社会财富更大的损失，在不影响安全和主要使用功能条件下可按处理技术方案和协商文件进行验收，但这不能作为轻视质量而回避责任的一种出路，应承担相应的合同责任。

5) 通过返修或加固仍不能满足安全使用要求的分部工程、单位（子单位）工程严禁验收。

3.3 工程质量问题和质量事故的处理

3.3.1 工程质量问题

(1) 概念

根据国际标准化组织（ISO）ISO 9000认证标准和我国有关质量、质量管理和质量保证标准的定义，凡工程产品质量没有满足某个规定的要求，就称之为质量不合格。

凡是工程质量不合格，必须进行返修、加固或报废处理，由此造成直接经济损失低于

5000 元的称为质量问题；直接经济损失在 5000 元（含 5000 元）以上的称为工程质量事故。

ISO9000 认证标准

（2）工程质量问题的成因

常见问题的成因，归纳其最基本的因素主要有以下几项。

1）违背建设程序：建设程序是工程项目建设过程及其客观规律的反映，不按建设程序办事。

2）违反法规行为：例如，无证设计；无证施工；越级设计；越级施工；工程招、投标中的不公平竞争；超常的低价中标；非法分包；转包、挂靠；擅自修改设计等行为。

3）地质勘察失真。

4）设计差错。

5）施工与管理不到位：不按图施工或未经设计单位同意擅自修改设计。施工组织管理紊乱，不熟悉图纸，盲目施工；施工方案考虑不周，施工顺序颠倒；图纸未经会审，仓促施工；技术交底不清，违章作业；疏于检查、验收等，均可能导致质量问题。

6）使用不合格的原材料、制品及设备。

7）自然环境因素。

8）使用不当：对建筑物或设施使用不当也易造成质量问题。

（3）工程质量问题的处理

1）当施工而引起的质量问题在萌芽状态，应及时制止，并要求施工单位立即更换不合格材料设备或不称职人员，或要求施工单位立即改变不正确的施工方法和操作工艺。

2）当因施工而引起的质量问题已出现时，应立即向施工单位发出《监理通知》；要求其对质量问题进行补救处理，并采取足以保证施工质量的有效措施后，填报《监理通知回复单》报监理单位。

3）当某道工序或分项工程完工以后，出现不合格项，监理工程师应填写《工程质量整改通知》，要求施工单位及时采取措施予以整改。监理工程师应对其补救方案进行确认，跟踪处理过程，对处理结果进行验收，否则不允许进行下道工序或分项的施工。

4）在交工使用后的保修期内发现的施工质量问题，监理工程师应及时签发《监理通知》，指令施工单位进行修补、加固或返工处理。

监理工程师发现工程质量问题时，应按程序进行处理，如图 3-6 所示。

3.3.2 工程质量事故

3.3.2.1 工程质量事故的成因、特点及分类

工程质量事故是较严重的质量问题，其成因与工程质量问题基本相同。工程质量事故具有复杂性、严重性、可变性和多发性的特点。

国家现行对工程质量通常采用按造成损失严重程度进行分类，其基本分类如下。

1）一般质量事故：凡具备下列条件之一者为一般质量事故。

① 直接经济损失在 5000 元（含 5000 元）以上，不满 5 万元的；

② 影响使用功能或工程结构安全，造成永久质量缺陷的。

2）严重质量事故：凡具备下列条件之一者为严重质量事故。

① 直接经济损失在 50000 元（含 50000 元）以上，不满 10 万元的；

② 严重影响使用功能或工程结构安全，存在重大质量隐患的；

③ 事故性质恶劣或造成 2 人以下重伤的。

3）重大质量事故：凡具备下列条件之一者为重大质量事故，属建设工程重大事故范畴。

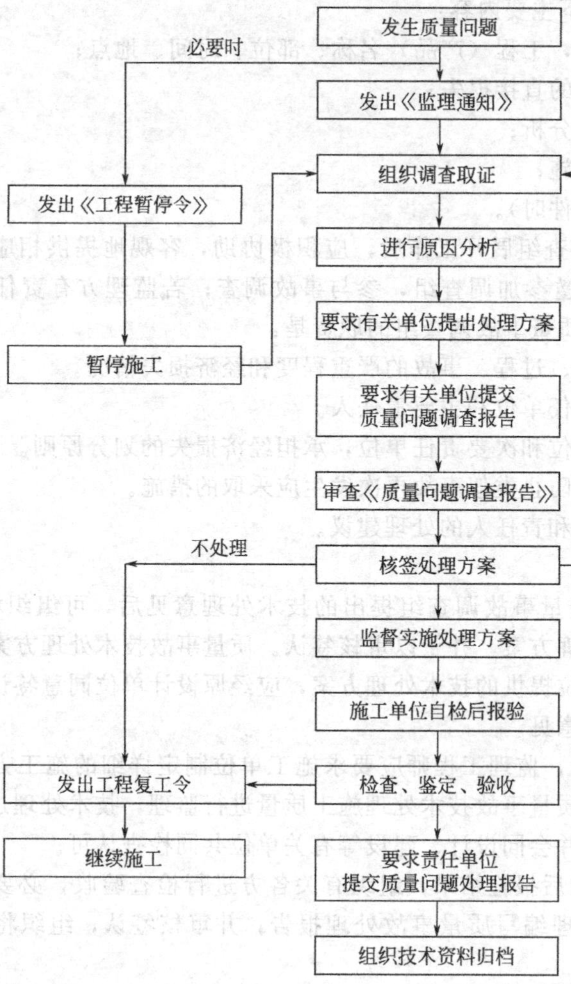

图 3-6　工程质量问题处理程序

① 工程倒塌或报废；

② 由于质量事故，造成人员死亡或重伤 3 人以上；

③ 直接经济损失 10 万元以上。

国家建设行政主管部门规定，建设工程重大事故分为四个等级。

① 凡造成死亡 30 人以上（含 30 人）或直接经济损失 300 万元以上为一级；

② 凡造成死亡 10 人以上（含 10 人），29 人以下（含 29 人）或直接经济损失 100 万元以上，不满 300 万元为二级；

③ 凡造成死亡 3 人以上（含 3 人），9 人以下（含 9 人）或重伤 20 人以上（含 20 人）或直接经济损失 30 万元以上，不满 100 万元为三级；

④ 凡造成死亡 2 人以下（含 2 人），或重伤 3 人以上（含 3 人），19 人以下（含 19 人）或直接经济损失 10 万元以上，不满 30 万元为四级。

3.3.2.2　工程质量事故的处理程序

1）工程质量事故发生后，总监理工程师应签发《工程暂停令》，并要求停止进行质量缺陷部位和与其有关联部位及下道工序施工，应要求施工单位采取必要的措施，防止事故扩大并保护好现场。同时，要求质量事故发生单位迅速按类别和等级向相应的主管部门上报，并于 24h 内写出书面报告。

质量事故报告应包括以下主要内容：

① 事故发生的单位名称，工程（产品）名称、部位、时间、地点；

② 事故概况和初步估计的直接损失；

③ 事故发生原因的初步分析；

④ 事故发生后采取的措施；

⑤ 相关各种资料（有条件时）。

2）监理工程师在事故调查组展开工作后，应积极协助，客观地提供相应证据，若监理方无责任，监理工程师可应邀参加调查组，参与事故调查；若监理方有责任，则应予以回避，但应配合调查组工作。质量事故调查组的职责是：

① 查明事故发生的原因、过程、事故的严重程度和经济损失情况。

② 查明事故的性质、责任单位和主要责任人。

③ 明确事故主要责任单位和次要责任单位，承担经济损失的划分原则。

④ 提出技术处理意见及防止类似事故再次发生应采取的措施。

⑤ 提出对事故责任单位和责任人的处理建议。

⑥ 写出事故调查报告。

3）当监理工程师接到质量事故调查组提出的技术处理意见后，可组织相关单位研究，并责成相关单位完成技术处理方案，并予以审核签认。质量事故技术处理方案，一般应委托原设计单位提出，由其他单位提供的技术处理方案，应经原设计单位同意签认。技术处理方案的制订，应征求建设单位意见。

4）技术处理方案核签后，监理工程师应要求施工单位制定详细的施工方案，必要时应编制监理实施细则，对工程质量事故技术处理施工质量进行监理，技术处理过程中的关键部位和关键工序应进行旁站，并会同设计、建设等有关单位共同检查认可。

5）对施工单位完工自检后报验结果，组织有关各方进行检查验收，必要时应进行处理结果鉴定。要求事故单位整理编写质量事故处理报告，并审核签认，组织将有关技术资料归档。

工程质量事故处理报告主要内容：1）工程质量事故情况、调查情况、原因分析（选自质量事故调查报告）；2）质量事故处理的依据；3）质量事故技术处理方案；4）实施技术处理施工中有关问题和资料；5）对处理结果的检查鉴定和验收；6）质量事故处理结论。

6）签发《工程复工令》，恢复正常施工。

【习题与案例】

一、单项选择题

1. 监理工程师在对承包单位材料、构（配）件采购订货的质量控制中，应要求承包单位向供货方索取（　），用于证明其质量符合要求。

A. 质量计划　　B. 质量文件　　C. 质量信息　　D. 质量手册

2. 施工过程中，材料的检验需要见证取样的，见证由（　）负责。

A. 业主代表　　B. 政府质量监督员C. 监理工程师　　D. 施工项目经理

3. 监理工程师对施工质量的检查验收，必须在承包单位自检合格的基础上进行，自检是指（　）。

A. 工序作业者的自检验　　B. 前后工序交接检验

C. 专职质检员的检验　　D. 作业者自检．交接检和专检

4. 施工承包单位要求变更或修改设计图样的某些内容时，按现行规范的规定，应该向

项目监理机构提交（　　）请求批准。

A. 设计变更　　B. 技术修改单　　C. 工程变更单　　D. 技术核定单

5. 当隐蔽工程列为施工质量见证点时，监理工程师在隐蔽前所进行的监督检查，除见证施工过程外，还要见证（　　）。

A. 施工环境状况　　B. 施工作业条件

C. 劳动组织及工种配合状况　　D. 隐蔽部位的覆盖过程

6. 对检验批基本质量起决定性作用的主控项目，必须全部符合有关（　　）的规定。

A. 检验技术规程　　B. 专业工程验收规范

C. 统一验收标准　　D. 工程监理规范

7. 工程质量事故的技术处理方案，一般应委托（　　）提出。

A. 原设计单位　　B. 工程检测加固单位

C. 事故调查组建议的单位　　D. 政府质量监督部门

8. 施工单位采购的某类钢材分多批次进场时，为了保证在抽样检测中样品分布均匀、更具代表性，最合适的随机抽样方法是（　　）。

A. 分层抽样　　B. 等距离法抽样　　C. 整群抽样　　D. 多阶段抽样

9. 下列工程建设各环节中，决定工程质量的关键环节是（　　）。

A. 工程设计　　B. 项目决策　　C. 工程施工　　D. 工程竣工验收

10. 下列质量事故中，属于建设单位责任的是（　　）。

A. 商品混凝土未经检验造成的质量事故　　B. 总包和分包职责不明造成的质量事故

C. 施工中使用了禁止使用的材料造成的质量事故　　D. 地下管线资料不准造成的质量事故

11. 施工质量控制点的设置，要在分析施工对象或工序活动对工程质量特性可能产生的影响大小．危害程度及质量保证难易程度的基础上，由（　）确定。

A. 项目监理机构　　B. 承包单位　　C. 质量监督机构　　D. 建设单位

12. 对于施工现场喷涂．油漆之类的工序质量检查，宜采用的检验方法是（　　）。

A. 分析法　　B. 量测法　　C. 试验法　　D. 目测法

13. 涉及主体结构及安全的工程变更，要按有关规定报送（　　）审批，否则变更不能实施。

A. 当地建设行政主管部门　　B. 质量监督机构

C. 施工图原审查单位　　D. 建设单位主管部门

14. 监理工程师收到承包单位隐蔽工程验收申请后，要在（　　）的时间内到现场检查验收。

A. 建设单位确认　　B. 总监理工程师批准　　C. 质检部门规定　　D. 合同条件约定

15. 根据《建筑工程施工质量验收统一标准》（GB/T 50300—2001），安装工程的检验批一般按（　）划分。

A. 专业性质　　B. 设备类别　　C. 专业系统　　D. 设计系统或组别

16. 建筑工程施工质量不符合要求，经返工重做或更换器具．设备的检验批应进行（　）验收。

A. 协商　　B. 有条件　　C. 专门　　D. 重新

17. 按照工程质量事故处理程序要求，监理工程师在质量事故发生后签发《工程暂停令》的同时，应要求施工单位在（　　）小时内写出质量事故报告。

A. 12　　B. 24　　C. 36　　D. 48

18. 我国建设工程质量监督管理的具体实施者是（　　）。

A. 建设行政主管部门　　　　B. 工程质量监督机构
C. 监理单位　　　　　　　　D. 建设单位

19. 建设工程质量保修书应由（　）出具。
A. 建设单位向建设行政主管部门　　　　B. 建设单位向用户
C. 承包单位向建设单位　　　　　　　　D. 承包单位向监理单位

20. 下列活动中，属于监理工程师施工准备质量控制工作的是（　）。
A. 施工生产要素配置质量审查　　B. 施工作业技术交底
C. 材料价格变动预测　　　　　　D. 工程变更可能性预测

21. 工程所需原材料．半成品或构配件，经（　）审查并确认其合格后方准进场用。
A. 施工单位技术负责人　B. 施工项目经理　C. 监理工程师　D. 施工项目技术负责人

22. 监理工程师发现施工现场有不合格的构配件时，应（　）。
A. 下达《工程暂停令》　　　　　　B. 责令不得用于工程重要部位
C. 责令做出标识，限期清除出场　　D. 责令限期修补合格后备用

23. 按照建筑工程施工质量验收层次的划分，具备独立施工条件并能形成独立使用功能的建筑物及构筑物为一个（　）。
A. 单位工程　　B. 分部工程　　C. 分项工程　　D. 检验批

24. 工程质量事故处理方案的类型有返工处理．不做处理和（　）。
A. 修补处理　　B. 实验验证后处理　C. 定期观察处理D. 专家论证后处理

25. 在工程竣工验收时，施工单位的质量保修书中应明确规定保修期限。基础设施工程、房屋建筑工程的地基基础和主体结构工程的最低保修期限，在正常使用条件下为（　）。
A. 终身保修　　B. 30 年　　C. 50 年　　D. 设计文件规定的年限

二、多项选择题

1. 建设单位在工程开工前应负责向建设行政管理部门办理（　）等手续。
A. 建设资金审查　　　　B. 施工图文件审查
C. 工程施工许可证　　　D. 工程质量监督　　　E. 大型施工机械进场许可

2. 设计准备阶段监理工程师进行质量控制的主要工作有（　）。
A. 组建项目监理机构，编制监理规划
B. 组织设计招标或方案竞赛
C. 编制设计任务书，确定质量要求和标准
D. 优选设计单位，配合业主签订设计合同
E. 审查设计工作组织与任务分工

3. 监理工程师要严把开工关，就必须对承包单位的（　）等工作质量进行控制。
A. 工程定位轴线及标高基准的建立　　B. 现场施工平面图布置
C. 生产要素配置　　　　　　　　　　D. 设计交底与图样现场核对
E. 承包单位的责任目标确定

4. 根据《建设工程监理规范》，施工承包单位采购的材料．构（配）件．设备进场前，必须向项目监理机构提交《工程材料、构（配）件、设备报审表》，随表的附件应包括（　）。
A. 采购合同复印件　B. 数量清单　C. 质量证明文件
D. 复检结果　　　　E. 自检结果

5. 工程质量问题处理之后，监理工程师应写出质量问题处理报告，报送（　）存档备案。

A. 质量监督机构　B. 建设单位　C. 监理单位　D. 设计单位　E. 勘察单位

6. 工程质量监督机构对建设工程实体质量抽查的内容包括（　）。

A. 楼地面　B. 地基基础、主体结构　C. 涉及安全的关键部位

D. 用于工程的主要材料　E. 用于工程的构配件

7. 监理工程师控制施工阶段工程质量的手段有（　）。

A. 审核技术文件．报告和报表　B. 向业主报告质量信息

C. 旁站监督和平行检测　D. 下达指令性文件　E. 控制工程款的支付

8. 根据《建筑工程施工质量验收统一标准》(GB/T 50300—2013)，工程施工检验批质量验收工作的内容包括（　）。

A. 检验批的划分　B. 资料检查

C. 主控项目和一般项目检验　D. 抽样方案设计并实施　E. 质量验收记录

9. 下列工程质量问题中，可不做处理的有（　）。

A. 不影响结构安全和正常使用的质量问题

B. 经过后续工序可以弥补的质量问题

C. 存在一定的质量缺陷，若处理则影响工期的质量问题

D. 质量问题经法定检测单位鉴定为合格

E. 出现的质量问题，经原设计单位核算，仍能满足结构安全和使用的功能

10. 根据《建筑业企业资质管理规定》，施工承包企业按照承包工程能力划分为（　）序列。

A. 施工总承包　B. 综合承包　C. 专业承包　D. 劳务总包　E. 劳务分包

11. 设置施工质量控制点是施工过程质量控制的有效方式，可以作为质量控制点的有（　）。

A. 关键作业工序　B. 关键时间节点　C. 关键施工技术

D. 关键施工顺序　E. 关键施工环境

12. 地基基础、主体结构分部工程的验收，应由总监理工程师组织（　）进行。

A. 勘察、设计单位工程项目负责人　B. 相关金融机构负责人

C. 施工单位技术、质量负责人　D. 质量监督部门负责人　E. 材料供应单位负责人

13. 工程质量事故发生后，总监理工程师签发《工程暂停令》的同时，应要求（　）。

A. 采取必要措施防止事故扩大　B. 保护好事故现场　C. 事故调查组进行调查

D. 事故发生单位按规定要求向主管部门上报　E. 提交技术处理方案

14. 对于承包单位不合格人员，项目总监理工程师有权（　）。

A. 予以撤换　B. 下达停工令　C. 要求承包单位进行培训

D. 要求承包单位予以撤换　E. 下达监理通知单

15. 工程与环境协调性是指与其（　）协调。

A. 周围生态环境　B. 周围已建工程环境　C. 所在地区管理环境

D. 所在地区施工作业环境　E. 所在地区经济环境

三、案例题

案例 1

某工程，建设单位与施工总包单位按《建设工程施工合同（示范文本）》(GF-2013-0201) 签订了施工合同。工程实施过程中发生如下事件。

事件 1：主体结构施工时，建设单位收到用于工程的商品混凝土不合格的举报，立刻指

令施工总包单位暂停施工。经检测鉴定单位对商品混凝土的抽样检验及混凝土实体质量抽芯检测，质量符合要求。为此，施工总包单位向项目监理机构提交了暂停施工后人员窝工及机械闲置的费用索赔申请。

事件2：施工总包单位按施工合同约定，将装饰工程分包给甲装饰分包单位。在装饰工程施工中，项目监理机构发现工程部分区域的装饰工程由乙装饰分包单位施工。经查实，施工总包单位为按时完工，擅自将部分装饰工程分包给乙装饰分包单位。

事件3：室内空调管道安装工程隐蔽前，施工总包单位进行了自检，并在约定的时限内按程序书面通知项目监理机构验收。项目监理机构在验收前6小时通知施工总包单位因故不能到场验收，施工总包单位自行组织了验收，并将验收记录送交项目监理机构，随后进行工程隐蔽，进入下道工序施工。总监理工程师以"未经项目监理机构验收"为由下达了《工程暂停令》。

事件4：工程保修期内，建设单位为使用方便，直接委托甲装饰分包单位对地下室进行了重新装修，在没有设计图纸的情况下，应建设单位要求，甲装饰分包单位在地下室承重结构墙上开设了两个1800mm×2000mm的门洞，造成一层楼面有多处裂缝，且地下室有严重渗水。

问题：

1. 事件1中，建设单位的做法是否妥当？项目监理机构是否应批准施工总包单位的索赔申请？分别说明理由。

2. 写出项目监理机构对事件2的处理程序。

3. 事件3中，施工总包单位和总监理工程师的做法是否妥当，分别说明理由。

4. 对于事件4中发生的质量问题，建设单位、监理单位、施工总包单位和甲装饰分包单位是否应承担责任？分别说明理由。

案例2

某监理单位承担了一工业项目的施工监理工作。经过招标，建设单位选择了甲、乙施工单位分别承担A、B标段工程的施工，并按照《建设工程施工合同（示范文本）》分别和甲、乙施工单位签订了施工合同。建设单位与乙施工单位在合同中约定，B标段所需的部分设备由建设单位负责采购。乙施工单位按照正常的程序将B标段的安装工程分包给丙施工单位。在施工过程中，发生了如下事件：

事件1：建设单位在采购B标段的锅炉设备时，设备生产厂商提出由自己的施工队伍进行安装更能保证质量，建设单位便与设备生产厂商签订了供货和安装合同并通知了监理单位和乙施工单位。

事件2：总监理工程师根据现场反馈信息及质量记录分析，对A标段某部位隐蔽工程的质量有怀疑，随即指令甲施工单位暂停施工，并要求剥离检验。甲施工单位称：该部位隐蔽工程已经专业监理工程师验收，若剥离检验，监理单位需赔偿由此造成的损失并相应延长工期。

事件3：专业监理工程师对B标段进场的配电设备进行检验时，发现由建设单位采购的某设备不合格，建设单位对该设备进行了更换，从而导致丙施工单位停工。因此，丙施工单位致函监理单位，要求补偿其被迫停工所遭受的损失并延长工期。

问题：

1. 在事件1中，建设单位将设备交由厂商安装的作法是否正确？为什么？

2. 在事件1中，若乙施工单位同意由该设备生产厂商的施工队伍安装该设备，监理单位应该如何处理？

3. 在事件2中，总监理工程师的作法是否正确？为什么？试分析剥离检验的可能结果及总监理工程师相应的处理方法。

4. 在事件3中，丙施工单位的索赔要求是否应该向监理单位提出？为什么？对该索赔事件应如何应处理。

案例3

某实行监理的工程，建设单位通过招标选定了甲施工单位，施工合同中约定：施工现场的垃圾由甲施工单位负责清除，其费用包干并在清除后一次性支付；甲施工单位将混凝土钻孔灌注桩分包给乙施工单位，建设单位、监理单位和甲施工单位共同考察确定商品混凝土供应商后，甲施工单位与商品混凝土供应商签订了混凝土供应合同。

施工过程中发生下列事件：

事件1：甲施工单位委托乙施工单位清除建筑垃圾，并通知项目监理机构对清除的建筑垃圾进行计量，因清除建筑垃圾的费用未包含在甲、乙施工单位签订的分包合同中，乙施工单位在清除完建筑垃圾后向甲施工单位提出费用补偿要求。随后，甲施工单位向项目监理机构提出付款申请，要求建设单位一次性支付建筑垃圾清除费用。

事件2：在混凝土钻孔灌注柱施工过程中，遇到地下障碍物，使桩不能按设计的轴线施工。乙施工单位向项目监理机构提交了工程变更申请，要求绕开地下障碍物进行钻孔灌注桩施工。

事件3：项目监理机构在钻孔灌注桩验收时发现，部分钻孔灌注桩的混凝土强度未达到设计要求，经查是商品混凝土质量存在问题。项目监理机构要求乙施工单位进行处理，乙施工单位处理后，向甲施工单位提出费用补偿要求。甲施工单位以混凝土供应商是建设单位参与考察确定的为由，要求建设单位承担相应的处理费用。

问题：

1. 事件1中，项目监理机构是否应对建筑垃圾清除进行计量？是否应对建筑垃圾清除费签署支付凭证？说明理由。

2. 事件2中，乙施工单位向项目监理机构提交工程变更申请是否正确？说明理由。写出项目监理机构处理该工程变更的程序。

3. 事件3中，项目监理机构对乙施工单位提出要求是否妥当？说明理由。写出项目监理机构对钻孔灌注桩混凝土强度未达到设计要求问题的处理程序。

4. 事件3中，乙施工单位向甲施工单位提出费用补偿要求是否妥当？说明理由。甲施工单位要求建设单位承担相应的处理费用是否妥当？说明理由。

案例4

某工程，建设单位与甲施工单位按照《建设工程施工合同（示范文本）》签订了施工合同。经建设单位同意，甲施工单位选择了乙施工单位作为分包单位。在合同履行中，发生了如下事件。

事件1：在合同约定的工程开工日前，建设单位收到甲施工单位报送的《工程开工报审表》后即予处理：考虑到施工许可证已获政府主管部门批准且甲施工单位的施工机具和施工人员已经进场，便审核签认了《工程开工报审表》并通知了项目监理机构。

事件2：在施工过程中，甲施工单位的资金出现困难，无法按分包合同约定支付乙施工单位的工程款。乙施工单位向项目监理机构提出了支付申请。项目监理机构受理并征得建设单位同意后，即向乙施工单位签发了付款凭证。

事件3：专业监理工程师在巡视中发现，乙施工单位施工的某部位存在质量隐患，专业监理工程师随即向甲施工单位签发了整改通知。甲施工单位回函称，建设单位已直接向乙施工单位付款，因而本单位对乙施工单位施工的工程质量不承担责任。

事件4：甲施工单位向建设单位提交了工程竣工验收报告后，建设单位于2003年9月20日组织勘察、设计、施工、监理等单位竣工验收，工程竣工验收通过，各单位分别签署了质量合格文件。建设单位于2004年3月办理了工程竣工备案。因使用需要，建设单位于2003年10月初要求乙施工单位按其示意图在已验收合格的承重墙上开车库门洞，并于2003年10月底正式将该工程投入使用。2005年2月该工程给排水管道大量漏水，经监理单位组织检查，确认是因开车库门洞施工时破坏了承重结构所致。建设单位认为工程还在保修期，要求甲施工单位无偿修理。建设行政主管部门对责任单位进行了处罚。

问题：

1. 指出事件1中建设单位做法的不妥之处，说明理由。

2. 指出事件2中项目监理机构做法的不妥之处，说明理由。

3. 在事件3中甲施工单位的说法是否正确？为什么？

4. 根据《建设工程质量管理条例》，指出事件4中建设单位做法的不妥之处，说明理由。

5. 根据《建设工程质量管理条例》，建设行政主管部门是否应该对建设单位、监理单位、甲施工单位和乙施工单位进行处罚？并说明理由。

Chapter

第4章 建设工程进度控制

4.1 建设工程进度控制概述

控制建设工程进度，不仅能够确保工程建设项目按预定的时间交付使用，及时发挥投资效益，而且有益于维持国家良好的经济秩序。因此，监理工程师应采用科学的控制方法和手段来控制工程项目的建设进度。

4.1.1 建设工程进度控制的概念

建设工程进度控制是指对工程项目建设各阶段的工作内容、工作程序、持续时间和衔接关系，根据进度总目标及资源优化配置的原则，编制计划并付诸实施，然后在进度计划的实施过程中，经常检查实际进度是否按计划要求进行，对出现的偏差情况进行分析，采取补救措施或调整、修改原计划后再付诸实施，如此循环，直到建设工程竣工验收交付使用。

建设工程进度控制的最终目的是确保建设项目按预定的时间交付使用或提前交付使用。

建设工程进度控制的总目标是建设工期。

4.1.2 影响建设工程进度的因素

影响建设工程进度的不利因素有很多，如人为因素，技术因素，设备、材料及构配件因素，机具因素，资金因素，水文、地质与气象因素，以及其他自然与社会环境等方面的因素。其中，人为因素是最大的干扰因素。在工程建设过程中，常见的影响因素如下。

1）建设单位因素。如建设单位使用要求改变而进行设计变更；应提供的施工场地条件不能及时提供或所提供的场地不能满足工程正常需要；不能及时向施工承包单位或材料供应商付款等。

2）勘察设计因素。如勘察资料不准确，特别是地质资料错误或遗漏；设计内容不完善，规范应用不恰当，设计有缺陷或错误；设计对施工的可能性未考虑或考虑不周；施工图纸供应不及时、不配套，或出现重大差错等。

3）施工技术因素。如施工工艺错误；不合理的施工方案；施工安全措施不当；不可靠技术的应用等。

4）自然环境因素。如复杂的工程地质条件；不明的水文气象条件；地下埋藏文物的保护、处理；洪水、地震、台风等不可抗力等。

5）社会环境因素。如外单位临近工程施工干扰；节假日交通、市容整顿的限制；临时停水、停电、断路；以及在国外常见的法律及制度变化，经济制裁，战争、骚乱、罢工、企业倒闭等。

6）组织管理因素。如向有关部门提出各种申请审批手续的延误；合同签订时遗漏条款、表达失当；计划安排不周密，组织协调不力，导致停工待料、相关作业脱节；领导不力、指挥失当，使参加工程建设的各个单位、各个专业、各个施工过程之间交接、配合上发生矛盾等。

7）材料、设备因素。如材料、构配件、机具、设备供应环节的差错，品种、规格、质量、数量、时间不能满足工程的需要；特殊材料及新材料的不合理使用；施工设备不配套．选型失当，安装失误，有故障等。

8）资金因素。如有关方拖欠资金，资金不到位，资金短缺，汇率浮动和通货膨胀等。

4.1.3 建设工程施工阶段进度控制的措施

进度控制的措施包括组织措施、技术措施、经济措施及合同措施。

1. 组织措施

1）建立进度控制目标体系，明确建设工程现场监理组织机构中进度控制人员及其职责分工。

2）建立工程进度报告制度及进度信息沟通网络。

3）建立进度计划审核制度和进度计划实施中的检查分析制度。

4）建立进度协调会议制度，包括协调会议举行的时间、地点，协调会议的参加人员等。

5）建立图纸审查、工程变更和设计变更管理制度。

2. 技术措施

1）审查承包单位提交的进度计划，使承包单位能在合理的状态下施工。

2）编制进度控制工作细则，指导监理人员实施进度控制。

3）采用网络计划技术及其他科学适用的计划方法，并结合电子计算机的应用，对建设工程进度实施动态控制。

3. 经济措施

1）及时办理工程预付款及工程进度款支付手续。

2）对应急赶工给予优厚的赶工费用。

3）对工期提前给予奖励。

4）对工程延误收取误期损失赔偿金。

5）加强索赔管理，公正地处理索赔。

4. 合同措施

1）推行CM承发包模式，对建设工程实行分段设计、分段发包和分段施工。

2）加强合同管理，协调合同工期与进度计划之间的关系，保证合同中进度目标的实现。

3）严格控制合同变更，对各方提出的工程变更和设计变更，监理工程师应严格审查后再补入合同文件之中。

4）加强风险管理，在合同中应充分考虑风险因素及其对进度的影响，以及相应的处理方法。

4.1.4 施工进度计划的表示方法

建设工程进度计划的表示方法有多种，常用的有横道图和网络图两种表示方法。

4.1.4.1 横道图

横道图也称甘特图，是美国人甘特（Gantt）在20世纪20年代提出的。由于其形象、直观，且易于编制和理解，因而长期以来被广泛应用于建设工程进度控制之中。

用横道图表示的建设工程进度计划，一般包括两个基本部分，即左侧的工作名称及工作的持续时间等基本数据部分和右侧的横道线部分。图4-1即为用横道图表示的某桥梁工程施工进度计划。该计划明确地表示出各项工作的划分、工作的开始时间和完成时间、工作的持续时间、工作之间的相互搭接关系，以及整个工程项目的开工时间、完工时间和总工期。

序号	工作名称	持续时间(天)	进度(天) 5	10	15	20	25	30	35	40	45	50	55
1	施工准备	5											
2	预制梁	20											
3	运输梁	2											
4	东侧桥台基础	10											
5	东侧桥台	8											
6	东桥台后填土	5											
7	西侧桥台基础	25											
8	西侧桥台	8											
9	西桥台后填土	5											
10	架梁	7											
11	与路基连接	5											

图4-1 用横道图表示的某桥梁工程施工进度计划

横道图计划具有编制容易，绘图简便，排列整齐有序，表达形象直观，便于统计劳动力、材料及机具的需要量等优点。它具有时间坐标，各施工过程（工作）的开始时间、工作持续时间、结束时间、相互搭接时间、工期以及流水施工的开展情况，都表示得清楚明白，一目了然。

4.1.4.2 网络图

建设工程进度计划用网络图来表示，可以使建设工程进度得到有效控制。网络计划技术是用于控制建设工程进度的最有效工具。无论是建设工程设计阶段的进度控制，还是施工阶段的进度控制，均可使用网络计划技术。作为建设工程监理工程师，必须掌握和应用网络计划技术。

（1）网络计划类型

网络计划可分为确定型和非确定型两类。如果网络计划中各项工作及其持续时间和各工作之间的相互关系都是确定的，就是确定型网络计划，否则属于非确定型网络计划。建设工程进度控制主要应用确定型网络计划。除了普通的双代号网络计划、单代号网络计划之外，还有时标网络计划、搭接网络计划、有时限的网络计划、多级网络计划等。图 4-2 即为某桥梁工程施工进度双代号网络图。

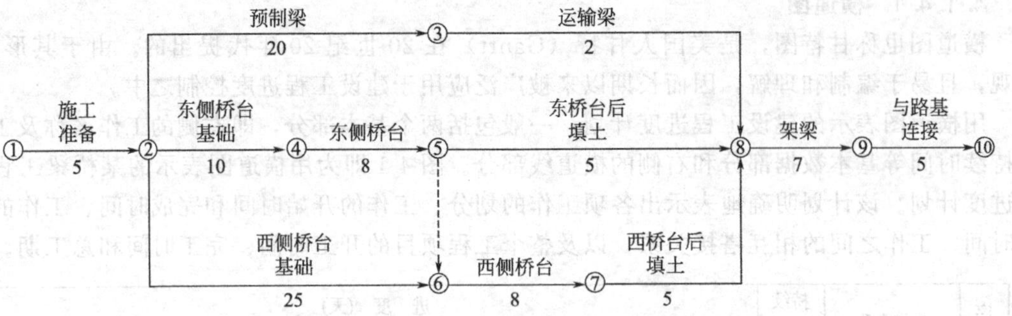

图 4-2 某桥梁工程施工进度双代号网络图

（2）网络图优缺点

它与传统的横道图相比，具有以下优点。

1）网络计划技术把一项工程中各有关的工作组成一个有机的整体，能全面、明确地表达出各项工作之间的先后顺序和相互制约、相互依赖的关系。

2）通过网络图时间参数计算，可以在名目繁多、错综复杂的计划中找到关键工作和关键线路，从而使管理者能够采取技术组织措施，千方百计地确保计划总工期。

3）通过网络计划的优化，可以在若干个可行方案中找到最优方案。

4）在网络计划执行过程中，能够对其进行有效的监督和控制，如某项工作提前或推迟完成时，管理者可以预见到它对整个网络计划的影响程度，以便及时采取技术、组织措施加以调整。

5）利用网络计划中某些工作的时间储备，可以合理地安排人力、物力和资源，达到降低工程成本和缩短工期的目的。

6）网络计划可以为管理者提供工期、成本和资源方面的管理信息，有利于加强施工管理工作。

7）可以利用电子计算机进行各项参数计算和优化，为管理现代化创造条件。

网络计划技术的缺点：在网络计划编制过程中，各项时间参数计算比较烦琐，绘制劳动力和资源需要量曲线比较困难。

4.1.5 工程项目组织施工方式

考虑工程项目的施工特点、工艺流程、资源利用、平面或空间布置等要求，建设工程项目施工可以采用依次、平行、流水等组织方式。

为说明三种施工方式及其特点，现有某工程项目含三幢结构相同的住宅，其编号分别为Ⅰ、Ⅱ、Ⅲ，各住宅的基础工程均可分解为挖土方、浇混凝土基础和回填土三个施工过程，分别由相应的专业队按施工工艺要求依次完成，每个专业队在每幢住宅的施工时间均为 5 周，各专业队的人数分别为 10 人、16 人和 8 人。此项目基础工程施工的三种组织方式如图 4-3 所示。

（1）依次施工

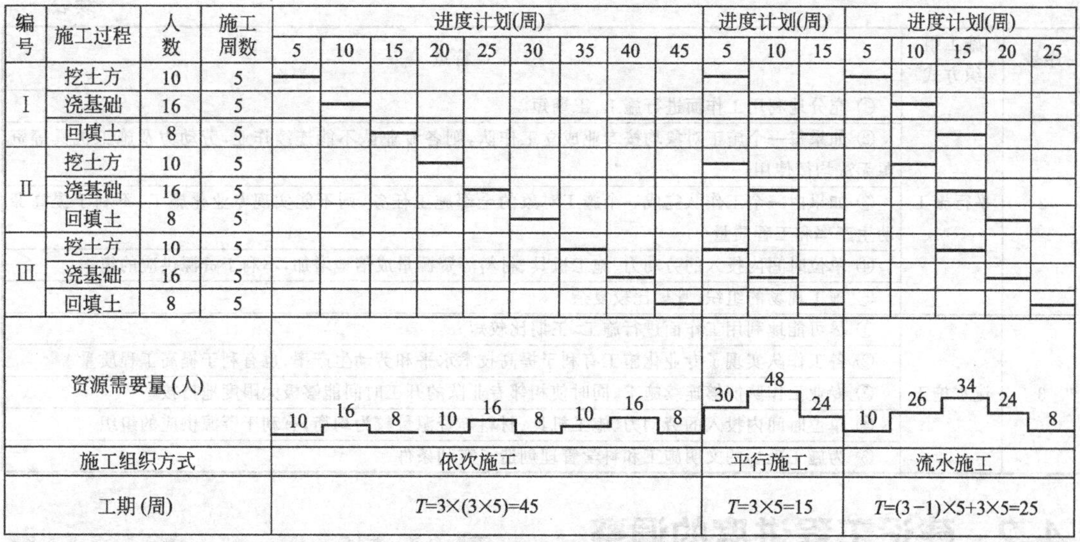
编号
施工过程
人数
施工周数
进度计划(周)
5 10 15 20 25 30 35 40 45
进度计划(周)
5 10 15
进度计划(周)
5 10 15 20 25
Ⅰ
Ⅱ
Ⅲ
挖土方 10 5
浇基础 16 5
回填土 8 5
资源需要量 (人)
10 16 8 10 16 8 10 16 8
30 48 24
10 26 34 24 8
施工组织方式
依次施工
平行施工
流水施工
工期 (周)
T=3×(3×5)=45
T=3×5=15
T=(3－1)×5+3×5=25

图 4-3　某项目基础工程施工的三种组织方式的比较

依次施工方式是将拟建工程项目中的每一个施工对象分解为若干个施工过程，按施工工艺要求依次完成每一个施工过程；当一个施工对象完成后，再按同样的顺序完成下一个施工对象，依次类推，直至完成所有施工对象。

(2) 平行施工

平行施工方式是组织几个劳动组织相同的工作队，在同一时间、不同的空间，按施工工艺要求完成各施工对象。

(3) 流水施工

流水施工方式是将拟建工程项目中的每一个施工对象分解为若干个施工过程，并按照施工过程成立相应的专业工作队，各专业队按照施工顺序依次完成各个施工对象的施工过程，同时保证施工在时间和空间上连续、均衡和有节奏地进行搭接作业。

三种组织方式的施工进度安排、总工期及劳动力需求曲线参见图 4-3。三种组织方式各有特点，如表 4-1 所示。尤其是流水施工，它是一种科学、有效的工程项目施工组织方法之一，可以充分地利用工作时间和操作空间，减少非生产性劳动消耗，提高劳动生产率，保证工程施工连续、均衡、有节奏地进行，从而对提高工程质量、降低工程造价、缩短工期有着显著的作用。因此，施工单位在条件允许的情况下，尽量采用流水施工作业。

表 4-1　三种施工组织方式特点比较

序号	施工组织方式	特点
1	依次施工	①没有充分地利用工作面进行施工，工期长
		②如 果按专业成立工作队，则各专业队不能连续作业，有时间间歇，劳动力及施工机具等资源无法均衡使用
		③ 如果由一个工作队完成全部施工任务，则不能实现专业化施工，不利于提高劳动生产率和工程质量
		④ 单位时间内投入的劳动力、施工机具、材料等资源量较少，有利于资源供应的组织
		⑤ 施工现场的组织、管理比较简单

续表

序号	施工组织方式	特点
2	平行施工	① 充分地利用工作面进行施工，工期短
		② 如果每一个施工对象均按专业成立工作队，则各专业队不能连续作业，劳动力及施工机具等资源无法均衡使用
		③ 如果由一个工作队完成一个施工对象的全部施工任务，则不能实现专业化施工，不利于提高劳动生产率和工程质量
		④ 单位时间内投入的劳动力、施工机具、材料等资源量成倍地增加，不利于资源供应的组织
		⑤ 施工现场的组织、管理比较复杂
3	流水施工	① 尽可能地利用工作面进行施工，工期比较短
		② 各工作队实现了专业化施工有利于提高技术水平和劳动生产率，也有利于提高工程质量
		③ 专业工作队能够连续施工，同时使相邻专业队的开工时间能够极大限度地搭接
		④ 单位时间内投入的劳动力、施工机具、材料等资源量较为均衡，有利于资源供应的组织
		⑤ 为施工现场的文明施工和科学管理创造了有利条件

4.2 建设工程进度的调整

4.2.1 实际进度与计划进度的比较

在建设工程实施进度检测过程中，一旦发现实际进度偏离计划进度，就要认真地分析进度偏差产生的原因及其对后续工作和总工期的影响，必要时采取合理、有效的进度计划调整措施，确保进度总目标的实现。

实际进度与计划进度的比较是建设工程进度监测的主要环节。常用的进度比较方法有横道图、S曲线、香蕉曲线、前锋线和列表比较法。

(1) 横道图比较法

横道图比较法是指将项目实施过程中检查实际进度收集的数据，经加工整理后直接用横道线平行绘于原计划的横道线下，进行实际进度与计划进度的比较方法。它适用于工程项目中某些工作实际进度与计划进度的局部比较，且工作在不同单位时间里的进展速度不相等。不仅可以进行某一时刻实际进度与计划进度的比较，还能进行某一时间段实际进度与计划进度的比较。其特点是形象、直观。如某工程项目基础工程的计划进度和截止到第9周末的实际进度如图4-4所示（图中双线条表示该工程计划进度，粗实线表示实际进度）。

从图4-4中实际进度与计划进度的比较可以看出，到第9周末进行实际进度检查时，挖土方和做垫层两项工作已经完成；支模板按计划也应该完成，但实际只完成75%，任务量拖欠25%；绑扎钢筋按计划应该完成60%，而实际只完成20%，任务量拖欠40%。

(2) S曲线比较法

S曲线比较法是以横坐标表示时间，纵坐标表示累计完成任务量，绘制一条按计划时间累计完成任务量的S曲线；然后将工程项目实施过程中各检查时间实际累计完成任务量的S曲线也绘制在同一坐标系中，进行实际进度与计划进度比较的一种方法。

从整个工程项目实际进展全过程看，单位时间投入的资源量一般是开始和结束时较少，中间阶段较多。与其相对应，单位时间完成的任务量也呈同样的变化规律，而随工程进展累计完成的任务量则应呈S形变化，如图4-5所示。

同横道图比较法一样，S曲线比较法也是在图上进行工程项目实际进度与计划进度的直观比较。在工程项目实施过程中，按照规定时间将检查收集到的实际累计完成任务量绘制在原计划S曲线图上，即可得到实际进度S曲线（如图4-5所示）。通过比较实际进度S曲线

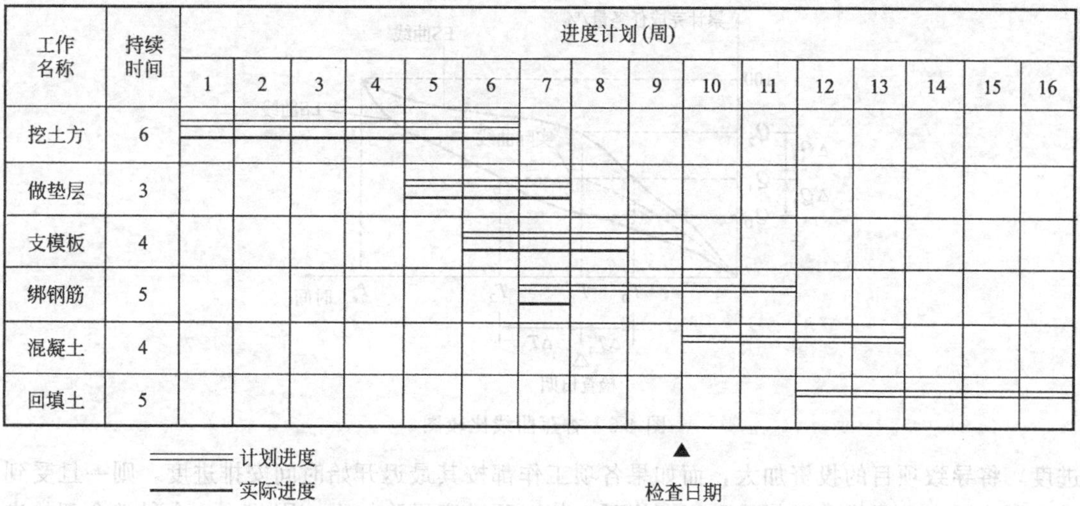
工作名称
持续时间
进度计划（周）
1
2
3
4
5
6
7
8
9
10
11
12
13
14
15
16
挖土方
6
做垫层
3
支模板
4
绑钢筋
5
混凝土
4
回填土
5
计划进度
实际进度
检查日期

图 4-4　某工程项目实际进度与计划进度比较

和计划进度 S 曲线，可以获得如下信息：如果工程实际进展点落在计划 S 曲线左侧，表明此时实际进度比计划进度超前；如果工程实际进展点落在 S 计划曲线的右侧，表明此时实际进度拖后；如果工程实际进展点正好落在计划 S 曲线上，则表示此时实际进度与计划进度一致。

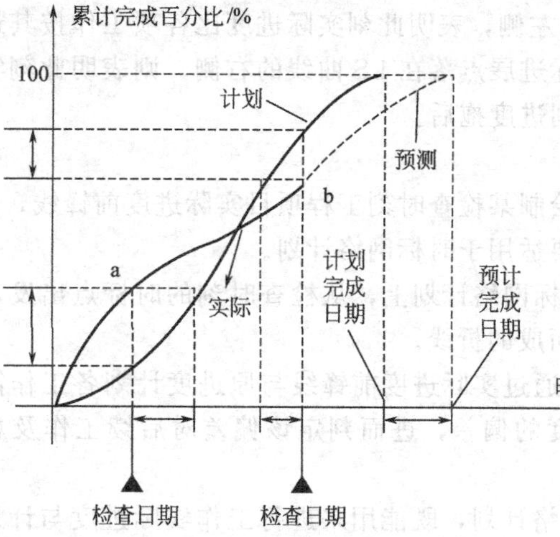

图 4-5　S 曲线比较图

（3）香蕉曲线比较法

香蕉曲线是由两条 S 曲线组合而成的闭合曲线。由 S 曲线比较法可知，工程项目累计完成的任务量与计划时间的关系，可以用一条 S 曲线表示。对于一个工程项目的网络计划来说，如果以其中各项工程的最早开始时间安排进度而绘制 S 曲线，称为 ES 曲线；如果以其中各项工作的最迟开始时间安排进度而绘制 S 曲线，称为 LS 曲线。两条 S 曲线具有相同的起点和终点，因此，两条曲线是闭合的。在一般情况下，ES 曲线上的其余各点均落在 LS 曲线的相应点的左侧。由于该闭合曲线形似“香蕉”，故称为香蕉曲线（如图 4-6 所示）。

香蕉曲线比较法能直观地反映工程项目的实际进展情况，并可以获得比 S 曲线更多的信息。

1）合理安排工程项目进度计划　如果工程项目中的各项工作均按其最早开始时间安排

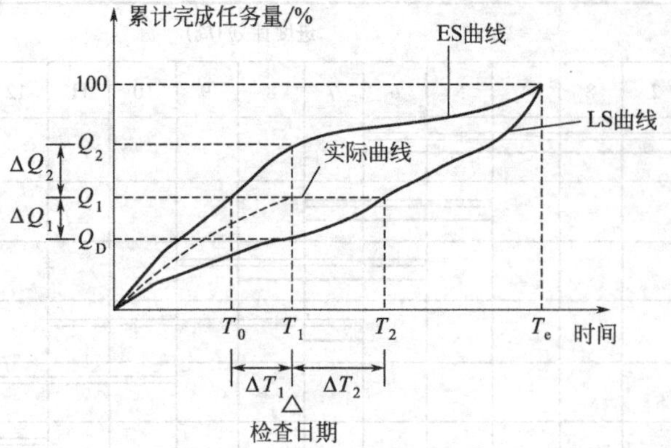

图 4-6　香蕉曲线比较图

进度，将导致项目的投资加大，而如果各项工作都按其最迟开始时间安排进度，则一旦受到进度影响因素的干扰，又将导致工期拖延，使工程进度风险加大。因此，一个科学合理的进度计划优化曲线应处于香蕉曲线所包括的区域之内，如图 4-6 中的 ES 与 LS 曲线形成的区域。

2）定期比较工程项目的实际进度与计划进度　在工程项目的实施过程中，根据每次检查收集到的实际完成任务量，绘制出实际进度 S 曲线，便可以与计划进度进行比较。工程项目实施进度的理想状态是任一时刻工程实际进展点应落在香蕉曲线图的范围之内。如果工程实际进展点落在 ES 曲线的左侧，表明此刻实际进度比各项工作按其最早开始时间安排的计划进度超前；如果工程实际进展点落在 LS 曲线的右侧，则表明此刻实际进度比各项工作按其最迟开始时间安排的计划进度拖后。

（4）前锋线比较法

前锋线比较法是通过绘制某检查时刻工程项目实际进度前锋线，进行工程实际进度与计划进度比较的方法，它主要适用于时标网络计划。

1）前锋线是指在原时标网络计划上，从检查时刻的时标点出发，用点画线依次将各项工作实际进展位置点连接而成的折线。

2）前锋线比较法就是通过实际进度前锋线与原进度计划各工作箭线交点的位置来判断工作的实际进度与计划进度的偏差，进而判定该偏差对后续工作及总工期影响程度的一种方法。

3）主要适用于时标网络计划，既能用来进行工作实际进度与计划进度的局部比较，也可用来分析和预测工程项目整体进度情况。

4）前锋线比较法是针对匀速进展的工作。

【例 4-1】　某工程项目时标网络计划如图 4-7 所示。该计划执行到第 6 周末检查实际进度时，发现工作 A 和 B 已经全部完成，工作 D、E 分别完成计划任务量的 20％和 50％，工作 C 尚需 3 周完成，试用前锋线法进行实际进度与计划进度的比较。

根据第 6 周末实际进度的检查结果绘制前锋线，如图中点画线所示。通过比较可以看出：

1）本工程项目的关键线路是 C→G→J 和 A→D→F。

2）工作 D 实际进度拖后 2 周，将使其后续工作 F 的最早开始时间推迟 2 周，并使总工期延长 1 周。

3）工作 E 实际进度拖后 1 周，既不影响总工期，也不影响其后续工作的正常进行。

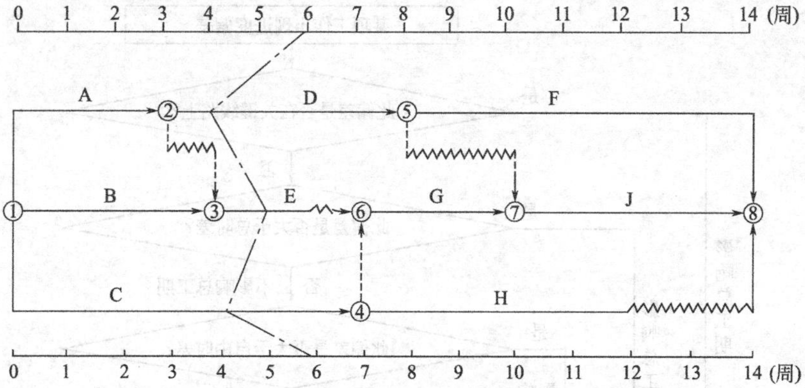

图 4-7　某工程项目时标网络计划

4）工作 C 实际进度拖后 2 周，将使其后续工作 G、H、J 的最早开始时间推迟 2 周，由于工作 G、J 开始时间的推迟，从而使总工期延长 2 周。

综上所述，如果不采取措施加快进度，该工程项目的总工期将延长 2 周。

(5) 列表比较法

当工程进度计划用非时标网络图表示时，可以采用列表比较法进行实际进度与计划进度的比较。这种方法是记录检查日期应该进行的工作名称及其已经作业的时间，然后列表计算有关时间参数，并根据工作总时差进行实际进度与计划进度比较的方法。

【例 4-2】　某工程项目进度计划如图 4-7 所示。该计划执行到第 10 周末检查实际进度时，发现工作 A、B、C、D、E 已经全部完成，工作 F 已进行 1 周，工作 G 和工作 H 均已进行 2 周，试用列表比较法进行实际进度与计划进度的比较。

【解】 根据工程项目进度计划及实际进度检查结果，可以计算出检查日期应进行工作的尚需作业时间、原有总时差及尚有总时差等，计算结果见表 4-2，通过比较尚有总时差和原有总时差，即可判断目前工程实际进展状况。

表 4-2　工程进度检查比较表

工作代号	工作名称	检查计划时尚需作业周数	到计划最迟完成时尚余周数	原有总时差	尚有总时差	情况判断
5-8	F	4	4	1	0	拖后 1 周，但不影响工期
6-7	G	1	0	0	−1	拖后 1 周，影响工期 1 周
4-8	H	3	4	2	1	拖后 1 周，但不影响工期

4.2.2　建设工程进度计划调整

4.2.2.1　建设工程进度计划分析

在工程项目实施过程中，当通过实际进度与计划进度的比较，发现有进度偏差时，需要分析该偏差对后续工作及总工期的影响，从而采取相应的调整措施对原进度计划进行调整，以确保工期目标的顺利实现。进度偏差的大小及其所处的位置不同，对后续工作和总工期的影响程度是不同的，分析时需要利用网络计划中工作总时差和自由时差的概念进行判断，最后依据实际情况决定是否调整及调整的方法和措施。分析判断的过程如图 4-8 所示。

4.2.2.2　建设工程进度计划调整

通过检查分析，如果发现原有进度计划已不能适应实际情况时，为了确保进度控制目标的实现或需要确定新的计划目标，就必须对原有进度计划进行调整，以形成新的进度计划，

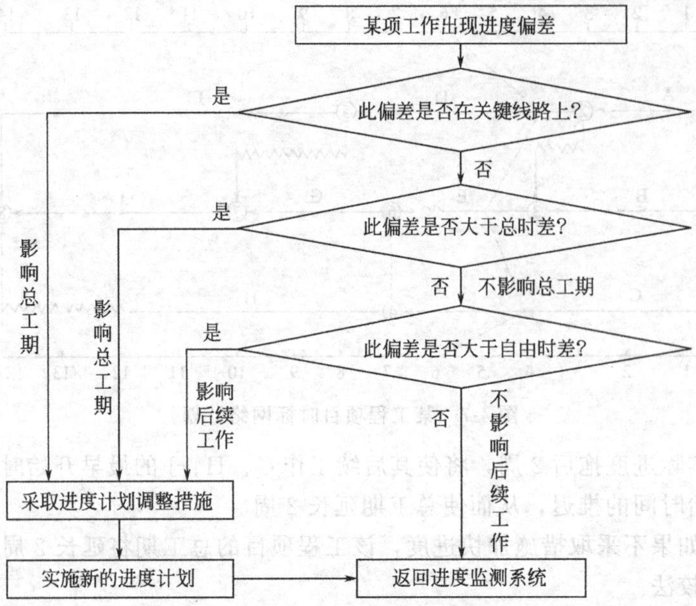

图 4-8 建设工程进度调整分析判断过程

作为进度控制的新依据。

施工进度计划的调整方法主要有两种：一是通过缩短某些工作的持续时间来缩短工期；一是通过改变某些工作间的逻辑关系来缩短工期。在实际工作中应根据具体情况选用上述方法进行进度计划的调整。

（1）缩短某些工作的持续时间

这种方法的特点是不改变工作之间的先后顺序关系，通过缩短网络计划中关键线路上工作的持续时间来缩短工期。这时，通常需要采取一定的措施来达到目的。具体措施如下。

1）组织措施

① 增加工作面，组织更多的施工队伍。

② 增加每天的施工时间（如采用三班制等）。

③ 增加劳动力和施工机械的数量。

2）技术措施

① 改进施工工艺和施工技术，缩短工艺技术间歇时间。

② 采用更先进的施工方法，以减少施工过程的数量（如将现浇框架方案改为预制装配方案）。

③ 采用更先进的施工机械。

3）经济措施

① 实行包干奖励。

② 提高奖金数额。

③ 对所采取的技术措施给予相应的经济补偿。

4）其他配套措施

① 改善外部配合条件。

② 改善劳动条件。

③ 实施强有力的调度等。

一般来说，不管采取哪种措施，都会增加费用。因此，在调整施工进度计划时，应利用费用优化的原理选择费用增加量最小的关键工作作为压缩对象。

（2）改变某些工作间的逻辑关系

这种方法的特点是不改变工作的持续时间，而只改变工作的开始时间和完成时间。对于大型建设工程，由于其单位工程较多且相互间的制约比较小，可调整的幅度比较大，所以容易采用平行作业的方法来调整施工进度计划。而对于单位工程项目，由于受工作之间工艺关系的限制，可调整的幅度比较小，所以通常采用搭接作业的方法来调整施工进度计划。但不管是搭接作业还是平行作业，建设工程在单位时间内的资源需求量将会增加。

除了分别采用上述两种方法来缩短工期外，有时由于工期拖延得太多，当采用某种方法进行调整，其可调整的幅度又受到限制时，还可以同时利用这两种方法对同一施工进度计划进行调整，以满足工期目标的要求。

4.3　施工阶段进度控制实务

4.3.1　建设工程进度控制工作流程

建设工程施工进度控制工作流程图如图 4-9 所示。

4.3.2　施工阶段进度控制实务

4.3.2.1　施工阶段进度控制程序

施工阶段进度控制分事前、事中、事后控制。

（1）事前控制程序

1）总监理工程师组织专业监理工程师预测和分析影响进度计划的可能因素，制定防范对策，依据施工承包合同的工期目标制订控制性进度计划。

2）总监理工程师组织专业监理工程师审核施工承包单位提交的施工总进度计划，审核进度计划对工期目标的保证程度，施工方案与施工进度计划的协调性和合理性。

3）总进度计划符合要求，总监理工程师在《施工进度计划报审表》签字确认，作为进度控制的依据。

（2）事中控制程序

1）专业监理工程师负责检查工程进度计划的实施。每天了解施工进度计划实施情况，并做好实际进度情况记录；随时检查施工进度的关键控制点，当发现实际进度偏离进度计划时，应及时报告总监理工程师，由总监理工程师指令施工承包单位采取调整措施，并报建设单位备案。

2）专业监理工程师审核施工承包单位提交的年度、季度、月度进度计划，向总监理工程师提交审查报告，总监理工程师审核签发《施工进度计划报审表》并报建设单位备案。

3）总监理工程师组织专业监理工程师审核施工承包单位提交的施工进度调整计划并提出审查意见，总监理工程师审核经建设单位同意后，签发《施工进度调整计划报审表》并报建设单位备案。

4）总监理工程师定期向建设单位汇报有关工程时间进展情况。

5）严格控制施工过程中的设计变更，对工程变更、设计修改等事项，专业监理工程师负责进度控制的预分析，如发现与原施工进度计划有较大差异时，应书面向总监理工程师报告并报建设单位。

（3）事后控制主要工作

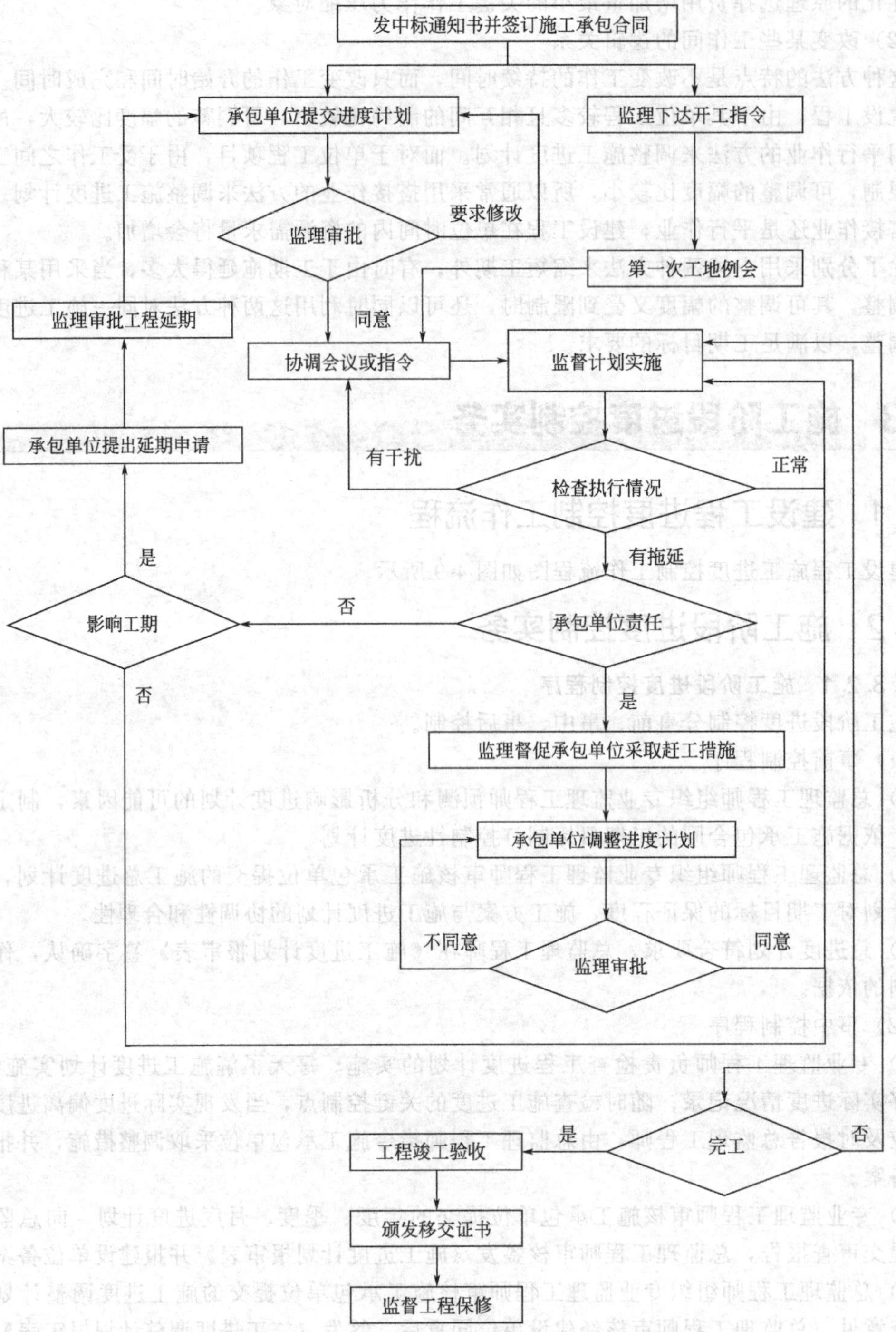

图 4-9　建设工程施工进度控制工作流程图

由总监理工程师负责处理工期索赔工作。

4.3.2.2　施工阶段进度控制主要工作内容

1）编制施工进度控制监理细则，其内容包括：

① 施工进度控制目标分解图；

② 施工进度控制的主要工作内容和深度；

③ 进度控制人员的职责分工；

④ 与进度控制有关各项工作的时间安排及工作流程；

⑤ 进度控制的方法；

⑥ 进度控制的具体措施；

⑦ 施工进度控制目标实现的风险分析；

⑧ 尚待解决的有关问题。

2）编制或审核施工进度计划。对于大型工程项目，若建设单位采取分期分批发包或由若干个承包单位平行承包，项目监理机构有必要编制施工总进度计划。施工总进度计划应确定分期分批的项目组成；各批工程项目的开工、竣工顺序及时间安排；全场性施工准备工作，特别是首批子项目进度安排及准备工作的内容等。当工程项目有总承包单位时，项目监理机构只需对总承包单位提交的工程总进度计划进行审核即可。而对于单位工程施工进度计划，项目监理机构只负责审核。施工进度计划审核的主要内容有以下几点。

① 进度安排是否符合工程项目建设总进度计划中总目标和分目标的要求，是否符合施工合同中开竣工日期的规定。

② 施工总进度计划中的项目是否有遗漏，分期施工是否满足分批动用的需要和配套动用的要求。

③ 施工顺序的安排是否符合施工程序的原则要求。

④ 劳动力、材料、构配件、机具和设备的供应计划是否能保证进度计划的实现，供应是否均衡，需求高峰期是否有足够实现计划的供应能力。

⑤ 建设单位的资金供应能力是否满足进度需要。

⑥ 施工的进度安排是否与设计单位的图纸供应进度相符。

⑦ 建设单位应提供的场地条件及原材料和设备，特别是国外设备的到货与施工进度计划是否衔接。

⑧ 总分包单位分别编制的各单位工程施工进度计划之间是否相协调，专业分工与衔接的计划安排是否明确合理。

⑨ 进度安排是否存在造成建设单位违约而导致索赔的可能。

如果监理工程师在审核施工进度计划的过程中发现问题，应及时向承包单位提出书面修改意见，并督促承包单位修改，其中重大问题应及时向建设单位汇报。

3）按年、季、月编制工程综合计划。对于分期分批发包或由若干个承包单位平行承包的大型工程项目，在按计划期编制的年、季、月进度计划中，监理着重是解决各承包单位施工进度计划之间、施工进度计划与资源保障计划之间及外部协作条件的延伸性计划之间的综合平衡与相互衔接问题。并根据上期计划的完成情况对本期计划做必要的调整，从而作为承包单位近期执行的指令性（实施性）计划。

4）下达工程开工令。

5）协助承包单位实施进度计划。监理要随时了解施工进度计划执行过程中所存在的问题，并帮助承包单位予以解决承包单位无力解决的与建设单位、平行承包单位之间的内层关系协调问题。

6）监督施工进度计划的实施。这是工程项目施工阶段进度控制的经常性工作。项目监理机构不仅要及时检查承包单位报送的施工进度报表和分析资料，同时还要进行必要的现场实地检查，核实所报送的已完成的项目时间及工程量，杜绝虚假现象。在对工程实际进度资料进行整理的基础上，监理人员应将其与计划进度相比较，以判定实际进度是否出现偏差。如果出现偏差，应进一步分析偏差对进度控制目标的影响程度及其产生的原因，以便研究对策、提出纠偏措施建议，必要时还应对后期工程进度计划做适当的调整。计划调整要及时有效。

7）组织现场协调会。监理应每月、每周定期组织召开不同层次的现场协调会议，以解决工程施工过程中的相互协调配合问题。在平行、交叉施工单位多、工序交接频繁且工期紧迫的情况下，现场协调会甚至需要每日召开。在会上通报和检查当天的工程进度，确定薄弱环节，部署当天的赶工任务，以便为次日正常施工创造条件。对于某些未曾预料的突发变故或问题，监理工程师还可以发布紧急协调指令，督促有关单位采取应急措施维护工程施工的正常秩序。

8）签发工程进度款支付凭证。

9）审批工程延期。

10）向建设单位提供进度报告。

11）督促承包单位整理技术资料。

12）审批竣工申请报告、协助建设单位组织竣工验收（组织工程竣工预验收、签署工程竣工预验报验单和竣工报告、提交质量评估报告）。

13）整理工程进度资料。在工程完工以后，监理工程师应将工程进度资料进行收集整理，归类、编目和建档，以便为今后类似工程项目的进度控制提供参考。

14）工程移交。项目监理机构应督促承包单位办理工程移交手续，颁发工程移交证书。

【例 4-3】 某高架输水管道建设工程中有 20 组钢筋混凝土支架，每组支架的结构形式及工程量相同，均由基础、柱和托梁三部分组成，如图 4-10 所示。业主通过招标将 20 组钢筋混凝土支架的施工任务发包给某施工单位，并与其签订了施工合同，合同工期为 190 天。

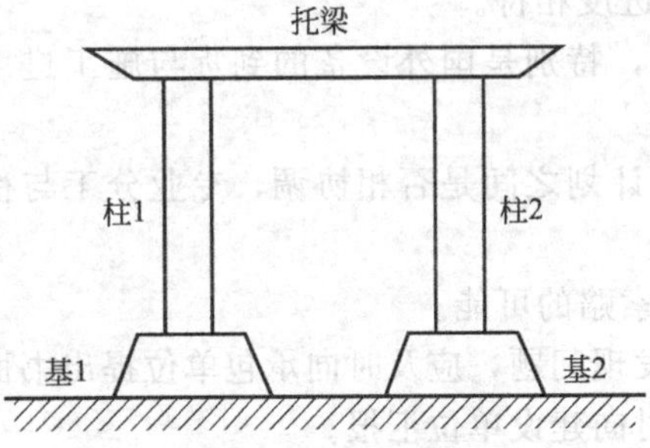

图 4-10 托梁示意图

在工程开工前，该承包单位向项目监理机构提交了施工方案及施工进度计划：

1）施工方案。

施工流向：从第 1 组支架依次流向第 20 组支架。

劳动组织：基础、柱和托梁分别组织混合工种专业工作队。

技术间歇：柱混凝土浇筑后需养护 20 天方能进行托梁施工。

物资供应：脚手架、模板、机具及商品混凝土等均按施工进度要求调度配合。

2）施工进度计划如图 4-11 所示，时间单位为天。

分析该施工进度计划，并判断监理工程师是否应批准该施工进度计划。

由施工方案及图 4-11 所示施工进度计划可以看出，为了缩短工期，承包单位将 20 组支架的施工按流水作业进行组织。

1）任意相邻两组支架开工时间的差值等于两个柱基础的持续时间，即：4＋4＝8 天。

2）每一组支架的计划施工时间为：4＋4＋3＋20＋5＝36 天。

3）20 组钢筋混凝土支架的计划总工期为：（20－1）×8＋36＝188 天。

4）20 组钢筋混凝土支架施工进度计划中的关键工作是所有支架的基础工程及第 20 组支架的柱 2、养护和托梁。

5）由于施工进度计划中各项工作逻辑关系合理，符合施工工艺及施工组织要求，较好地采用了流水作业方式，且计划总工期未超过合同工期，故监理工程师应批准该施工进度计划。

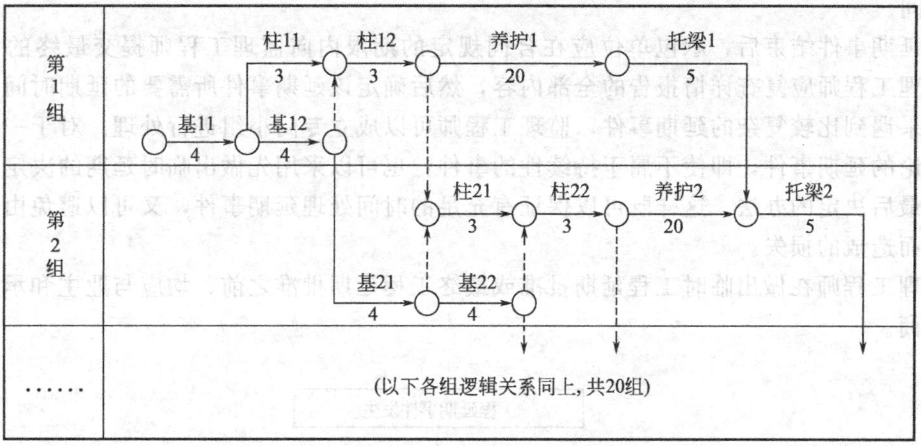

图 4-11　施工进度计划

4.4 工程延期的控制

在建设工程施工过程中，其工期的延长分为工程延误和工程延期两种。虽然它们都使工程拖期，但由于性质不同，因而业主与承包单位所承担的责任也就不同。如果是属于工程延误，则由此造成的一切损失由承包单位承担。同时，业主还有权对承包单位施行误期违约罚款。而如果是属于工程延期，则承包单位不仅有权要求延长工期，而且还有权向业主提出赔偿费用的要求以弥补由此造成的额外损失。因此，监理工程师是否将施工过程中工期的延长批准为工程延期，对业主和承包单位都十分重要。

4.4.1 工程延期的申报与审批

4.4.1.1 申报工程延期的条件

由于以下原因导致工程拖期，承包单位有权提出延长工期的申请，监理工程师应按合同规定，批准工程延期时间。

1）监理工程师发出工程变更指令而导致工程量增加；

2）合同所涉及的任何可能造成工程延期的原因，如延期交图、工程暂停、对合格工程的剥离检查及不利的外界条件等；

3）异常恶劣的气候条件；

4）由业主造成的任何延误、干扰或障碍，如未及时提供施工场地、未及时付款等；

5）除承包单位自身以外的其他任何原因。

4.4.1.2 工程延期的审批程序

工程延期的审批程序如图 4-12 所示。当工程延期事件发生后，承包单位应在合同规定的有效期内以书面形式通知监理工程师（即工程延期意向通知），以便于监理工程师尽早了解所发生的事件，及时做出一些减少延期损失的决定。随后，承包单位应在合同规定的有效期内（或监理工程师可能同意的合理期限内）向监理工程师提交详细的申述报告（延期理由及依据）。监理工程师收到该报告后应及时进行调查核实，准确地确定出工程延期时间。

当延期事件具有持续性，承包单位在合同规定的有效期内不能提交最终详细的申述报告时，应先向监理工程师提交阶段性的详情报告。监理工程师应在调查核实阶段性报告的基础上，尽快做出延长工期的临时决定。临时决定的延期时间不宜太长，一般不超过最终批准的延期时间。

待延期事件结束后，承包单位应在合同规定的期限内向监理工程师提交最终的详情报告。监理工程师应复查详情报告的全部内容，然后确定该延期事件所需要的延期时间。

如果遇到比较复杂的延期事件，监理工程师可以成立专门小组进行处理。对于一时难以做出结论的延期事件，即使不属于持续性的事件，也可以采用先做出临时延期的决定，然后再做出最后决定的办法。这样既可以保证有充足的时间处理延期事件，又可以避免由于处理不及时而造成的损失。

监理工程师在做出临时工程延期批准或最终工程延期批准之前，均应与业主和承包单位进行协商。

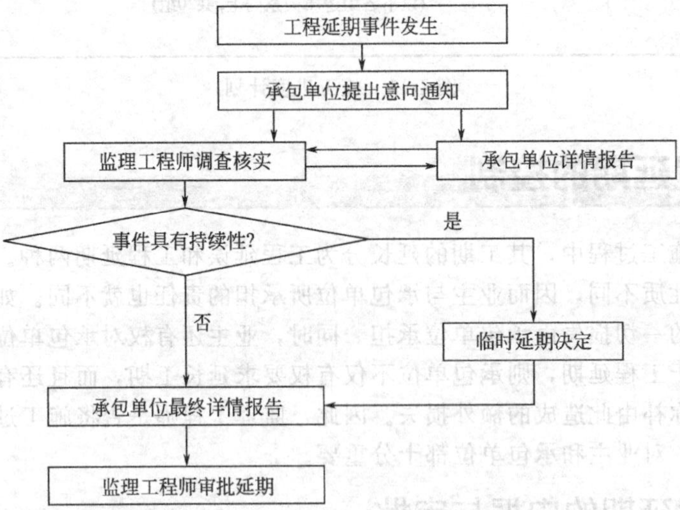

图 4-12　工程延期的审批程序

4.4.1.3　工程延期的审批原则

监理工程师在审批工程延期时应遵循下列原则。

(1) 合同条件

监理工程师批准的工程延期必须符合合同条件。也就是说，导致工期拖延的原因确实属于承包单位自身以外的，否则不能批准为工程延期。这是监理工程师确定工程延期成立的基础。

(2) 工期的影响

发生延期事件的工程部位，无论其是否处在施工进度计划的关键线路上，只有当所延长的时间超过其相应的总时差而影响到工期时，才能批准工程延期。如果延期事件发生在非关键线路上，且延长的时间并未超过总时差时，即使符合批准为工程延期的合同条件，也不能核准工程延期。

应当说明，建设工程施工进度计划中的关键线路并非固定不变，它会随着工程的进展和情况的变化而转移。监理工程师应以承包单位提交的、经自己审核后的施工进度计划（不断调整后）为依据来决定是否批准工程延期。

(3) 实际情况

批准的工程延期必须符合实际情况。为此，承包单位应对延期事件发生后的各类有关细节进行详细记载，并及时向监理工程师提交详细报告。与此同时，监理工程师也应对施工现场进行详细考察和分析，并做好有关记录，以便为合理确定工程延期时间提供可靠依据。

【例 4-4】　某建设工程业主与监理单位、施工单位分别签订了监理委托合同和施工合同，合同工期为 18 个月。在工程开工前，施工承包单位在合同约定的时间内向监理工程师提交了施工总进度计划，如图 4-13 所示。

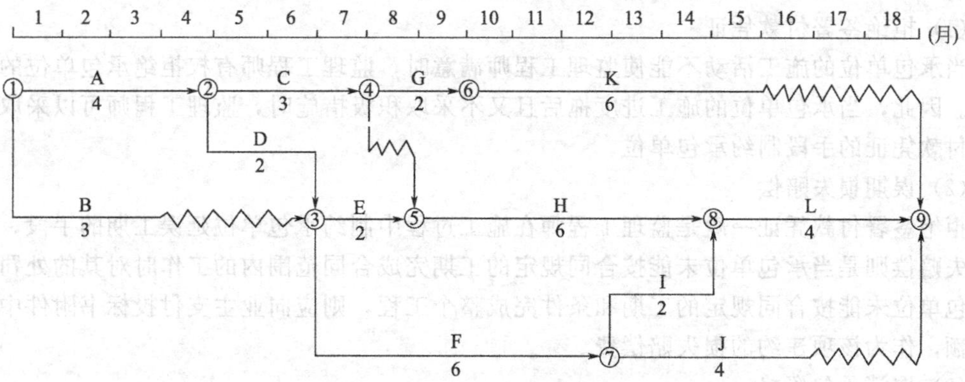

图 4-13　某工程施工总进度计划

该计划经监理工程师批准后开始实施，在施工过程中发生以下事件：

① 因业主要求需要修改设计，致使工作 K 停工等待图纸 3.5 个月；

② 部分施工机械由于运输原因未能按时进场，致使工作 H 的实际进度拖后 1 个月；

③ 由于施工工艺不符合施工规范要求，发生质量事故而返工，致使工作 F 的实际进度拖后 2 个月。

承包单位在合同规定的有效期内提出工期延长 3.5 个月的要求，监理工程师应进行如下分析、处理：

由于工作 H 和工作 F 的实际进度拖后均属于承包单位自身原因，只有工作 K 的拖后可以考虑给予工程延期。从图 4-13 可知，工作 K 原有总时差为 3 个月，该工作停工等待图纸 3.5 个月，只影响工期 0.5 个月，故监理工程师应批准工程延期 0.5 个月。

4.4.2　工程延期的控制

发生工程延期事件，不仅影响工程的进展，而且会给业主带来损失。因此，监理工程师应做好以下工作，以减少或避免工程延期事件的发生。

(1) 选择合适的时机下达工程开工令

监理工程师在下达工程开工令之前，应充分考虑业主的前期准备工作是否充分。特别是征地、拆迁问题是否已解决，设计图纸能否及时提供，以及付款方面有无问题等，以避免由于上述问题缺乏准备而造成工程延期。

(2) 提醒业主履行施工承包合同中所规定的职责

在施工过程中，监理工程师应经常提醒业主履行自己的职责，提前做好施工场地及设计图纸的提供工作，并能及时支付工程进度款，以减少或避免由此而造成的工程延期。

(3) 妥善处理工程延期事件

当延期事件发生以后，监理工程师应根据合同规定进行妥善处理。既要尽量减少工程延期时间及其损失，又要在详细调查研究的基础上合理批准工程延期时间。

此外，业主在施工过程中应尽量减少干预、多协调，以避免由于业主的干扰和阻碍而导致延期事件的发生。

4.4.3 工程延误的处理

如果由于承包单位自身的原因造成工期拖延，而承包单位又未按照监理工程师的指令改变延期状态时，通常可以采用下列手段进行处理。

(1) 拒绝签署付款凭证

当承包单位的施工活动不能使监理工程师满意时，监理工程师有权拒绝承包单位的支付申请。因此，当承包单位的施工进度拖后且又不采取积极措施时，监理工程师可以采取拒绝签署付款凭证的手段制约承包单位。

(2) 误期损失赔偿

拒绝签署付款凭证一般是监理工程师在施工过程中制约承包单位延误工期的手段，而误期损失赔偿则是当承包单位未能按合同规定的工期完成合同范围内的工作时对其的处罚。如果承包单位未能按合同规定的工期和条件完成整个工程，则应向业主支付投标书附件中规定的金额，作为该项违约的损失赔偿费。

(3) 取消承包资格

如果承包单位严重违反合同，又不采取补救措施，则业主为了保证合同工期有权取消其承包资格。例如：承包单位接到监理工程师的开工通知后，无正当理由推迟开工时间，或在施工过程中无任何理由要求延长工期，施工进度缓慢，又无视监理工程师的书面警告等，都有可能受到取消承包资格的处罚。

取消承包资格是对承包单位违约的严厉制裁。因为业主一旦取消了承包单位的承包资格，承包单位不但要被驱逐出施工现场，而且还要承担由此而造成的业主的损失费用。这种惩罚措施一般不轻易采用，而且在做出这项决定前，业主必须事先通知承包单位，并要求其在规定的期限内作好辩护准备。

【习题与案例】

一、单项选择题

1. 下列任务中，属于建设工程实施阶段监理工程师进度控制的任务是（　　）。

A. 审查施工总进度计划　　B. 编制单位工程施工进度计划

C. 编制详细的出图计划　　D. 确定建设工期总目标

2. 某工程双代号网络计划如图 4-14 所示，其中工作 G 的最早开始时间为第（　　）天。

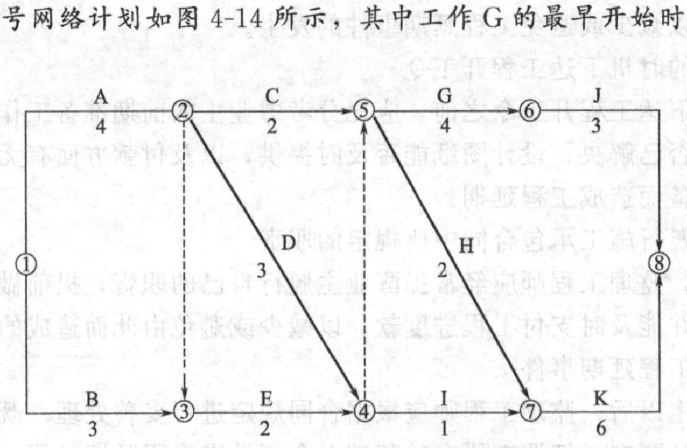

图 4-14　某工程双代号网络计划图

A. 6　　B. 7　　C. 10　　D. 12

3. 在建设工程施工过程中，因施工单位原因造成实际进度拖后，监理工程师确认施工单位修改后的施工进度计划，说明（　　）。

A. 排除施工单位应负的责任　　B. 批准合同工期延长

C. 施工进度计划满足合同工期要求　　D. 同意施工单位在合理状态下施工

4. 建设工程施工阶段，为加快施工进度可采取的组织措施是（　　）。

A. 采用更先进的施工机械　　B. 改进施工工艺

C. 增加每天的施工时间　　D. 改善劳动条件

5. 建设工程流水施工方式的特点是（　　）。

A. 施工现场的组织管理比较复杂　　B. 各专业队窝工现象少

C. 单位时间内投入的资源量比较均衡　　D. 单位时间内投入的资源量较少

6. 某工程双代号网络计划如图 4-15 所示，其关键线路有（　　）条。

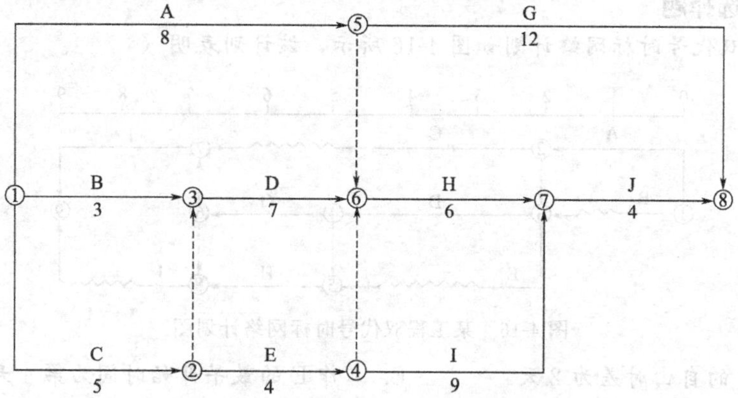

图 4-15　某工程双代号网络计划图

A. 1　　B. 2　　C. 3　　D. 4

7. 下列各项工作中，属于监理工程师控制建设工程施工进度工作的是（　　）。

A. 编制单位工程施工进度计划　　B. 协助承包单位确定工程延期时间

C. 调整施工总进度计划　　D. 定期向业主提供工程进度报告

8. 通过缩短某些工作持续时间的方式调整施工进度计划时，可采取的技术措施是（　　）。

A. 增加工作面　　B. 改善劳动条件

C. 增加每天的施工时间　　D. 采用更先进的施工机械

9. 当工程延期事件具有持续性时，根据工程延期的审批程序，监理工程师应在调查核实阶段性报告的基础上完成的工作是（　　）。

A. 尽快做出延长工期的临时决定　　B. 及时向政府有关部门报告

C. 要求承包单位提出工程延期意向申请　　D. 重新审核施工合同条件

10. 为了确保进度控制目标的实现，通过缩短某些工作持续时间的方法调整施工进度计划时，可采用的组织措施是（　　）。

A. 改善劳动条件　　B. 实行包干奖励

C. 采用更先进的施工机械　　D. 增加工作面和施工队伍

11. 工程网络计划的工期优化是指通过（　　）而使计算工期满足要求工期。

A. 压缩关键工作的持续时间　　B. 改变关键工作之间的逻辑关系

C. 压缩资源需求量小的工作的持续时间　　D. 减少非关键工作的自由时差

12. 在施工阶段，施工单位将所编制的施工进度计划及时提交给监理工程师审查的目的是为了（　　）。

A. 及时得到工程预付款　　　　　　　　　　　B. 听取监理工程师的建设性意见

C. 解除其对施工进度所承担的责任和义务　　　D. 使监理工程师及时下达开工令

13. 根据工程延期的审批程序，当延期事件具有持续性，承包单位在合同规定的有效期内不能提交最终详细的申述报告时，应先向监理工程师提交该延期事件的（　）。

A. 工程延期估计值　B. 延期意向通知　C. 阶段性详情报告　D. 临时延期申请书

14. 影响建设工程进度控制的不利因素很多，其中（　　）是最大的干扰因素。

A. 技术因素　B. 人为因素　C. 环境因素　D. 经济因素

15. 建设工程进度控制是监理工程师的主要任务之一，其最终目的是确保建设项目（　）。

A. 在实施过程中应用动态控制原理　　　　B. 按预定的时间动用或提前交付使用

C. 进度控制计划免受风险因素的干扰　　　D. 各方参建单位的进度关系得到协调

二、多项选择题

1. 某工程双代号时标网络计划如图 4-16 所示，该计划表明（　　）。

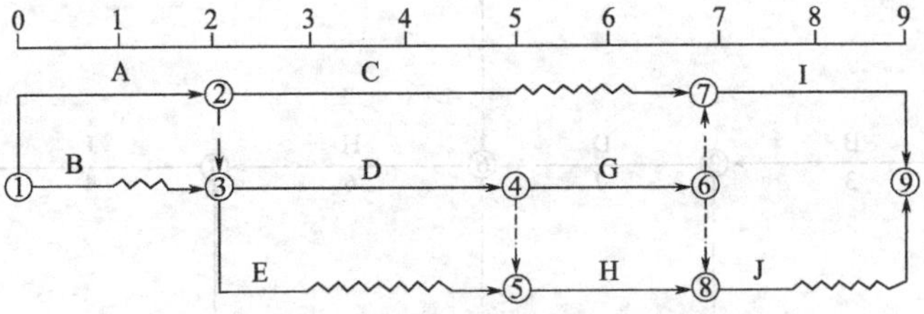

图 4-16　某工程双代号时标网络计划图

A. 工作 C 的自由时差为 2 天　　　　B. 工作 E 的最早开始时间为第 4 天

C. 工作 D 为关键工作　D. 工作 H 的总时差为零　E. 工作 B 的最近完成时间为第 1 天

2. 某工程双代号时标网络计划进行到第 6 周末和第 10 周末时，检查其实际进度如图 4-17 前锋线所示，检查结果表明（　　）。

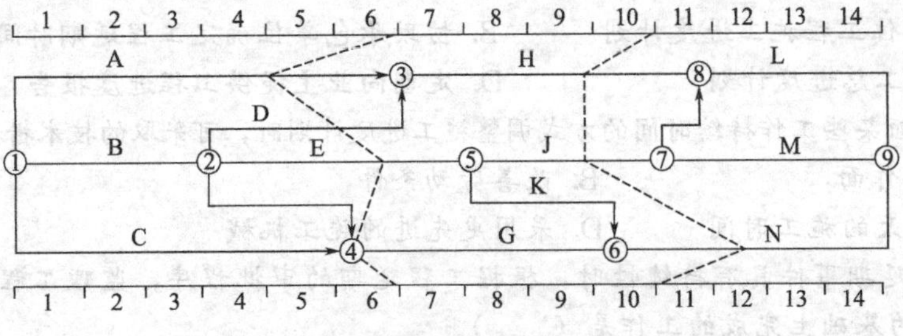

图 4-17　某工程双代号时标网络前锋线图

A. 第 6 周末检查时，工作 A 拖后 2 周，不影响总工期

B. 第 6 周末检查时，工作 E 进展正常，不影响总工期

C. 第 6 周末检查时，工作 G 尚未开始，不影响总工期

D. 第 10 周末检查时，工作 H 拖后 1 周，不影响总工期

E. 第 10 周末检查时，工作 J 拖后 1 周，不影响总工期

3. 某工程双代号时标网络计划执行到第 6 周末和第 11 周末时，检查其实际进度如图 4-18 前锋线所示，检查结果表明（　）。

A. 第 6 周末检查时，工作 A 拖后 1 周，不影响总工期

B. 第 6 周末检查时，工作 E 提前 1 周，不影响总工期

C. 第 6 周末检查时，工作 C 提前 1 周，预计总工期缩短 1 周

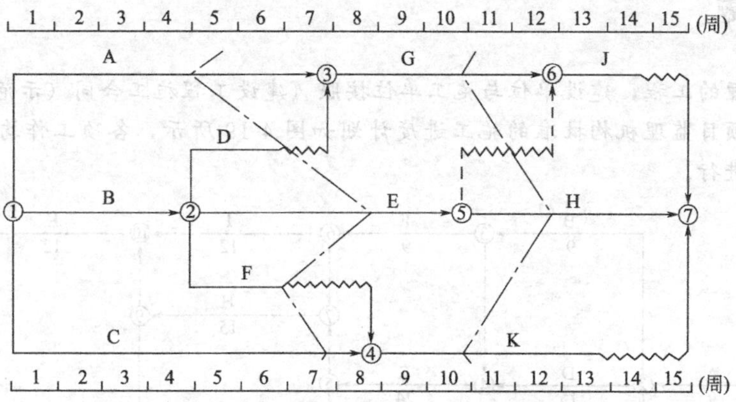

图4-18 某工程双代号时标网络计划检查图

D. 第11周末检查时，工作G拖后1周，不影响总工期

E. 第11周末检查时，工作H提前1周，预计总工期缩短1周

4. 监理工程师审核施工进度计划的内容有（ ）。

A. 是否按工程量清单对分部分项工程进行分解

B. 施工顺序的安排是否符合施工工艺的要求

C. 生产要素的供应计划是否能保证施工进度计划的实现

D. 业主负责提供的施工条件安排得是否合理

E. 是否明确进度控制人员的职责分工

5. 下列对工程进度造成影响的因素中，属于业主因素的有（ ）。

A. 不能及时向施工承包单位付款　　B. 不明的水文气象条件

C. 施工安全措施不当　D. 不能及时提供施工场地条件　E. 临时停水、停电、断路

6. 对建设工程进度计划执行情况进行跟踪检查发现问题后，进度调整系统过程中应开展的工作有（ ）。

A. 分析产生进度偏差的原因　　B. 实际进度数据的整理．统计和分析

C. 采取措施调整进度计划　　D. 分析进度偏差对后续工作及总工期的影响

E. 进行实际进度与计划进度的比较

7. 在施工进度控制过程中，监理工程师的主要工作内容有（ ）。

A. 下达工程开工令　　B. 协助承包商编制进度计划　　C. 组织现场协调会

D. 向承包商提供进度报告　　E. 进行施工进度控制目标实现的风险分析

8. 当工程延期事件发生后，承包单位应在合同规定的有效期内向监理工程师提交（ ）。

A. 临时延期申请　　B. 延期意向通知　　C. 原始进度计划

D. 详细申述报告　　E. 工程变更指令

9. 监理单位对某建设项目实施全过程监理时，需要编制的进度计划包括（ ）。

A. 监理总进度计划　　B. 设计总进度计划　　C. 单位工程施工进度计划

D. 年、季、月进度计划　　E. 设计工作分专业进度计划

10. 当监理工程师协助业主将某建设项目的设计和施工任务发包给一个承包商后，需要审核的进度计划有（ ）。

A. 工程项目建设总进度计划　　B. 工程设计总进度计划

C. 工程项目年度计划　　D. 工程施工总进度计划　　E. 单位工程施工进度计划

三、案例题

案例 1

某实施监理的工程，建设单位与施工单位按照《建设工程施工合同（示范文本）》签订了施工合同。项目监理机构批准的施工进度计划如图 4-19 所示，各项工作均按最早开始时间安排，匀速进行。

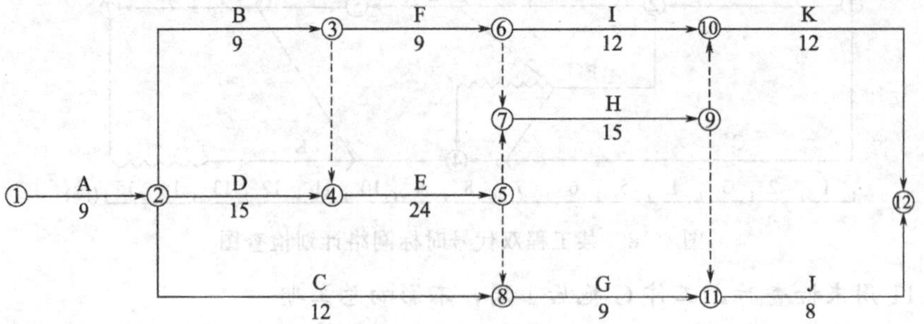

图 4-19　施工进度计划图

施工过程中发生如下事件：

事件 1：施工准备期间，由于施工设备未按期进场，施工单位在合同约定的开工日前第 5 天向项目监理机构提出延期开工申请，总监理工程师审核后给予书面回复。

事件 2：施工准备完毕后，项目监理机构审查《工程开工报审表》及相关资料后认为：施工许可证已获政府主管部门批准，征地拆迁工作满足工程进度需要，施工单位现场管理人员已到位，但其他开工条件尚不具备。总监理工程师不予签发《工程开工报审表》。

事件 3：工程开工后第 20 天下班时刻，项目监理机构确认：A、B 工作已完成；C 工作已完成 6 天的工作量；D 工作已完成 5 天的工作量；B 工作未经监理人员验收的情况下，F 工作已进行 1 天。

问题：

1. 总监理工程师是否应批准事件 1 中施工单位提出的延期开工申请？说明理由。

2. 根据《建设工程监理规范》，该工程还应具备哪些开工条件，总监理工程师方可签发《工程开工报审表》？

3. 针对图 4-19 所示的施工进度计划，确定该施工进度的工期和关键工作。并分别计算 C 工作、D 工作、F 工作的总时差和自由时差。

4. 分析开工后第 20 天下班时刻施工进度计划的执行情况，并分别说明对总工期及今后工作的影响。此时，预计总工期延长多少天？

5. 针对事件 3 中 F 工作在 B 工作未经验收的情况下就开工的情形，项目监理机构应如何处理？

案例 2

某实施施工监理的工程，建设单位根据《建设工程施工合同（示范文本）》（GF-2013-0201）与甲施工单位签订了施工总承包合同。合同约定：开工日期为 2016 年 3 月 1 日。工期为 302 天。建设单位负责施工现场外道路开通及设备采购；设备安装工程可以分包。经总监理工程师批准的施工总进度计划如图 4-20 所示（时间单位：天）。

工程实施中发生了下列事件：

事件 1：由于施工现场外道路未按约定时间开通，致使甲施工单位无法按期开工。2016 年 2 月 21 日，甲施工单位向项目监理机构提出申请，要求开工日期推迟 3 天，补偿延期开工造成的实际损失 3 万元。经专业监理工程师审查，情况属实。

事件 2：C 工作是土方开挖工程。土方开挖时遇到了难以预料的暴雨天气，工程出现重大安全事故隐患，可能危及作业人员安全，甲施工单位及时报告了项目监理机构。为处理安全事故隐患，C 工作实际持续时间延长了 12 天。甲施工单位申请顺延工期 12 天、补偿直接经济损失 10 万元。

事件 3：F 工作是主体结构工程，甲施工单位计划采用新的施工工艺，并向项目监理机构报送了具体方案，经审批后组织了实施。结果大大降低了施工成本，但 F 工作实际持续时间延长了 5 天，甲施工单位申请顺延工期 5 天。

事件 4：甲施工单位将设备安装工程（J 工作）分包给乙施工单位，分包合同工期为 56 天。乙施工单位完成设备安装后，单机无负荷试车没有通过，经分析是设备本身出现问题。经设备制造单位修理，第二次试车合格。由此发生的设备拆除、修理、重新安装和重新试车的各项费用分别为 2 万元、5 万元、3 万元和 1 万元，J 工作实际持续时间延长了 24 天。乙施工单位向甲施工单位提出索赔后，甲施工单位遂向项目监理机构提出顺延工期和补偿费用的要求。

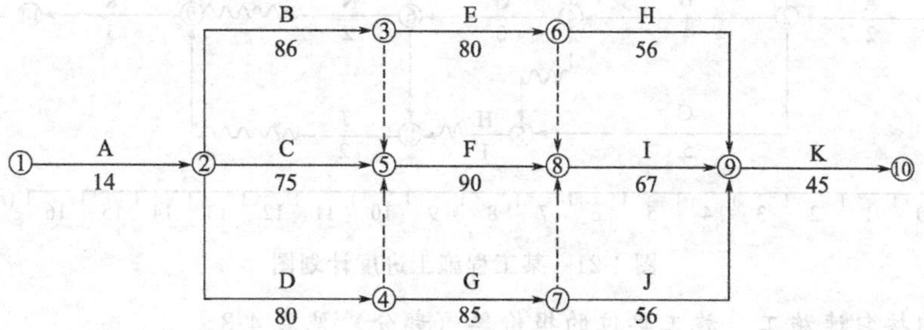

图 4-20 施工总进度计划

问题：

1. 事件 1 中，项目监理机构应如何答复甲施工单位的要求？说明理由。

2. 事件 2 中，收到甲施工单位报告后，项目监理机构应采取什么措施？应要求甲施工单位采取什么措施？对于甲施工单位顺延工期及补偿经济损失的申请如何答复？说明理由。

3. 事件 3 中，项目监理机构应按什么程序审批甲施工单位报送的方案？对甲施工单位的顺延工期申请如何答复？说明理由。

4. 事件 4 中，单机无负荷试车应由谁组织？项目监理机构对于甲施工单位顺延工期和补偿费用的要求如何答复？说明理由。根据分包合同，乙施工单位实际可获得的顺筵工期和补偿费用分别是多少？说明理由。

案例 3

建设单位将一热电厂建设工程项目的土建工程和设备安装工程施工任务分别发包给某土建施工单位和某设备安装单位。经总监理工程师审核批准，土建施工单位又将桩基础施工分包给一专业基础工程公司。

建设单位与土建施工单位和设备安装单位分别签订了施工合同和设备安装合同。在工程延期方面，合同中约定，业主违约一天应补偿承包方 5000 元人民币，承包方违约一天应罚款 5000 元人民币。

该工程所用的桩是钢筋混凝土预制桩，共计 1200 根。预制桩由建设单位供应。

按施工总进度计划的安排，规定桩基础施工应从 5 月 10 日开工至 5 月 20 日完工。但在施工过程中，由于建设单位供应预制桩不及时，使桩基础施工在 5 月 12 日才开工；5 月 13 日至 5 月 18 日基础工程公司的打桩设备出现故障不能施工；5 月 19 日至 5 月 22 日又出现了属于不可抗力的恶劣天气无法施工。

问题：

1. 在上述工期拖延中，监理工程师应如何处理？

2. 土建施工单位应获得的工期补偿和费用补偿各为多少？

3. 设备安装单位的损失应由谁承担责任，应补偿的工期和费用是多少？

4. 施工单位向建设单位索赔的程序如何？

案例 4

某工程的施工合同工期为16周，项目监理机构批准的施工进度计划如图4-21所示（时间单位：周）。

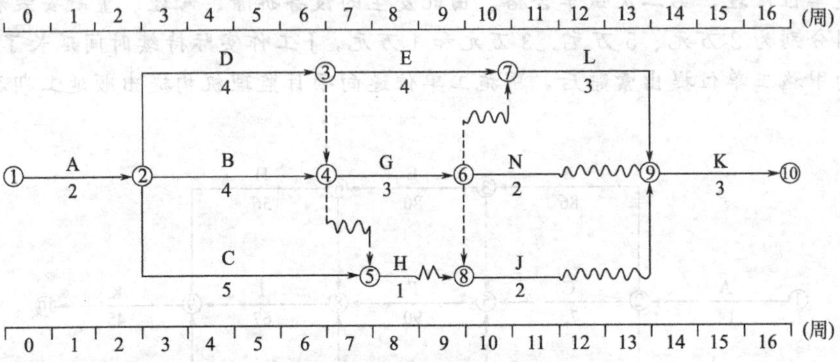

图 4-21　某工程施工进度计划图

各工作均按匀速施工。施工单位的报价单（部分）见表4-3。

表 4-3　施工单位的报价单（部分）

序号	工作名称	估算工程量	全费用综合单价/(元/m³)	合价/万元
1	A	800m³	300	24
2	B	1200m³	320	38.4
3	C	20次	—	—
4	D	1600m³	280	44.8

工程施工到第4周末时进行进度检查，发现如下事件：

事件1：A工作已经完成，但由于设计图纸局部修改，实际完成的工程量为840m³，工作持续时间未变。

事件2：B工作施工时，遇到异常恶劣的气候，造成施工单位的施工机械损坏和施工人员窝工，损失1万元，实际只完成估算工程量的25%。

事件3：C工作为检验检测配合工作，只完成了估算工程量的20%，施工单位实际发生检验检测配合工作费用5000元。

事件4：施工中发现地下文物，导致D工作尚未开始，造成施工单位自有设备闲置4个台班，台班单价为300元/台班、折旧费为100元/台班。施工单位进行文物现场保护费用为1200元。

问题：

1. 根据第4周末的检查结果，在图4-21上绘制实际进度前锋线，逐项分析B、C、D三项工作的实际进度对工期的影响，并说明理由。

2. 若施工单位在第4周末就B、C、D出现的进度偏差提出工程延期的要求，项目监理机构应批准工程延期多长时间？为什么？

3. 施工单位是否可以就事件 2、4 提出费用索赔？为什么？可以获得的索赔费用为多少？

4. 事件 3 中 C 工作发生的费用如何结算？

5. 前 4 周施工单位可以得到的结算款为多少元？

Chapter 05

第5章

建设工程投资控制

5.1 建设工程投资概述

5.1.1 建设工程项目投资

（1）建设工程项目总投资

建设工程项目总投资是为完成工程项目建设并达到使用要求或生产条件，在建设期内预计或实际投入的全部费用总和。生产性建设工程总投资包括建设工程投资加铺底流动资金。非生产性建设工程总投资等于建设工程投资。

建设工程投资由设备及工器具购置费用、建筑安装工程费用、工程建设其他费用、预备费（包括基本预备费和涨价预备费）、建设期利息、固定资产投资方向调节税（目前暂停征收）组成。

建设工程投资包括静态投资和动态投资。静态投资包括建筑安装工程费（直接工程费、间接费、利润、税金）、设备及工器具购置费、建设工程其他费、基本预备费。动态投资包括建设期利息、涨价预备费、固定资产投资方向调节税。

流动资金指生产经营性项目投产后，为正常生产运营，用于购买材料、燃料、支付工资及其他经营费用所需的周转资金。

（2）我国现行建设工程投资构成

我国现行建设工程投资构成如图 5-1 所示，建筑安装工程费用构成如图 5-2 所示。

5.1.2 建设工程投资控制

（1）概念

建设工程投资控制就是在投资决策、设计、发包、施工、竣工验收等阶段，把发生的建

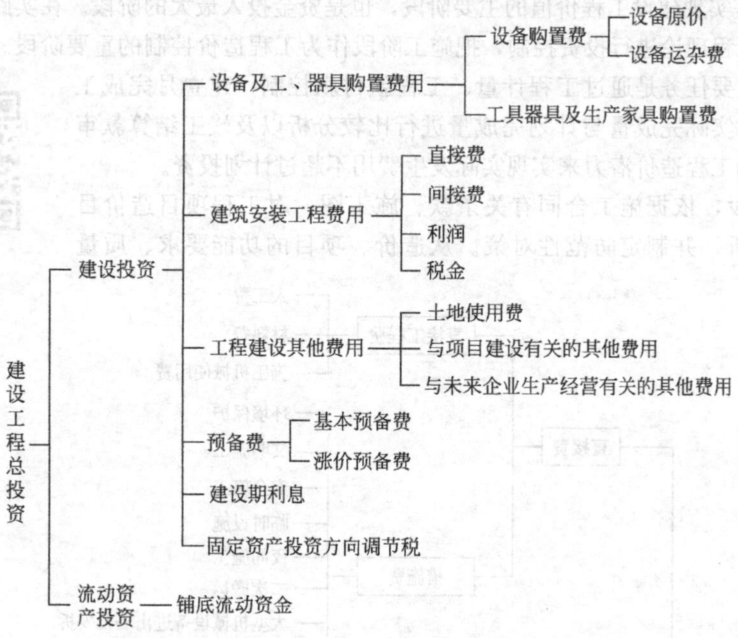

图 5-1 建设工程总投资构成

设投资控制在批准的投资限额以内，随时纠正可能的偏差，以保证投资控制目标的实现。进而，通过动态的、全方位的、全过程的主动控制，合理地使用人力、物力、财力，取得较好的投资效益和社会效益。投资控制原理图如图 5-3 所示。

（2）建设工程投资控制的目标

工程项目建设过程是一个周期长、投入大的生产过程。在工程建设各个阶段应设置不同的投资控制目标。在工程建设伊始，只能设置一个大致的投资控制目标，既投资估算。投资估算是建设工程设计方案选择和进行初步设计的投资控制目标；设计概算是进行技术设计和施工设计的投资控制目标；施工图预算或建安工程承包合同价则应是施工阶段控制的目标。有机联系的各个阶段目标是一个“渐进明细”的过程，相互制约，相互补充，前者控制后者，后者补充前者，共同组成建设工程投资控制的目标系统。建设工程投资确定示意图如图 5-4 所示。

（3）建设工程投资控制的重点

投资控制贯穿于项目建设的全过程，这一点是毫无疑义的；但是必须重点突出。图 5-5 描述的是不同建设阶段影响投资程度的坐标图。从该图可看出，影响项目投资最大的阶段，是约占工程项目建设周期 1/4 的技术设计结束前的工作阶段。在初步设计阶段，影响项目投资的可能性为 75%～95%；在技术设计阶段，影响项目投资的可能性为 35%～75%；在施工图设计阶段，影响项目投资的可能性则为 5%～35%。很显然，项目投资控制的重点在于施工以前的投资决策和设计阶段，而在项目做出投资决策后，控制项自投资的关键就在于设计。据西方一些国家分析，设计费一般只相当于建设工程全寿命费用的 1%以下，但正是这少于 1%的费用却基本决定了几乎全部随后的费用。

（4）施工阶段投资控制的主要任务

施工阶段是实现建设工程价值的主要阶段，也是资金投入最大的阶段。在实践中，监理工程师应采用价值工程理论进行投资控制，把施工阶段作为工程造价控制的重要阶段。在施工阶段工程造价控制的主要任务是通过工程计量、工程款付款控制；建立月完成工程量统计表，对实际完成量与计划完成量进行比较分析以及竣工结算款审核等，挖掘节约工程造价潜力来实现实际发生费用不超过计划投资。

价值工程

在施工阶段，依据施工合同有关条款、施工图、对工程项目造价目标进行风险分析，并制定防范性对策。从造价、项目的功能要求、质量

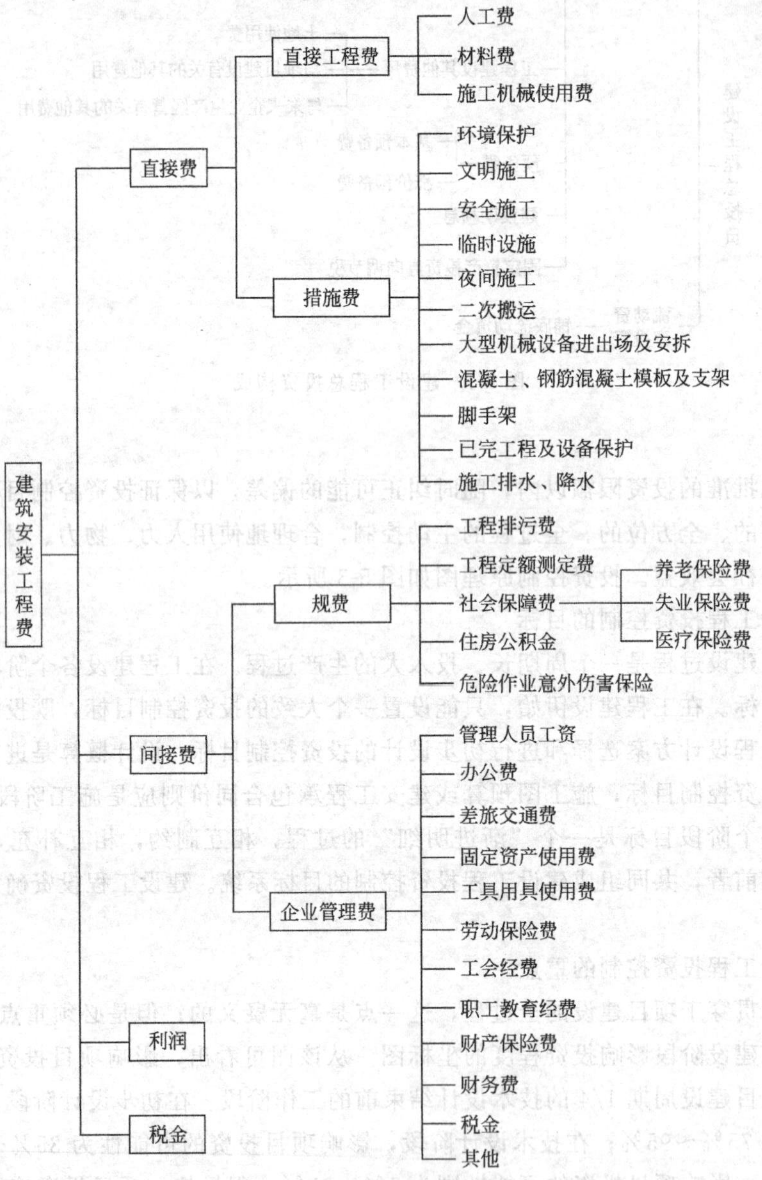

图 5-2　建筑安装工程费用构成

和工期方面审查工程变更的方案，并在工程变更实施前与建设单位、承包单位协商确定工程变更的价款。按施工合同约定的工程量计算规则和支付条款进行工程量计算和工程款支付。建立月完成工程量和工作量统计表，对实际完成量与计划完成量进行比较、分析，制定调整措施。收集、整理有关的施工和监理资料，为处理费用索赔提供证据。按施工合同的有关规

定进行竣工结算，对竣工结算的价款总额与建设单位和承包单位进行协商。

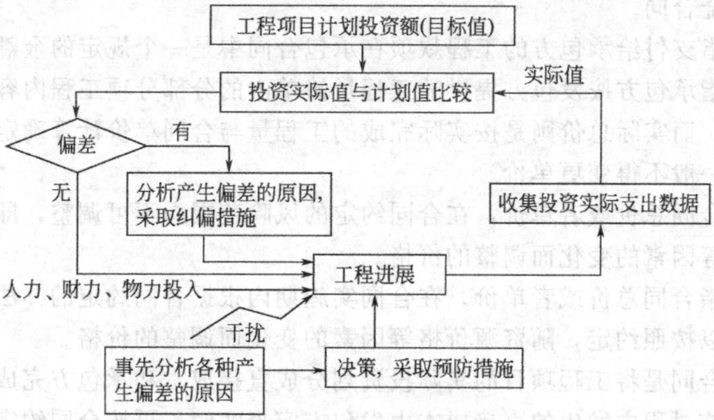

图 5-3　投资控制原理图

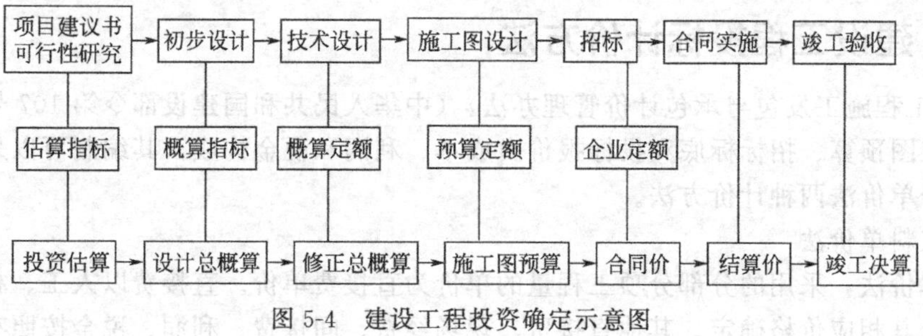

图 5-4　建设工程投资确定示意图

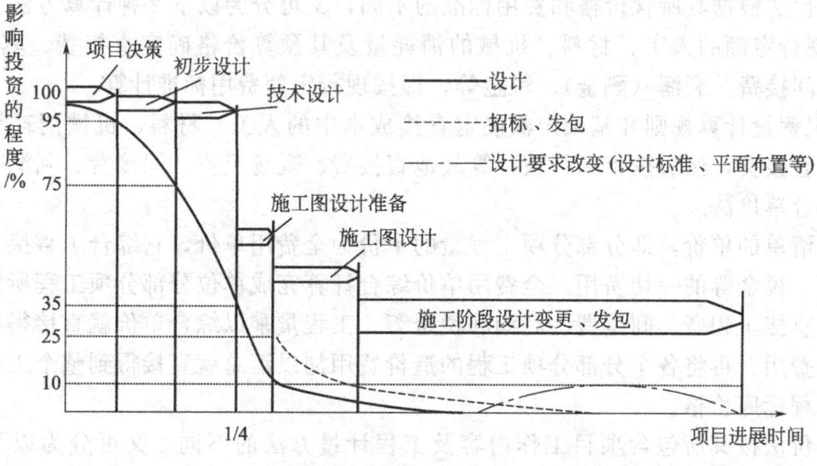

图 5-5　不同建设阶段影响投资程度坐标图

5.2　建设工程承包计价

5.2.1　建设工程承包合同价格

《建设工程施工发包与承包计价管理办法》规定，合同价可采用固定价、可调价和成本加酬金三种方式。建设工程承包合同的计价方式按国际通行做法，又可分为总价合同、单价合同和成本加酬金合同。

总价合同是指支付给承包方的工程款项在承包合同中是一个规定的金额，即总价。

单价合同是指承包方按发包方提供的工程量清单内的分部分项工程内容填报单价，并据此签订承包合同，而实际总价则是按实际完成的工程量与合同单价计算确定，合同履行过程中无特殊情况，一般不得变更单价。

固定价是指合同总价或者单价，在合同约定的风险范围内不可调整，即在合同的实施期间不因资源价格等因素的变化而调整的价格。

可调价，是指合同总价或者单价，在合同实施期内根据合同约定的办法调整，即在合同的实施过程中可以按照约定，随资源价格等因素的变化而调整的价格。

成本加酬金合同是将工程项目的实际投资划分成直接成本和承包方完成工作后应得酬金两部分。工程实施过程中发生的直接成本由发包方实报实销，再按合同约定的方式另外支付给承包方相应报酬。

5.2.2 建设工程投标计价方法

《建筑工程施工发包与承包计价管理办法》（中华人民共和国建设部令第107号）第五条规定：施工图预算、招标标底和投标报价由成本、利润和税金构成，其编制可以采用工料单价法和综合单价法两种计价方法。

(1) 工料单价法

工料单价法，采用的分部分项工程量的单价为直接费单价。直接费以人工、材料、机械的消耗量及其相应价格确定。其他直接费、现场经费、间接费、利润、税金按照有关规定另行计算。

工料单价法根据其所含价格和费用标准的不同，又可分为以下2种计算方法。

1) 按现行定额的人工、材料、机械的消耗量及其预算价格确定直接费、其他直接费、现场经费、间接费、利润（酬金）、税金等，即按现行定额费用标准计算。

2) 按工程量计算规则和基础定额确定直接成本中的人工、材料、机械消耗量，再按市场价格计算直接费，然后按市场行情计算其他直接费、现场经费、间接费、利润、税金。

(2) 综合单价法

工程量清单的单价，即分部分项工程量的单价为全费用单价，它综合了直接工程费、间接费、利润、税金等的一切费用。全费用单价综合计算完成单位分部分项工程所发生的所有费用，包括直接工程费、间接费、利润和税金等。工程量乘以综合单价就直接得到分部分项工程的造价费用，再将各个分部分项工程的造价费用加以汇总就直接得到整个工程的总建造费用，即工程标底价格。

综合单价法按其所包含项目工作内容及工程计量方法的不同，又可分为以下3种表达形式。

1) 参照现行预算定额（或基础定额）对应子目所约定的工作内容、计算规则进行报价。

2) 按招标文件约定的工程量计算规则，以及按技术规范规定的每一分部分项工程所包括的工作内容进行报价。

3) 由投标者依据招标图纸、技术规范，按其计价习惯，自主报价，即工程量的计算方法、投标价的确定均由投标者根据自身情况决定。

一般情况下，综合单价法比工料单价法能更好地控制工程价格，使工程价格接近市场行情，有利于竞争，同时也有利于降低建设工程投资。

5.2.3　施工图预算审查

施工图预算审查的重点是工程量计算是否准确，定额套用、各项收费标准是否符合现行规定或单价计算是否合理等方面。审查的具体内容如下。

(1) 审查工程量

是否按照规定的工程量计算规则计算工程量，编制预算时是否考虑到了施工方案对工程量的影响，定额中要求扣除项或合并项是否按规定执行，工程计量单位的设定是否与要求的计量单位一致。

(2) 审查单价

套用预算单价时，各分部分项工程的名称、规格、计量单位和所包括的工程内容是否与定额一致，有单价换算时，换算的分项工程是否符合定额规定及换算是否正确。

采用实物法编制预算时，资源单价是否反映了市场供需状况和市场趋势。

(3) 审查其他的有关费用

采用预算单价法计算造价时，审查的主要内容有：是否按本项目的性质计取费用，有无高套取费标准；间接费的计取基础是否符合规定；利润和税金的计取基础和费率是否符合规定，有无多算或重算。

5.3　施工阶段投资控制实务

监理工程师在施工阶段进行投资控制的基本原理是把计划投资额作为投资控制的目标值，在工程施工过程中定期地进行投资实际值与目标值的比较，通过比较发现并找出实际支出额与投资控制目标值之间的偏差，分析产生偏差的原因，并采取有效措施加以控制，以保证投资控制目标的实现。

5.3.1　施工阶段投资控制的措施

众所周知，建设工程的投资主要发生在施工阶段，在这一阶段需要投入大量的人力、物力、资金等，是工程项目建设费用消耗最多的时期，浪费投资的可能性比较大。因此，精心地组织施工，挖掘各方面潜力，节约资源消耗，仍可以收到节约投资的明显效果。对施工阶段的投资控制应给予足够的重视，仅仅靠控制工程款的支付是不够的，应从组织、经济、技术、合同等多方面采取措施来控制投资。

(1) 组织措施

1) 在项目管理班子中落实从投资控制角度进行施工跟踪的人员、任务分工和职能分工。

2) 编制本阶段投资控制工作计划和详细的工作流程图。

(2) 经济措施

1) 编制资金使用计划，确定、分解投资控制目标。对工程项目造价目标进行风险分析，并制定防范性对策。

2) 进行工程计量。

3) 复核工程付款账单，签发付款证书。

4) 在施工过程中进行投资跟踪控制，定期地进行投资实际支出值与计划目标值的比较；发现偏差，分析产生偏差的原因，采取纠偏措施。

5) 协商确定工程变更的价款。审核竣工结算。

6) 对工程施工过程中的投资支出作好分析与预测，经常或定期向建设单位提交项目投资控制及其存在问题的报告。

(3) 技术措施

1) 对设计变更进行技术经济比较，严格控制设计变更。

2) 继续寻找通过设计挖潜节约投资的可能性。

3) 审核承包商编制的施工组织设计，对主要施工方案进行技术经济分析。

(4) 合同措施

1) 做好工程施工记录，保存各种文件图纸，特别是注有实际施工变更情况的图纸，注意积累素材，为正确处理可能发生的索赔提供依据。参与处理索赔事宜。

2) 参与合同修改、补充工作，着重考虑它对投资控制的影响。

5.3.2 工程计量实务

工程计量仅计算报验资料齐全、项目监理机构签认合格的工程量、工作量。工程计量须依据施工图纸和总监签认的工程变更单，对于超出设计图纸范围和因施工原因造成返工的工程量不得计量；对于监理机构未认可的工程变更和未认可合格的工程也不得计量。

专业监理工程师应及时建立月完成工程量和工作量统计表，对实际完成量与计划完成量进行比较分析，制定调整措施，并在监理月报中向建设单位报告，以便于建设单位建设资金的筹措和合理调度。

工程计量和工程款支付工作程序如下。

1) 承包单位应在施工合同专用条款中约定进度款支付期间（专用条款没有约定的，支付期间以月为单位）结束后的7天内向专业监理工程师发出《工程款支付申请表》，附由承包单位代表签署的已完工程款额报告、工程款计算书及有关资料，申请开具工程款支付证书。详细说明此支付期间自己认为有权获得的款额（含分包人已完工程的价款），内容包括：已完工程的价款，已实际支付的工程价款，本期间完成工程价款、零星工作项目价款、本期间应支付的安全防护、文明施工措施费、应支付的价款调整费用及各种应扣款项，本期间应支付的工程价款。并抄送建设单位和监理工程师各一份。

2) 专业监理工程师对《工程款支付申请表》及所附资料进行审核、现场计量；当进行现场计量时，应在计量前24小时通知承包单位，承包单位应为计量提供便利条件并派人参加。承包单位收到通知后不派人参加计量，应视为认可计量结果。专业监理工程师不按约定时间通知承包单位，致使承包单位未能派人参加计量，计量结果无效。

3) 专业监理工程师应在收到报告后的14天内核实工程量，并将核实结果通知承包单位、抄报建设单位，作为工程计价和工程款支付的依据。专业监理工程师在收到报告后的14天内，未进行计量或未向承包单位通知计量结果的，从第15天起，承包单位报告中开列的工程量即视为被确认，作为工程计价和工程款支付的依据。

4) 如果承包单位认为专业监理工程师的计量结果有误，应在收到计量结果通知后的7天内向专业监理工程师提出书面意见，并附上其认为正确的计量结果和详细的计算过程等资料。专业监理工程师收到书面意见后，应立即会同承包单位对计量结果进行复核，并在签发支付证书前确定计量结果，同时通知承包单位、抄报建设单位。承包单位对复核计量结果仍有异议或建设单位对计量结果有异议的，按照合同争议规定处理。

5) 总监理工程师在收到报告后的28天内报建设单位确认后向建设单位发出期中支付证书，同时抄送承包单位。如果该支付期间应支付金额少于专用条款约定的期中支付证书的最低限额时，则不必按本款开具任何支付证书，但应通知建设单位和承包单位。上述款额转期结算，直到累计应支付的款额达到专用条款约定的期中支付证书的最低限额为止。如果总监理工程师未在规定的期限内签发期中支付证书，也未按规定通知建设单位和承包单位未达到最低限额的，则应视为承包单位的支付申请已被认可，承包单位可向建设单位发出要求付款的通知。建设单位应在收到通知后的 14 天内，按承包单位申请支付的金额支付进度款。

6）建设单位应在总监理工程师签发期中支付证书后的 14 天内按期中支付证书向承包单位支付进度款，并通知总监理工程师。

7）总监理工程师有权在期中支付证书中修正以前签发的任何支付证书。如果合同工程或其任何部分证明没有达到质量要求，总监理工程师有权在任何期中支付证书中扣除该项价款。

5.3.3　工程变更实务

工程变更是指在项目施工过程中，由于种种原因发生了事先没有预料到的情况，使得工程施工的实际条件与规划条件出现较大差异，需要采取一定措施作相应处理。工程变更常常涉及额外费用损失的承担责任问题，因此进行项目成本控制必须能够识别各种各样的工程变更情况，并且了解发生变更后的相应处理对策，最大限度地减少由于变更带来的损失。

工程变更主要有以下几种情况：施工条件变更、工程内容变更或停工、延长工期或者缩短工期、物价变动、天灾或其他不可抗拒因素。

当工程变更超过合同规定的限度时，常常会对项目的施工成本产生很大的影响，如不进行相应的处理，就会影响企业在该项目上的经济效益。工程变更处理就是要明确各方的责任和经济负担。

（1）项目监理机构处理工程变更的程序

1）设计单位对原设计存在的缺陷提出的工程变更，应编制设计变更文件。建设单位或承包单位提出的工程变更，应提交总监理工程师，由总监理工程师组织专业监理工程师审查。审查同意后，应由建设单位转交原设计单位编制设计变更文件。当工程变更涉及安全、环保等内容时，应按规定经有关部门审定。

2）项目监理机构应了解实际情况和收集与工程变更有关的资料。

3）总监理工程师必须根据实际情况、设计变更文件和其他有关资料，按照施工合同的有关条款，在指定专业监理工程师完成下列工作后，对工程变更的费用和工期作出评估：

① 确定工程变更项目与原工程项目之间的类似程度和难易程度；

② 确定工程变更项目的工程量；

③ 确定工程变更的单价或总价。

4）总监理工程师应就工程变更费用及工期的评估情况及承包单位和建设单位进行协调。

5）总监理工程师签发工程变更单。

6）项目监理机构应根据工程变更单监督承包单位实施。

（2）项目监理机构处理工程变更的要求

1）项目监理机构在工程变更的质量、费用和工期方面取得建设单位授权后，总监理工程师应按施工合同规定与承包单位进行协商，经协商达成一致后，总监理工程师应将协商结果向建设单位通报，并由建设单位与承包单位在变更文件上签字。

2）在项目监理机构未能就工程变更的质量、费用和工期方面取得建设单位授权时，总监理工程师应协助建设单位和承包单位进行协商，并达成一致。

3）在建设单位和承包单位未能就工程变更的费用等方面达成协议时，项目监理机构应提出一个暂定的价格，作为临时支付工程进度款的依据。该项工程款最终结算时，应以建设单位和承包单位达成的协议为依据。

此外，在总监理工程师签发工程变更单之前，承包单位不得实施工程变更。未经总监理工程师审查同意而实施的工程变更，项目监理机构不得予以计量。

(3) 工程变更价款的确定

1) 工程变更价款的确定方法

① 合同中已有适用于变更工程的价格，按合同已有的价格计处，变更合同价款。

② 合同中只有类似于变更工程的价格，可以参照此价格确定变更价格，变更合同价款。

③ 合同中没有适用或类似于变更工程的价格，由承包单位提出适当的变更价格，经工程师确认后执行。

2) 工程变更导致合同价款的增减，可按下列规定对价款进行调整

① 专用条款中没有约定，工程变更引起的数量变化幅度在±10%以内时，其综合单价不变，措施项目费按比例调整；当变更引起的数量变化幅度超过10%时，增加10%以外的数量或减少后剩余的数量所对应的综合单价及措施项目费由承包单位重新提出。

② 由承包单位重新提出的综合单价及措施项自费依据现行的计价依据计算，投标人自主确定的人工单价、材料单价、机械单价、费率等按承包单位投标时的数值；没有可参照的数值时，按当时各地工程造价管理机构发布的造价信息、计价方法确定。

③ 承包单位重新提出的增加10%以外的数量或减少后剩余的数量（小于90%）所对应的综合单价及措施项目费。对于减少后剩余该清单项目的合价不得大于原合价的90%，对于增加10%以外的数量所对应的综合单价及措施项目费单价不得大于原综合单价及措施项目费单价。

5.3.4 索赔控制实务

(1) 索赔概念

索赔是工程承包合同履行中，当事人一方因对方不履行或不完全履行既定的义务，或者由于对方的行为使权利人受到损失时，要求对方补偿损失的权利。索赔是工程承包中经常发生并随处可见的正常现象。由于施工现场条件、气候条件的变化，施工进度的变化，以及合同条款、规范、标准文件和施工图纸的变更、差异、延误等因素的影响，使得工程承包中不可避免地出现索赔，进而导致项目的投资发生变化。因此索赔的控制将是建设工程施工阶段投资控制的重要手段。承包商可以向业主进行索赔，业主也可以向承包商进行索赔（一般称反索赔)。

(2) 索赔的处理

1) 项目监理机构审核费用索赔的依据：

① 国家有关的法律、法规和省、市有关地方法规；

② 本工程的施工合同文本；

③ 国家、部门和地方有关的标准、规范和定额；

④ 施工合同履行过程中与索赔事件有关的凭证。

2) 由于建设单位未能按合同约定履行自己的各项义务或发生错误以及应由建设单位承担责任的其他情况，造成工期延误及施工单位经济损失的，施工单位可向建设单位提出索赔，施工单位未能按合同约定履行自己的各项义务或发生错误，给建设单位造成经济损失的，建设单位也可向施工单位提出索赔。

3) 项目监理机构收到《费用索赔报审表》及有关索赔证明材料后，应审查其索赔理由，同时满足下列条件时才予以受理：

① 索赔事件给本单位造成了直接经济损失；

② 索赔事件是由对方的责任发生的或应由对方承担的责任；

③ 索赔申请按施工合同规定的期限和程序提出费用索赔申请表，并附有索赔凭证材料（事件发生后28天内提交申请表及有关材料，若事件持续进行时，应阶段性向监理机构发出索赔意见，事件终了28天内提交索赔申请表及有关材料）。

4）确定受理的索赔申请表，总监理工程师应指定专业监理工程师，根据申报凭证材料、监理机构掌握的事实情况对索赔事件的经济损失、工程延期进行计算，以核实申请表中的计算方法、结果是否有误。

5）总监理工程师综合各种因素，初步确定一个额度，然后与施工单位、建设单位进行协商。

6）从项目监理机构收到索赔申请表之日起，28天内总监理工程师要签发《费用索赔报审表》，送达施工单位和建设单位。

其他索赔管理的相关知识，详见本书第6章内容。

5.3.5 工程结算实务

5.3.5.1 工程价款的主要结算方式

按现行规定，工程价款结算可以根据不同情况采取多种方式。

1）按月结算。即先预付工程备料款，在施工过程中按月结算工程进度款，竣工后进行竣工结算。我国现行建筑安装工程价款结算中，相当一部分是实行这种按月结算方式。

2）竣工后一次结算。建设项目或单项工程全部建筑安装工程建设期在12个月以内，或者工程承包合同价值在100万元以下的，可以实行工程价款每月月中预支，竣工后一次结算。

3）按付款计划结算（分段结算）。即承包人以合同协议书约定的合同价格为基础，按照专用条款约定付款期数、金额、完成的计划工程量等向发包人或监理人提交当期付款申请，发包人按付款计划进行付款的方式对于当年开工，当年不能竣工的单项工程或单位工程，可以在合同的专用条款中约定按照工程形象进度，划分不同阶段进行结算。分段结算可以按月预支工程款。

实行竣工后一次结算和分段结算的工程，当年结算的工程款应与分年度的工作量一致，年终不另清算。

4）结算双方约定的其他结算方式。

5.3.5.2 工程预付款控制

工程预付款是建设工程施工合同订立后由发包人按照合同约定，在正式开工前预先支付给承包人的工程款。它是施工准备和所需要材料、结构件等流动资金的主要来源，国内习惯上又称为预付备料款。预付工程款的具体事宜由发承包双方根据建设行政主管部门的规定，结合工程款、建设工期和包工包料情况在合同中约定。《建设工程施工合同（示范文本）》中，有关工程预付款作了如下约定：“实行工程预付款的，双方应当在专用条款内约定发包人向承包人预付工程款的时间和数额，开工后按约定的时间和比例逐次扣回。预付时间应不迟于约定的开工日期前7天。发包人不按约定预付，承包人在约定预付时间7天后向发包人发出要求预付的通知，发包人收到通知后仍不能按要求预付，承包人可在发出通知后7天停止施工，发包人应从约定应付之日起向承包人支付应付款的贷款利息，并承担违约责任。”

工程预付款额度，各地区、各部门的规定不完全相同，主要是保证施工所需材料和构件的正常储备。一般是根据施工工期、建安工作量、主要材料和构件费用占建安工作量的比例以及材料储备周期等因素经测算来确定。

工程预付款一般计算公式：

$$工程预付款数额=\frac{工程总价\times 材料比重(\%)}{年度施工天数}\times 材料储备定额天数 \quad (5\text{-}1)$$

$$工程预付款比率=\frac{工程预付款数额}{工程总价}\times 100\% \quad (5\text{-}2)$$

其中，年度施工天数按 365 天日历天计算；材料储备定额天数由当地材料供应的在途天数、加工天数、整理天数、供应间隔天数、保险天数等因素决定。

发包人支付给承包人的工程预付款其性质是预支。随着工程进度的推进，拨付的工程进度款数额不断增加，工程所需主要材料、构件的用量逐渐减少，原已支付的预付款应以抵扣的方式予以陆续扣回。扣款的方法有：

1）由发包人和承包人通过洽商用合同的形式予以确定，采用等比率或等额扣款的方式。也可针对工程实际情况具体处理，如有些工程工期较短、造价较低，就无须分期扣还；有些工期较长，如跨年度工程，其备料款的占用时间很长，根据需要可以少扣或不扣。

2）从未施工工程尚需的主要材料及构件的价值相当于工程预付款数额时扣起，从每次中间结算工程价款中，按材料及构件比重扣抵工程价款，至竣工之前全部扣清。因此确定起扣点是工程预付款起扣的关键。

确定工程预付款起扣点的依据是：未完施工工程所需主要材料和构件的费用，等于工程预付款的数额。

工程预付款起扣点可按式（5-3）计算：

$$T=P-M/N \quad (5\text{-}3)$$

式中 T——起扣点，即工程预付款开始扣回的累计完成工程金额；

P——承包工程合同总额；

M——工程预付款数额；

N——主要材料，构件所占比重。

【例 5-1】 某工程合同总额 200 万元，工程预付款为 24 万元，主要材料、构件所占比重为 60%，问：起扣点为多少万元？

【解】 按起扣点计算公式：

$$T=P-M/N=200-24/60\%=160(万元)$$

则当工程完成 160 万元时起扣。

5.3.5.3 工程进度款控制

(1) 工程进度款的计算

《建设工程施工合同（示范文本）》关于工程款的支付也作出了相应的约定："在确认计量结果后 14 天内，发包人应向承包人支付工程款（进度款）"。"发包人超过约定的支付时间不支付工程款（进度款），承包人可向发包人发出要求付款的通知，发包人接到承包人通知后仍不能按要求付款，可与承包人协商签订延期付款协议，经承包人同意后可延期支付。协议应明确延期支付的时间和从计量结果确认后第 15 天起计算应付款的贷款利息"。"发包人不按合同约定支付工程款（进度款），双方又未达成延期付款协议，导致施工无法进行，承包人可停止施工，由发包人承担违约责任"。

工程进度款的计算，主要涉及两个方面：一是工程量的计量；二是单价的计算方法。

(2) 工程进度款的支付

工程进度款的支付，一般按当月实际完成工程量进行结算，工程竣工后办理竣工结算。在工程竣工前，承包人收取的工程预付款和进度款的总额一般不超过合同总额（包括工程合同签订后经发包人签证认可的增减工程款）的95%，其余5%尾款，在工程竣工结算时除保修金外一并清算。

5.3.5.4　竣工结算控制

工程竣工验收报告经发包人认可后28天内，承包人向发包人递交竣工结算报告及完整的结算资料，双方按照协议书约定的合同价款及专用条款约定的合同价款调整内容，进行工程竣工结算。专业监理工程师审核承包人报送的竣工结算报表；总监理工程师审定竣工结算报表；与发包人、承包人协商一致后，签发竣工结算文件和最终的工程款支付证书。

发包人收到承包人递交的竣工结算报告结算资料后28天内进行核实，给予确认或者提出修改意见。发包人确认竣工结算报告后通知经办银行向承包人支付竣工结算价款。承包人收到竣工结算价款后14天内将竣工工程交付发包人。

工程竣工结算

发包人收到竣工结算报告及结算资料后28天内无正当理由不支付工程竣工结算价款，从第29天起按承包人同期向银行贷款利率支付拖欠工程价款的利息，并承担违约责任。

发包人收到竣工结算报告及结算资料后28天内无正当理由不支付工程竣工结算价款，承包人可以催告发包人支付结算价款。发包人在收到竣工结算报告及结算资料后56天内仍不支付的，承包人可以与发包人协议将该工程折价，也可以由承包人申请法院将该工程依法拍卖，承包人就该工程折价或者拍卖的价款优先受偿。

工程竣工验收报告经发包人认可后28天内，承包人未能向发包人递交竣工结算报告及完整的结算资料，造成工程竣工结算不能正常进行或工程竣工结算价款不能及时支付，发包人要求交付工程的，承包人应当交付；发包人不要求交付工程的，承包人承担保管责任。

5.3.5.5　工程保留金控制

根据《建设工程质量保证金管理办法》（建质［2016］295）的规定，建设工程质量保证金（以下简称保证金）是指发包人与承包人在建设工程承包合同中约定，从应付的工程款中预留，用以保证承包人在缺陷责任期内对建设工程出现的缺陷进行维修的资金。

发包人应按照合同约定方式预留质量保证金，质量保证金总预留比例不得高于工程价款结算总额的3%。合同约定由承包人以银行保函替代预留质量保证金的，保函金额不得高于工程价款结算总额的3%。在工程项目竣工前，已经缴纳履约保证金的，发包人不得同时预留工程质量保证金。采用工程质量保证担保、工程质量保险等其他方式的，发包人不得再预留质量保证金。

缺陷责任期一般为6个月、12个月或34个月，具体可由发包、承包双方在合同中约定。

缺陷责任期内，由承包人原因造成的缺陷，承包人应负责维修，并承担鉴定及维修费用。如承包人不维修也不承担费用，发包人可按合同约定从质量保证金或银行保函中扣除，费用超出质量保证金额的，发包人可按合同约定向承包人进行索赔。承包人维修并承担相应费用后，不免除对工程的损失赔偿责任。由他人及不可抗力原因造成的缺陷，发包人负责组织维修，承包人不承担费用，且发包人不得从质量保证金中扣除费用。发承包双方就缺陷责任有争议时，可以请有资质的单位进行鉴定，责任方承担鉴定费用并承担维修费用。

缺陷责任期内，承包人认真履行合同约定的责任，到期后，承包人向发包人申请返还质量保证金。发包人在接到承包人返还质量保证金申请后，应于14天内会同承包人按照合同约定的内容进行核实。如无异议，发包人应当按照约定将质量保证金返还给承包人。对返还期限没约定或者约定不明确的，发包人应当在核实后14天内将质量保证金返还承包人，逾期未返还的，依法承担违约责任。发包人在接到承包人返还质量保证金申请后14天内不予答复，经催告后14天内仍不予答复，视同认可承包人的返还保证金申请。

【例5-2】 背景：某施工单位承包某内资工程项目，甲、乙双方签定的关于工程价款的合同内容有：

1. 建筑安装工程造价660万元，建筑材料及设备费占施工产值的比重为60%；

2. 预付工程款为建筑安装工程造价的20%，工程实施后，预付工程款从未施工工程尚需的主要材料及购件的价值相当于工程款数额时起扣；

3. 工程进度款逐月计算；

4. 工程保修金为建筑安装工程造价的3%，竣工结算月一次扣留；

5. 材料价差调整按规定进行（按有关规定上半年材料价差上调10%，在6月份一次调增）。

工程每月实际完成产值如表5-1所示。

表5-1 每月实际完成产值 单位：万元

月份	二	三	四	五	六
完成产值	55	110	165	220	110

问题：

1. 该工程的预付工程款、起扣点为多少？

2. 该工程2月至5月每月拨付工程款为多少？累计工程款为多少？

3.6月份办理工程竣工结算，该工程结算造价为多少？甲方应付工程结算款为多少？

4. 该工程在保修期间发生屋面漏水，甲方多次催促乙方修理，乙方一再拖延，最后甲方另请施工单位修理，修理费1.5万元，该项费用如何处理？

【分析要点】 本案例主要考核工程结算方式，按月结算工程款的计算方法，工程预付工程款和起扣点的计算等；要求针对本案例对工程结算方式、工程预付工程款和起扣点的计算、按月结算工程款的计算方法和工程竣工结算等内容进行全面、系统地学习掌握。

【解】

1. 预付工程款：660万元×20%=132万元

起扣点：660万元−132万元/60%=440万元

2. 各月拨付工程款为：

2月：工程款55万元，累计工程款55万元

3月：工程款110万元，累计工程款165万元

4月：工程款165万元，累计工程款330万元

5月：工程款220万元−(220万元+330万元−440万元)×60%=154万元

累计工程款484万元

3. 工程结算总造价为：660万元+660万元×0.6×10%=699.6万元

甲方应付工程结算款：699.6万元−484万元−(699.6万元×3%)−132万元=62.612万元

或：110+660×60%×10%−699.6×3%−110×60%=62.612万元

4. 1.5万元维修费应从乙方(承包方)的保修金中扣除。

【习题与案例】

一、单项选择题

1. 下列费用中，属于建设工程动态投资的是（ ）。

A. 基本预备费 B. 涨价预备费 C. 工程建设其他费 D. 设备及工（器）具购置费

2. 建设项目投资决策后，投资控制的关键阶段是（ ）。

A. 设计阶段　B. 施工招标阶段　C. 施工阶段　D. 竣工阶段

3. 某工程，直接工程费为500万元，以直接费为基础计算建筑安装工程费，其中，措施费为直接工程费的5%，间接费费率为10%，利润率为4%，综合计税系数为3.41%，该工程的建筑安装工程含税造价为（ ）万元。

A. 612.05　B. 616.40　C. 618.91　D. 621.08

4. 采用工程量清单方式招标时，由（ ）负责工程量清单准确性和完整性。

A. 招标人　B. 投标人　C. 评标委员会　D. 项目业主

5. 我国实行的工程量清单计价所采用的综合单价中不包括（ ）。

A. 直接工程费　B. 企业管理费　C. 利润　D. 税金

6. 拟建工程与在建工程采用同一施工图编制预算，但两者的基础部分和现场施工条件部分存在不同。对于相同部分的施工图预算审查，应优先采用的审查方法是（ ）。

A. 标准预算审查法　B. 分组计算审查法　C. 对比审查法　D. "筛选"审查法

7. 招标控制价是招标人根据政府主管部门发布的有关计价依据和办法，按（ ）计算的对招标工程限定的最高工程造价。

A. 概算指标　B. 施工图样　C. 估算指标　D. 基础定额

8. 下列关于竣工决算的说法中，正确的是（ ）。

A. 竣工决算反映了承包方承包建筑工程的全部费用

B. 竣工决算是承包方与业主办理工程价款最终结算的依据

C、竣工决算是业主办理交付使用、核定各类新增资产价值的依据

D. 竣工决算是双方签订的建筑安装工程承包合同终结的凭证

9. 初步设计阶段投资控制的目标应不超过（ ）。

A. 投资估算　B. 设计总概算　C. 修正总概算　D. 施工图预算

10. 根据《建设工程工程量清单计价规范》，分部分项工程量应按施工图（ ）计算。

A. 图示尺寸并考虑施工误差　B. 图示尺寸并结合施工方案

C. 标示的工程实体净值　D. 标示的尺寸加不可避免的损耗量

11. 当实际工程量与报价工程量没有实质性差异时，由承包方承担工程量变动风险的合同是（ ）。

A. 估算工程量单价合同　B. 固定总价合同

C. 纯单价合同　D. 成本加酬金合同

12. 某项目，合同履行过程中，由于法规变更，导致承包商成本增加。下列关于承包商补偿的说法中，正确的是（ ）。

A. 业主应给予承包商补偿

B. 业主不给予承包商补偿

C. 竣工结算时，承包商与业主协商是否补偿

D. 通过仲裁决定是否给予承包商补偿

13. 下列关于竣工结算的说法中，错误的是（ ）。

A. 发包人应在收到竣工结算报告及结算资料后28天内进行核实，给予确认或提出修改意见

B. 承包人收到竣工结算价款后7天内将竣工工程交付发包人

C. 发包人确认竣工结算报告后向承包人支付竣工结算价款

D. 发包人收到竣工结算报告及结算资料56天后不支付竣工结算价款的，承包人可向人

民法院申请拍卖该工程，并从拍卖的价款中优先受偿

14. 编制工程竣工决算的单位及其部门是（　　）。

A. 承包商单位的预算部门　　B. 业主单位的预算部门

C. 承包商单位的财务部门　　D. 业主单位的财务部门

15. 下列费用中，属于生产准备费的是（　　）。

A. 试运转所需的原料费　　B. 生产职工培训费

C. 办公家具购置费　　D. 生产家具购置费

16. 由于业主的原因导致承包商租赁的设备窝工，该窝工费应按照（　　）计算。

A. 台班费　　B. 台班折旧费　　C. 实际租金　　D. 设备使用费

17. 对建设项目环境管理提出的“三同时”要求，是指环境治理设施与项目主体工程必须（　　）。

A. 同时开工、同时竣工、同时投产使用　B. 同时设计、同时施工、同时投产使用

C. 同时开工、同时竣工、同时验收　　D. 同时设计、同时开工、同时验收

18. 某土石方工程，施工承包采用固定总价合同形式，根据地质资料、设计文件估算的工程量为17000m^3，在机械施工过程中，由于局部超挖、边坡垮塌等原因，实际工程量为18000m^3；基础施工前，业主对基础设计方案进行了变更，需要扩大开挖范围，增加土石方工程量2000m^3。则结算时应对合同总价进行调整的工程量为（　　）m^3。

A. 0　　B. 1000　　C. 2000　　D. 3000

19. 下列关于中标人的投标报价和合同价关系的表述中，正确的是（　　）。

A. 合同价应低于中标人的投标报价

B. 中标人的投标报价扣除下浮比例后等于合同价

C. 中标人的投标报价是签订合同的价格依据

D. 合同价等于中标人的投标报价与标底价格的平均值

20. 某工程，基础底板的设计厚度为0.9m，但承包商按1.0m施工，多做的工程量在工程计量时应（　　）。

A. 计量一半　　B. 不予计量

C. 按实际发生数计量　　D. 由业主和承包商协商处理

21. 某土方工程，招标文件中估计工程量为1.5万立方米，合同中约定土方工程单价为16元/m^3，当实际工程量超过估计工程量10%时，超过部分单价调整为15元/m^3。该工程实际完成土方工程量1.8万立方米，则土方工程实际结算工程款为（　　）万元。

A. 27.00　　B. 28.50　　C. 28.65　　D. 2880

22. 根据FIDIC《施工合同条件》的规定，承包商只能索赔成本和工期，不能索赔利润的事件是（　　）。

A. 业主未能提供施工现场　B. 工程师增加试验次数

C. 设计图纸错误　　D. 业主原因暂停施工

23. 对于承包商来说，下列合同中风险最小的是（　　）合同。

A. 可调总价　　B. 可调单价　　C. 成本加奖罚　　D. 成本加固定金额酬金

24. 根据FIDIC施工合同条件的约定，在施工过程中发生了一个有经验的承包商也无法预见的地质条件变化，导致工程延误和费用增加，则承包商可索赔（　　）。

A. 工期、成本和利润　　B. 工期、成本、不能索赔利润

C. 成本、利润、不能索赔工期　D. 工期、不能索赔成本和利润

25. 根据《建设工程施工合同（示范文本）》，当合同中没有适用或类似于变更工程的

价格时，变更价格由（　　）确认后，作为结算的依据。

A. 承包人提出，经工程师　　B. 承包人提出，经发包人

C. 工程师提出，经发包人　　D. 发包人提出，经工程师

二、多项选择题

1. 分部分项工程材料费的构成包括（　　）。

A. 材料在运输装卸过程中不可避免的损耗费

B. 材料仓储费

C. 新材料的试验费

D. 对建筑材料进行一般鉴定、检查所发生的费用

E. 为验证设计参数，对构件做破坏性试验的费用

2. 根据《建设工程工程量清单计价规范》，安全文明施工费包括（　　）。

A. 环境保护费　B. 临时设施费　C. 施工降水费　D. 二次搬运费

E. 冬雨期施工增加费

3. 根据FIDIC《施工合同条件》，出现（　　）情况且对承包商造成影响时，承包商也不能索赔利润。

A. 不可抗力　B. 法规改变　C. 业主未能提供现场　D. 文件有技术错误

E. 暂停施工

4. 下列承包商增加的人工费中，可以向业主索赔的有（　　）。

A. 特殊恶劣气候导致的人员窝工费

B. 法定人工费增长而增加的人工费

C. 由于非承包商责任的工效降低而增加的人工费

D. 监理工程师原因导致工程暂停的人员窝工费

E. 完成合同之外的工作增加的人工费

5. 下列费用中，属于建安工程造价规费的有（　　）。

A. 安全文明施工费　B. 工程排污费　C. 养老保险费　D. 大型机械进出场费

E. 住房公积金

6. 下列关于限额设计的说法中，正确的有（　　）。

A. 尽可能将设计变更控制在设计阶段

B. 限额设计目标设置的关键环节是提高投资估算的合理性与准确性

C. 限额设计仅限于初步设计和施工图设计两个阶段

D. 按批准的投资估算控制初步设计

E. 各专业在保证使用功能的前提下，按分配的投资限额控制设计

7. 施工图预算审查的具体内容包括（　　）。

A. 各项取费标准是否符合现行规定

B. 是否考虑了施工方案对工程量的影响

C. 工程计量单位是否符合要求

D. 施工组织设计是否合理

E. 利润和税金的计取是否符合规定

8. 下列关于招标控制价的说法中，符合《建设工程工程量清单计价规范》规定的有（　　）。

A. 招标控制价是对招标工程限定的最高工程造价

B. 可用招标控制价代替标底进行招标

C. 招标控制价不得超过批准的概算

D. 招标人不得只在招标文件中公布招标控制价的总价

E. 招标控制价允许有一定幅度的下调

9. 项目监理机构在建设工程施工阶段投资控制的任务包括（　　）。

A. 确定建设工程设计限额

B. 对建设工程造价目标进行风险分析

C. 编制工程量清单

D. 审查工程变更价款

E. 进行实际工程量和计划工程量对比

10. 承包商可索赔的人工费包括（　　）。

A. 特殊恶劣气候导致的人员窝工费　　B. 法定增长的人工费

C. 设计变更导致的人员窝工费　　D. 因雨季停工后加班增加的人工费

E. 完成额外工作增加的人工费

三、案例题

案例 1

某采用工程量清单计价的基础工程，土方开挖清单工程量为 24000m^3，综合单价为 45 元/m^3，措施费、规费和税金合计 20 万元。招标文件中有关结算条款如下：①基础工程土方开挖完成后可进行结算；②非施工单位原因引起的工程量增减，变动范围 10%以内时执行原综合单价，工程量增加超过 10%以外的部分，综合单价调整系数为 0.9；③发生工程量增减时，相应的措施费、规费和税金合计按投标清单计价表中的费用比例计算；④由建设单位原因造成施工单位人员窝工补偿为 50 元/工日，设备闲置补偿为 200 元/台班。

工程实施过程中发生如下事件：

事件 1：合同谈判时，建设单位认为基础工程远离市中心且施工危险性小，要求施工单位减少合同价款中的安全文明施工费。

事件 2：原有基础土方开挖完成、尚未开始下道工序时，建设单位要求增加部分基础工程以满足上部结构调整的需要。经设计变更，新增土方开挖工程量 4000m^3，开挖条件和要求与原设计完全相同。施工单位按照总监理工程师的变更指令完成了新增基础的土方开挖工程。

事件 3：由于事件 2 的影响，造成施工单位部分专业工种人员窝工 3000 工日，设备闲置 200 台班。人员窝工与设备闲置得到项目监理机构的确认后，施工单位提交了人员窝工损失、设备闲置损失及施工管理费增加的索赔报告。

问题：

1. 事件 1 中，建设单位的要求是否合理？说明理由。

2. 事件 2 中，新增基础土方开挖工程的工程费用是多少？写出分析计算过程。相应的措施费、规费和税金合计是多少？（措施费、规费和税金合计占分部分项工程费的 20%）

3. 逐项指出事件 3 中施工单位提出的索赔是否成立？说明理由。项目监理机构应批准的索赔费用是多少？

4. 基础土方开挖完成后，应纳入结算的费用项目有哪些？结算的费用是多少？（涉及金额的，以万元为单位，保留 3 位小数）

案例 2

某建安工程，合同总价为 1800 万元，合同工期为 7 个月，每月完成的施工产值如表 5-2 所示：

表 5-2　某建安工程每月完成的施工产值

月份	6	7	8	9	10	11	12
月产值	200	300	400	400	200	200	100

该工程造价的人工费占 22%，材料费占 55%，施工机械使用费占 8%。从本年度 11 月份起市场价格进行调整，其物价调整指数分别为：人工费 1.20；材料费 1.18；机械费 1.10。

合同中规定：

1. 动员预付款为合同总价的 10%，当累计完成工程款超过合同价的 15%时，动员预付款按每月均摊法扣回至竣工前两个月为止。

2. 材料的预付备料款为合同价的 20%。

3. 保留金为合同价的 5%，从第一次付款证书开始，按期中支付工程款的 10%扣留，直到累计扣留达到合同总额的 5%为止。

4. 监理工程师签发的月度付款最低金额为 50 万元。

问题：

1. 材料预付备料款的起扣点为多少？

2. 每月实际完成施工产值多少？每月结算工程款为多少？

3. 若本工程因气候反常工期延误一个月，是否产生施工经济索赔？为什么？

4. 超过合同价的那部分费用属于哪一类投资构成？

案例 3

某工程项目的施工合同总价为 5000 万元，合同工期为 12 个月，在施工过程中由于业主提出对原设计进行修改，使施工单位停工待图 1 个月。在基础施工时，施工单位为保证工程质量，自行将原设计要求的混凝土强度由 C18 提高到 C20。工程竣工结算时，施工单位向监理工程师提出费用索赔如下：

1. 由于业主方修改设计图纸延误 1 个月的有关费用损失：

工人、窝工费用损失＝月工作日×日工作班数×延误月数×工日费×每班工作人数

＝20 天×2 班×1 月×30 元/工日×30 人/班＝3.6 万元

机械设备闲置费用损失＝月工作日×日工作班数×每班机械台数×延误月数×机械台班费

＝20 天×2 班/天×2 台×1 月×600 元/台班＝4.8 万元

现场管理费＝合同总价÷工期×现场管理费率×延误时间

＝5000 万元÷12 月×1.0%×1 月＝4.17 万元

公司管理费＝合同价÷工期×公司管理费×延误时间

＝5000 万元÷12 月×6%×1 月＝25.0 万元

利润＝合同总价÷工期×利润率×延误时间

＝5000 万元÷12 月×5%×1 月＝20.83 万元

合计：57.57 万元

2. 由于基础混凝土强度的提高导致费用增加 10 万元。

问题：

1. 按题中所给情况，监理工程师是否同意接受其索赔要求？为什么？

2. 施工单位提出索赔，一般应按照什么程序进行？

3. 如果施工单位按照规定的索赔程序提出了上述费用索赔的要求，监理工程师是否同意施工单位索赔费用的计算方法？

4. 工程师作出的“索赔处理决定”是否是终局性的？对当事双方有无强制性约束？

Chapter 06

第6章 监理招投标及合同管理

6.1 建设工程监理招标与投标

6.1.1 建设工程监理招标

6.1.1.1 监理招标方式

建设工程监理与相关服务可以由建设单位直接委托，也可通过招标方式委托。但是，法律法规规定必须招标的，建设单位必须通过招标方式委托。

建设单位应根据法律法规、工程项目特点、工程监理单位的选择空间及工程实施的急迫程度等因素合理选择招标方式，并按规定程序向招投标监督管理部门办理相关招投标手续，接受建设相关部门的监督管理。建设工程监理招标可分为公开招标和邀请招标两种方式。

(1) 公开招标

公开招标是指建设单位以招标公告的方式邀请不特定工程监理单位参加投标，向其发售监理招标文件，按照招标文件规定的评标方法、标准，从符合投标资格要求的投标人中优选中标人，并与中标人签订建设工程监理合同的过程。

(2) 邀请招标

邀请招标是指建设单位以投标邀请书方式邀请特定工程监理单位参加投标，向其发售标文件，按照招标文件规定的评标方法、标准，从符合投标资格要求的投标人中优选中标人，并与中标人签订建设工程监理合同的过程。

6.1.1.2 监理招标程序

建设工程监理招标一般包括：招标准备；发出招标公告或投标邀请书；组织资格审查；编制和发售招标文件；组织现场踏勘；召开投标预备会；编制和递交投标文件；开标、评标和定标；签订建设工程监理合同等程序。

(1) 招标准备

建设工程监理招标准备工作包括：确定招标组织，明确招标范围和内容，编制招标方案等内容。建设单位自身具有组织招标的能力时，可自行组织监理招标，否则，应委托招标代理机构组织招标。

（2）发出招标公告或投标邀请书

建设单位采用公开招标方式的，应当发布招标公告。招标公告必须通过一定的媒介进行发布。投标邀请书是指采用邀请招标方式的建设单位，向 3 个以上具备承担招标项目能力、资信良好的特定工程监理单位发出的参加投标的邀请。

招标公告与投标邀请书应当载明：建设单位的名称和地址；招标项目的性质；招标项目的数量；招标项目的实施地点；招标项目的实施时间；获取招标文件的办法等内容。

（3）组织资格审查

为了保证潜在投标人能够公平地获取投标竞争的机会，确保投标人满足招标项目的资格条件，同时避免招标人和投标人不必要的资源浪费，招标人应组织审查监理投标人资格。资格审查分为资格预审和资格后审两种。

1）资格预审。资格预审是指在投标前，对申请参加投标的潜在投标人进行资质条件、业绩、信誉、技术、资金等多方面情况的审查。只有资格预审中被认定为合格的潜在投标人（或投标人）才可以参加投标。资格预审的目的是为了排除不合格的投标人，进而降低招标人的招标成本，提高招标工作效率。建设工程监理资格审查大多采用资格预审的方式进行。

2）资格后审。资格后审是指在开标后，由评标委员会根据招标文件中规定的资格审查因素、方法和标准，对投标人资格进行的审查。

（4）编制并发售招标文件

监理招标文件既是投标人编制投标文件的依据，也是招标人与中标人签订建设工程监理合同的基础，一般由以下主要内容组成：

1）投标邀请函；

2）投标人须知；

3）评标办法；

4）拟签订监理合同主要条款及格式，以及履约担保格式等；

5）投标报价；

6）设计资料；

7）技术标准和要求；

8）投标文件格式；

9）要求投标人提交的其他材料。

招标文件编制完成后，应按照招标公告或投标邀请书既定的时间、地点发售招标文件。投标人若对招标文件内容有异议，可在规定时间内要求招标人澄清、说明或纠正。

（5）组织现场踏勘

为使投标人了解工程场地和周围环境情况，获取工程相关信息进行投标决策，招标人应根据工程特点和招标文件规定，组织潜在投标人对工程实施现场的地形地质条件、周边和内部环境进行实地踏勘，并介绍有关情况。

（6）召开投标预备会

招标人按照招标文件规定的时间组织投标预备会，澄清、解答潜在投标人在阅读招标文件和现场踏勘后提出的疑问。所有的澄清、解答都应当以书面形式予以确认，并发给所有购买招标文件的潜在投标人。招标文件的书面澄清、解答属于招标文件的组成部分。

（7）编制和递交投标文件

投标人应按照招标文件要求编制投标文件，对招标文件提出的实质性要求和条件做出实质性响应，按照招标文件规定的时间、地点、方式递交投标文件，并根据要求提交投标保证金。投标人在提交投标截止日期之前，可以撤回、补充或者修改已提交的投标文件，并书面通知招标人。补充、修改的内容即是投标文件的组成部分。

(8) 开标、评标和定标

1) 开标。招标人应按招标文件规定的时间、地点主持开标，邀请所有投标人派代表参加。开标时间、开标过程应符合招标文件规定的开标要求和程序。

2) 评标。评标由招标人依法组建的评标委员会负责。评标委员会应当熟悉、掌握招标项目的主要特点和需求，认真阅读、研究招标文件及其评标办法，按招标文件规定的评标办法进行评标并编写评标报告，向招标人推荐中标候选人，或经招标人授权直接确定中标人。

3) 定标。招标人应按规定在招标投标监督部门指定的媒体或场所公示推荐的中标候选人，并依据相关法律法规和招标文件规定的定标原则、程序来确定中标人，向中标人发出中标通知书。同时，将中标结果通知所有未中标的投标人，并在 15 日内按有关规定将监理招标投标情况书面报告给招标投标行政监督部门。

(9) 签订建设工程监理合同

招标人与中标人应当自发出中标通知书之日起 30 日内，依据中标通知书及招标文件中的合同条款签订工程监理合同。

6.1.2 建设工程监理投标

6.1.2.1 监理投标文件的编制

建设工程监理投标文件反映了工程监理单位的综合实力和完成监理任务的能力，是招标人选择工程监理单位的主要依据之一。投标文件编制质量的高低，直接关系到中标可能性的大小。

(1) 监理投标文件编制原则

1) 响应实质性要求，保证不被废标。建设工程监理编制的前提是必须按照招标文件要求的条款和内容格式进行编制，响应招标文件的实质性要求，满足招标文件的所有要求，否则会发生废标现象。

2) 认真研究招标文件，领会招标意图。在投标前，应熟悉招标文件逐项条款和要求，领会招标意图。对招标文件描述不清、前后矛盾或使人理解产生歧义的内容，必须在标前答疑会时提出、解决。

3) 投标文件要内容详细、层次分明、重点突出。投标文件中应将投标人的想法、建议及自身实力进行详细阐述，做到内容深入而全面。针对招标文件评分办法的重点得分内容，如企业业绩、人员素质及监理大纲中建设工程目标控制要点等，编制时应层次分明、清楚明了、重点突出，使招标人或评标专家印象深刻，起到事半功倍的效果。

(2) 监理投标文件编制依据

1) 国家及地方有关监理的法律法规及政策。必须以国家及地方有关监理的法律法规及政策为依据来编制监理投标文件，否则，可能会造成废标。

2) 监理招标文件。工程监理投标文件必须对招标文件作出实质性响应，而且其内容须与建设单位的意图或要求相符合。越是能够全面满足建设单位需求的投标文件，则越会受到建设单位的青睐，其获取中标的概率也相对较高。

3) 企业现有的设备资源。编制建设工程监理投标文件时，必须考虑自身单位现有的设备资源。要根据不同监理标的具体情况进行统一调配，尽可能将工程监理单位现有的设备资源编入建设工程监理投标文件，满足本工程项目的监理需要、提高投标文件的竞争实力。

4）企业现有的人力及技术资源。工程监理单位现有的人力及技术资源主要表现为有精通所招标工程的专业技术人员和具有丰富经验的总监理工程师、专业监理工程师、监理员；有工程项目管理、设计及施工专业特长，能帮助建设单位协调解决各类工程技术难题的能力；拥有同类建设工程监理经验；在各专业有一定技术能力的合作伙伴，必要时可联合向建设单位提供咨询服务。将以上内容编入监理投标文件中，以便在评标时获得较高的技术标得分。

5）企业现有的管理资源。建设单位判断工程监理单位是否能胜任建设工程监理任务，在很大程度上要看工程监理单位在日常管理中有何特长，类似建设工程监理经验如何，针对本工程有何具体管理措施等。因此，工程监理单位应当将其现有的管理资源充分展现在投标文件中，以获得建设单位的注意，从而最终获取中标。

（3）监理投标文件编制注意事项

建设工程监理招标、评标注重对工程监理单位能力的选择。因此，工程监理单位在投标时应在体现自身监理能力上下功夫，应着重解决下列问题：

1）投标文件应对招标文件内容作出实质性响应；

2）项目监理机构的设置应合理，要突出监理人员素质，尤其是总监理工程师人选，将是建设单位重点考察的对象；

3）应有类似建设工程监理经验；

4）监理大纲能充分体现工程监理单位的技术和管理能力；

5）监理服务报价应符合国家收费规定和招标文件对报价的要求，并符合优质优价的要求，过低的报价却能反映其能力的不足；

6）投标文件既要响应招标文件要求，又要巧妙回避建设单位的苛刻要求，同时还要避免为提高竞争力而盲目扩大监理工作范围，否则会给合同履行留下隐患。

6.1.2.2 参加监理开标及答辩

（1）参加开标

参加开标是工程监理单位需要认真准备的投标活动，应按时参加开标，避免废标情况发生。

（2）答辩

工程监理单位要充分做好答辩前准备工作，强化工程监理人员答辩能力，提高答辩信心，积累相关经验，提升监理队伍的整体实力，包括仪表、自信心、表达力、知识储备等。答辩前，应拟定答辩的基本范围和纲领，细化到人和具体内容，组织演练，相互提问。并且要了解竞争对手的实力和拟定安排的总监理工程师及团队，完善自己的团队，知己知彼、百战不殆，发挥出自身的优势。答辩时，总监理工程师的答辩是团队答辩的关键，是招标人和评标委员会选择工程监理单位的重要依据。总监理工程师应努力做到回答问题简明扼要、抓住要害、条理清楚、层次分明，答辩内容力求客观、全面、辩证、留有余地。

6.1.2.3 监理投标策略

由于招标内容不同、投标人不同，所采取的监理投标策略也不相同，投标人可根据实际情况进行选择以下几种常用的投标策略：

（1）以信誉和口碑取胜

工程监理单位依靠其在行业和客户中长期形成的良好信誉和口碑，争取招标人的信任和支持，不参与价格竞争，这个策略适用于特大、代表性或有重大影响力的工程，这类工程的招标人对于监理报价不敏感，注重的是工程监理单位的服务品质。

（2）以缩短工期等承诺取胜

工程监理单位如对于某类工程的工期很有信心，可作出对于招标人有利的保证，以此吸引招标人的注意。同时，工程监理单位需向招标人提出保证措施和惩罚性条款，确保承诺的可实施性。此策略适用于建设单位对工期等因素比较敏感的工程。

（3）以附加服务取胜

目前，随着建设工程复杂性程度的加大，招标人对于前期配套、设计管理等外延的服务需求越来越强烈，但招标人限于工程概算的限制，没有额外的经费聘请能提供此类服务的项目管理单位，如工程监理单位具有工程咨询、工程设计、招标代理、造价咨询及相关的资质，可在投标过程中向招标人推介此项优势。此策略适用于工程项目前期建设较为复杂，招标人组织结构不完善，专业人才和经验不足的工程。

（4）适应长远发展的策略

其目的不在于当前招标工程上获利，而着眼于发展，争取将来的优势，如为了开辟新市场、参与某项有代表意义的工程等，宁可在当前招标工程中以微利甚至无利价格参与竞争。

6.1.3 建设工程监理评标

工程监理单位不承担建筑产品生产任务，只是受建设单位委托提供技术和管理咨询服务：建设工程监理招标属于服务类招标，其标的是无形的“监理服务”，因此，建设单位在选择工程监理单位最重要的原则是“基于能力的选择”，而不应将服务报价作为主要考虑因素。有时甚至不考虑建设工程监理服务报价，只考虑工程监理单位的服务能力

6.1.3.1 建设工程监理评标内容

建设工程监理评标办法中，通常会将下列要素作为评标内容。

1）工程监理单位的基本素质。包括：工程监理单位资质、技术及服务能力、社会信誉和企业诚信度，以及类似工程监理业绩和经验。

2）工程监理人员配备。项目监理机构监理人员的数量和素质，特别是总监理工程师的综合能力和业绩是建设工程监理评标需要考虑的重要内容。对工程监理人员配备的评价内容具体包括：项目监理机构的组织形式是否合理；总监理工程师人选是否符合招标文件规定的资格及能力要求；监理人员的数量、专业配置是否符合工程专业特点要求；工程监理整体力量投入是否能满足工程需要；工程监理人员年龄结构是否合理；现场监理人员进退场计划是否与工程进展相协调等。

3）建设工程监理大纲。建设工程监理大纲是反映投标人技术、管理和服务综合水平的文件，反映了投标人对工程的分析和理解程度，评标时应重点评审建设工程监理大纲的全面性、针对性和科学性。

① 建设工程监理大纲内容是否全面，工作目标是否明确，组织机构是否健全，工作计划是否可行，质量、造价、进度控制措施是否全面、得当，安全生产管理、合同管理、信息管理等方法是否科学，以及项目监理机构的制度建设规划是否到位，监督机制是否健全等。

② 建设工程监理大纲中应对工程特点、监理重点与难点进行识别。在对招标工程进行透彻分析的基础上，结合自身工程经验，从工程质量、造价、进度控制及安全生产管理等方面确定监理工作的重点和难点，提出针对性措施和对策。

③ 除常规监理措施外，建设工程监理大纲中应对招标工程的关键工序及分部分项工程制定有针对性的监理措施；制定针对关键点、常见问题的预防措施；合理设置旁站清单和保障措施等。

4）试验检测仪器设备及其应用能力。重点评审投标人在投标文件中所列的设备、仪器、

工具等能否满足建设工程监理要求。对于建设单位在现场另建试验、检测等中心的工程项目，应重点考查投标人评价分析、检验测量数据的能力。

5）建设工程监理费用报价。建设工程监理费用报价所对应的服务范围、服务内容、服务期限应与招标文件中的要求相一致。要重点评审监理费用报价水平和构成是否合理、完整，分析说明是否明确，监理服务费用的调整条件和办法是否符合招标文件要求等。

6.1.3.2　建设工程监理评标方法

建设工程监理评标通常采用“综合评标法”，即通过衡量投标文件是否最大限度地满足招标文件中规定的各项评价标准，对技术、企业资信、服务报价等因素进行综合评价从而确定中标人。

根据具体分析方式不同，综合评标法可分为定性综合评估法和定量综合评估法两种。

（1）定性综合评估法

定性综合评估法是对投标人的资质条件、人员配备、监理方案、投标价格等评审指标分项进行定性比较分析、全面评审，综合合评议较优者作为中标人，也可采取举手表决或无记名投票方式决定中标人。

（2）定量综合评估法

定量综合评估法又称打分法、百分制计分评价法。通常是在招标文件中明确规定需量化的评价因素及其权重，评标委员会根据投标文件内容和评分标准逐项进行分析记分、加权汇总，计算出各投标单位的综合评分，然后按照综合评分由高到低的顺序确定中标候选人或直接选定得分最高者为中标人。

6.2　建设工程监理合同

建筑市场中的各方主体，包括建设单位、勘察设计单位、施工单位、咨询单位、监理单位、材料设备供应单位等都要依靠合同确立相互之间的关系。工程建设管理水平的提高体现在工程质量、进度和投资的三大控制目标上，这三大控制目标的水平主要是体现在合同中。在合同中规定三大控制目标后，要求合同当事人在工程管理中细化这些内容，在工程建设过程中严格执行这些规定。同时，如果能够严格按照合同的要求进行管理，工程的质量能够有效地得到保障，进度和投资的控制目标也能够实现。因此，建设工程合同管理能够有效地提高工程建设的管理水平。

6.2.1　建设工程监理合同概念和特点

建设工程监理合同简称监理合同，是指委托人与监理人就委托的工程项目管理内容签订的明确双方权利、义务的协议。它除具有委托合同的共同特点外，还具有以下特点。

（1）监理合同的当事人双方应当具有民事权力能力和民事行为能力、取得法人资格。

1）委托人必须是具有国家批准的建设项目，落实投资计划的企事业单位、其他社会组织及个人；

2）作为受托人必须是依法成立具有法人资格的监理企业，并且所承担的工程监理业务应与企业资质等级和业务范围相符合。注册监理工程师个人执业，成为监理合同的一方，是日后委托监理服务的一种发展方向，但国家目前尚未有相关规定。

（2）监理合同委托的工作内容必须符合工程项目建设程序，遵守有关法律、行政法规。

（3）监理合同的标的是服务。即监理工程师凭据自己的知识、经验、技能受建设单位委托为其所签订其他合同的履行实施监督和管理。

6.2.2 监理合同的订立

1）委托工作的范围。监理合同的范围是监理工程师为委托人提供服务的范围和工作量。当前主要是实施阶段的监理工作，包括投资、质量、工期、安全的四大控制，信息、合同两项管理，以及对参加项目建设的有关方之间进行组织与协调。就具体项目，要根据工程特点、监理人的能力、建设阶段的监理任务等方面的因素，将委托的监理任务详细写入建设工程监理合同的专用条件。

2）对监理工作的要求。在监理合同中明确约定的监理人执行监理工作的要求，应当符合《建设工程监理规范》的规定。例如针对工程项目的实际情况派出监理工作需要的监理机构及人员，编制监理规划和监理实施细则，采取实现监理工作目标相应的监理措施，从而保证监理合同得到真正的履行。

3）约定监理合同的履行期限、地点和方式。订立监理合同时约定的履行期限、地点和方式是指合同中规定的当事人履行自己的义务完成工作的时间、地点以及结算酬金。在签订《建设工程监理合同》时双方必须商定监理期限，标明何时开始，何时完成。合同中注明的监理工作开始实施和完成日期是根据工程情况估算的时间，合同约定的监理酬金是根据这个时间估算的。如果委托人根据实际需要增加委托工作范围或内容，导致需要延长合同期限，双方可以通过协商，另行签订补充协议。

4）明确双方的权利、义务和责任。

5）明确监理酬金的计算方法和支付方式。

包括正常监理工作监理酬金的计算方法、支付方式和附加工作、额外工作发生后的监理酬金的计算方法和支付方式。

6）双方确认合同生效、变更与终止，商定合同争议的解决方式。

7）订立监理合同需注意的问题。

① 坚持按法定程序签署合同。在合同签署过程中，应检验代表对方签字人的授权委托书，避免合同失效或不必要的合同纠纷。不可忽视来往函件。

② 在合同洽商过程中，双方通常会用一些函件来确认双方达成的某些口头协议或书面交往文件，后者构成招标文件和投标文件的组成部分。为了确认合同责任以及明确双方对项目的有关理解和意图以免将来分歧，签订合同时双方达成一致的部分应写入合同附录或专用条款内。

③ 合同中应做到文字简洁、清晰、严密，以保证意思表达准确。

6.2.3 建设工程监理合同示范文本组成

2012年3月住房和城乡建设部、国家工商行政管理总局印发《建设工程监理合同（示范文本）》（GF-2012-0202）（以下简称“监理合同”），它由“协议书”，“通用条件”，“专用条件”，附录A相关服务的范围和内容，附录B委托人派遣的人员和提供的房屋、资料、设备五部分组成。

（1）协议书

协议书是一个总的协议，是纲领性的法律文件。其中明确了当事人双方确定的委托监理工程的概况（工程名称、地点、工程规模、工程概算投资额或建筑安装工程费）；总监理工程师的姓名、身份证号、注册号；签约酬金（含监理酬金、相关服务酬金）；期限（含监理期限、相关服务期限）；双方承诺；合同订立的时间和地点等。协议书是一份标准的格式文件，经当事人双方在有限的空格内填写具体规定的内容并签字盖章后，即发生法律效力。

对委托人和监理人有约束力的合同文件，除双方签署的协议书外，还包括以下文件：

1）中标通知书（适用于招标工程）或委托书（适用于非招标工程）；

2）投标文件（适用于招标工程）或监理与相关服务建议书（适用于非招标工程）；

3）专用条件；

4）通用条件；

5）附录，即：

附录A　相关服务的范围和内容

附录B　委托人派遣的人员和提供的房屋、资料、设备

合同签订后，双方依法签订的补充协议也是合同文件的组成部分。

（2）监理合同通用条件

监理合同通用条件，其内容涵盖了合同中所用词语定义与解释，签约双方的责任，权利和义务，合同生效、变更、暂停、解除与终止，酬金支付，合同争议的解决，以及其他一些情况。它适用于各类建设工程项目监理与相关服务，各个委托人、监理人都应遵守。

合同争议的解决

监理合同通用条件中，建议重点学习监理人的义务及委托人的义务。

（3）监理合同专用条件

由于通用条件适用于各种行业和专业项目的建设工程监理，因此其中的某些条款规定得比较笼统，需要在签订具体工程项目监理合同时，结合地域特点、专业特点和委托监理项目的工程特点，对通用条件中的某些条款进行补充、修正。专用条件留给委托人和监理人以较大的协商约定空间，便于贯彻当事人双方自主订立合同的原则。为了保证合同的完整性，凡通用条件中条款说明需在专用条件约定的内容，在专用条件中均以相同的条款序号给出需要约定的内容或相应的计算方法，以便于合同的订立。

（4）附录A

《建设工程监理规范》中，相关服务是指工程监理单位受建设单位委托，按照建设工程监理合同约定，在建设工程勘察、设计、保修等阶段提供的服务活动。如果建设单位将全部或部分相关服务委托工程监理单位完成时，应在附录A中明确约定委托的工作内容和范围。建设单位根据工程建设管理需要，可以自主委托全部内容，也可以委托某个阶段的工作或部分服务内容。若建设单位（委托人）仅委托建设工程监理，则不需要填写附录A。

（5）附录B

为便于进一步细化合同义务，参照FIDIC等合同示范文本，委托人为监理人开展正常监理工作派遣的人员和无偿提供的房屋、资料、设备，应在附录B中明确约定提供的内容、数量和时间。

6.3　合同管理监理实务

住房和城乡建设部、国家工商行政管理总局联合发布的《建设工程施工合同（示范文本）》(GF-2017-0201)（以下简称“施工合同”）已于2017年10月1日起执行。监理单位进行监理服务的重要依据有监理合同和施工合同，施工单位接受监理单位的监督管理正是其履行施工合同的一种行为。本节重点介绍施工单位履行施工合同期间监理单位的监理要点。

6.3.1 工程分包管理

中华人民共和国建设部令（第124号）《房屋建筑和市政基础设施工程施工分包管理办法》第五条规定“房屋建筑和市政基础设施工程施工分包分为专业工程分包和劳务作业分包”。总包单位对专业工程进行分包的，在分包工程开工前，分包单位的资格报项目监理机构审查确认。除施工合同已明确的外，未经总监理工程师确认，分包单位不得进场施工。但经过招标确认的分包单位，施工单位可不再对分包单位资格进行报审。

分包单位资格报审程序如下。

1）施工单位应在工程项目开工前或拟分包的分项、分部工程开工前，填写《分包单位资格报审表》，附上经其自审认可的分包单位的有关资料，报项目监理机构审核。

项目监理机构对分包单位资格应审核以下内容：

① 营业执照、企业资质等级证书；

② 安全生产许可文件；

③ 类似工程业绩；

④ 专职管理人员和特种作业人员的资格。

2）监理工程师审查总施工单位提交的《分包单位资质报审表》：审查时，主要是审查施工承包合同是否允许分包，分包的范围和工程部位是否可进行分包，分包单位是否具有按工程承包合同规定的条件完成分包工程任务的能力（审查、控制的重点一般是分包单位施工组织者、管理者的资格与质量管理水平，特殊专业工种和专业工种和关键施工工艺或新技术、新工艺、新材料等应用方面操作者的素质与能力）。项目监理机构和建设单位认为必要时，可会同施工单位对分包单位进行实地考察，以验证分包单位有关资料的真实性。

3）专业监理工程师在审查施工单位报送分包单位有关资料，考查核实的（必要时）基础上，提出审查意见、考察报告（必要时）附报审表后，根据审查情况，如认定该分包单位的资格符合有关规定并满足工程需要，则批复“该分包单位具备分包条件，拟同意分包，请总监理工程师审核”，如认为不具备分包条件应简要指出不符合条件之处，并签署“拟不同意分包，请总监理工程师审查”的意见。

4）总监理工程师对专业监理工程师的审查意见、考察报告进行审核，签署《分包单位资格报审表》。

5）分包合同签订后，施工单位将分包合同报项目监理机构备案。

6.3.2 工程变更管理

1）设计单位对原设计存在的缺陷提出的工程变更，应编制设计变更文件；因施工图错、漏或与实际情况不符等原因，建设单位、施工单位提出的工程变更，应提交项目监理机构，由总监组织专业监理工程师审查，审查同意后，除能现场核定的以外，均应由建设单位转交原设计单位，编制设计变更文件，当工程变更涉及工程建设强制性标准、安全环保、建筑节能等内容时，可按规定经有关部门审定。

2）施工过程中的任何工程变更，由建设单位、设计单位签认后，总监签认，在总监签发《工程变更单》之前，施工单位不得实施工程变更，否则项目监理机构不予计量。

3）工程变更确认后，施工方可按合同规定时限内向项目监理机构提交《工程变更费用报审表》，若在合同规定时限内未向项目监理机构提出变更工程价款报告，项目监理机构可以在报经建设单位批准后，根据掌握的实际资料决定是否调整合同价款以及调整的金额。

4）项目监理机构收到工程变更价款报告 14 天内，专业监理工程师必须完成对变更价款的审核工作并签认，若无正当理由，在 14 天内不签认，则施工单位的变更工程价款自动生效。

5）施工中建设单位对原工程设计进行变更，应提前 14 天以书面形式向承包单位发出变更通知，施工单位若提出工程变更，应在提出时附工程变更原因、工程变更说明、工程变更费用及工期、必要的附件等内容。

6）总监理工程师在签发工程变更单之前，应就工程变更费用及工期的评估情况与施工单位和建设单位进行协调。

如果变更是由于下列原因导致或引起的，则承包单位无权要求任何额外或附加的费用，工期不予顺延：

① 为了便于组织施工需采取的技术措施的变更或临时工程的变更；

② 为了施工安全、避免干扰等原因需采取的技术措施的变更或临时工程的变更；

③ 因承包单位的违约、过错或承包单位负责的其他情况导致的变更。

7）总监理工程师签发工程变更单后，专业监理人员应及时将施工图的相关内容进行变更，并注明工程变更单的编号、标注日期、标注人签名，将过程变更单归档。

6.3.3 工程停工管理

（1）项目监理机构发现下列情况之一时，总监理工程师应及时签发工程暂停令

1）建设单位要求暂停施工且工程需要暂停施工。

2）施工单位未经批准擅自施工或拒绝项目监理机构管理。

3）施工单位未按审查通过的工程设计文件施工的。

4）施工单位违反工程建设强制性标准的。

5）施工存在重大质量、案例事故隐患或发生质量、安全事故的。

总监理工程师签发工程暂停令应征得建设单位同意，在紧急情况下未能事先报告的，应在事后及时向建设单位作出书面报告。项目监理机构应对施工单位的整改过程、结果进行检查、验收，符合要求的，总监理工程师应及时签发复工令。

（2）总监理工程师签发《工程暂停令》的程序

1）发生情况 1）时，建设单位要求停工，总监理工程师经过独立判断，认为有必要暂停施工的，可签发工程暂停令；认为没有必要暂停施工的，不应签发工程暂停令。

2）发生情况 2）时，施工单位擅自施工的，总监理工程师应及时签发工程暂停令；施工单位拒绝执行项目监理机构的要求和指令时，总监理工程师应视情况签发工程暂停令。

3）发生情况 3）、4）、5）时，总监理工程师均应及时签发工程暂停令。

4）总监理工程师在签发工程暂停令时，可根据停工原因的影响范围和影响程度，确定工程项目停工范围。

5）施工单位收到总监理工程师签发的《工程暂停令》后应按其要求立即实施。

6）暂停施工事件发生时，项目监理机构应如实记录所发生的情况。总监理工程师应会同有关各方按施工合同约定，处理因工程暂停引起的与工期、费用有关的问题。

7）因施工单位原因暂停施工时，项目监理机构应检查、验收施工单位的停工整改过程、结果。当暂停施工原因消失、具备复工条件时，施工单位提出复工申请的，项目监理机构应审查施工单位报送的复工报审表及有关材料，符合要求后，总监理工程师应及时签署审查意见，并应报建设单位批准后签发工程复工令；施工单位未提出复工申请的，总监理工程师应

根据工程实际情况指令施工单位恢复施工。

6.3.4 工程延期及工程延误管理

1）项目监理机构收到施工单位《工程临时延期报审表》及相关证明材料后，可按下列情况进行审理确定批准工程延期的时间：

① 申报的延期事件是否符合施工合同的约定；

② 是否在事件发生后合同规定时限内，递交了延期申请报告；

③ 工期拖延和影响工期事件的事实和程度；

④ 影响工期事件对工期影响的量化程度。

2）影响工期事件对工期影响的量化计算采用关键路径工期计算法。按下列步骤进行：

① 以事先批准的详细的施工进度计划为依据，确定假设工程不受影响工期事件影响时应该完成的工作或应该达到的进度；

② 详细核实受该事件影响后，实际完成的工作或实际达到的进度；

③ 查明因受该事件影响而受到延误的作业工种；

④ 查明实际的进度滞后是否还有其他影响因素，并确定其影响程度；

⑤ 最后确定该事件对工程竣工时间或区段竣工时间的影响值。若量化结果未影响总工期则不予批准。

3）从接到延期申请表之日起，总监理工程师必须在 14 天内签署工程临时延期报审表。工程最终延期审批是在影响工期事件结束，施工单位提出最后一个《工程临时延期申请表》批准后，经项目监理机构详细地研究评审影响工期事件全过程对工程总工期的影响后，由总监理工程师签发《工程最终延期审批表》批准施工单位有效延期时间。

4）总监理工程师在签署工期延期审批表前需与建设单位、施工单位协商，处理时还应综合考虑费用的索赔。

6.3.5 索赔管理

6.3.5.1 索赔的概念

索赔是当事人在合同实施过程中，根据法律、合同规定及惯例，对不应由自己承担责任的情况造成的损失，向合同的另一方当事人提出给予赔偿或补偿要求的行为。在工程建设的各个阶段，都有可能发生索赔，但在施工阶段索赔发生较多。

对施工合同的双方来说，都有通过索赔维护自己合法利益的权利，依据双方约定的合同责任，构成正确履行合同义务的制约关系。

6.3.5.2 索赔的分类

一般工程项目经常按索赔目的分类，分工期索赔和费用索赔。

（1）工期索赔

由于非承包人责任的原因而导致施工进程延误，要求批准顺延合同工期的索赔，称之为工期索赔。工期索赔形式上是对权利的要求，以避免在原定合同竣工日不能完工时，被发包人追究拖期违约责任。一旦获得批准合同工期顺延后，承包人不仅免除了承担拖期违约赔偿费的严重风险，而且可能提前工期得到奖励，最终仍反映在经济收益上。

索赔的分类

（2）费用索赔

费用索赔的目的是要求经济补偿。当施工的客观条件改变导致承包人增加开支，要求对超出计划成本的附加开支给予补偿，以挽回不应由他承担的经济损失。

《标准施工招标文件》中，按照引起承包人损失事件原因的不同，对承包人索赔可能给予合理补偿工期、费用和利润的情况，分别作出了相应的规定，如表 6-1 所示。

表 6-1　《标准施工招标文件》中合同条款规定的可以合理补偿承包人索赔的条款

序号	条款号	主要内容	可补偿内容		
			工期	费用	利润
1	1.10.1	施工过程发现文物、古迹以及其他遗迹、化石、钱币或物品	√	√	
2	4.11.2	承包人遇到不利物质条件	√	√	
3	5.2.4	发包人要求向承包人提前交付材料和工程设备		√	
4	5.2.6	发包人提供的材料和工程设备不符合合同要求	√	√	√
5	8.3	发包人提供资料错误导致承包人的返工或造成工程损失	√	√	√
6	11.3	发包人的原因造成工期延误	√	√	√
7	11.4	异常恶劣的气候条件	√		
8	11.6	发包人要求承包人提前竣工		√	
9	12.2	发包人原因引起的暂停施工	√	√	√
10	12.4.2	发包人原因引起造成暂停施工后无法按时复工	√	√	√
11	13.1.3	发包人原因造成工程质量达不到合同约定验收标准的	√	√	√
12	13.5.3	监理人对隐蔽工程重新检查，经检验证明工程质量符合合同要求的	√	√	√
13	16.2	法律变化引起的价格调整		√	
14	18.4.2	发包人在全部工程竣工前，使用已接受的单位工程导致承包人费用增加的	√	√	√
15	18.6.2	发包人的原因导致试运行失败的		√	√
16	19.2	发包人原因导致的工程缺陷和损失		√	√
17	21.3.1	不可抗力	√		

6.3.5.3　索赔管理程序

承包人索赔及监理工作程序如图 6-1 所示。

索赔管理程序通常包括以下内容。

（1）承包人提出索赔要求

1）发出索赔意向通知　索赔事件发生后，承包人应在索赔事件发生后的 28 天内向工程师递交索赔意向通知，声明将对此事件提出索赔。该意向通知是承包人就具体的索赔事件向工程师和发包人表示的索赔愿望和要求。如果超过这个期限，工程师和发包人有权拒绝承包人的索赔要求。索赔事件发生后，承包人有义务做好现场施工的同期记录，工程师有权随时检查和调阅，以判断索赔事件造成的实际损害。

2）递交索赔报告　索赔意向通知提交后的 28 天内，或工程师可能同意的其他合理时间，承包人应递送正式的索赔报告。索赔报告的内容应包括：事件发生的原因，对其权益影响的证据资料，索赔的依据，此项索赔要求补偿的款项和工期展延天数的详细计算等有关材料。

如果索赔事件的影响持续存在，28 天内还不能算出索赔额和工期展延天数时，承包人应按工程师合理要求的时间间隔（一般为 28 天），定期陆续报出每一个时间段内的索赔证据资料和索赔要求。在该项索赔事件的影响结束后的 28 天内，报出最终详细报告，提出索赔论证资料和累计索赔额。

（2）工程师审核索赔报告

1）工程师审核承包人的索赔申请　在接到正式索赔报告以后，认真研究承包人报送的索赔资料。首先在不确认责任归属的情况下，客观分析事件发生的原因，重温合同的有关条款，研究承包人的索赔证据，并检查他的同期记录；其次通过对事件的分析，工程师再依据合同条款划清责任界限，必要时还可以要求承包人进一步提供补充资料。尤其是对承包人与

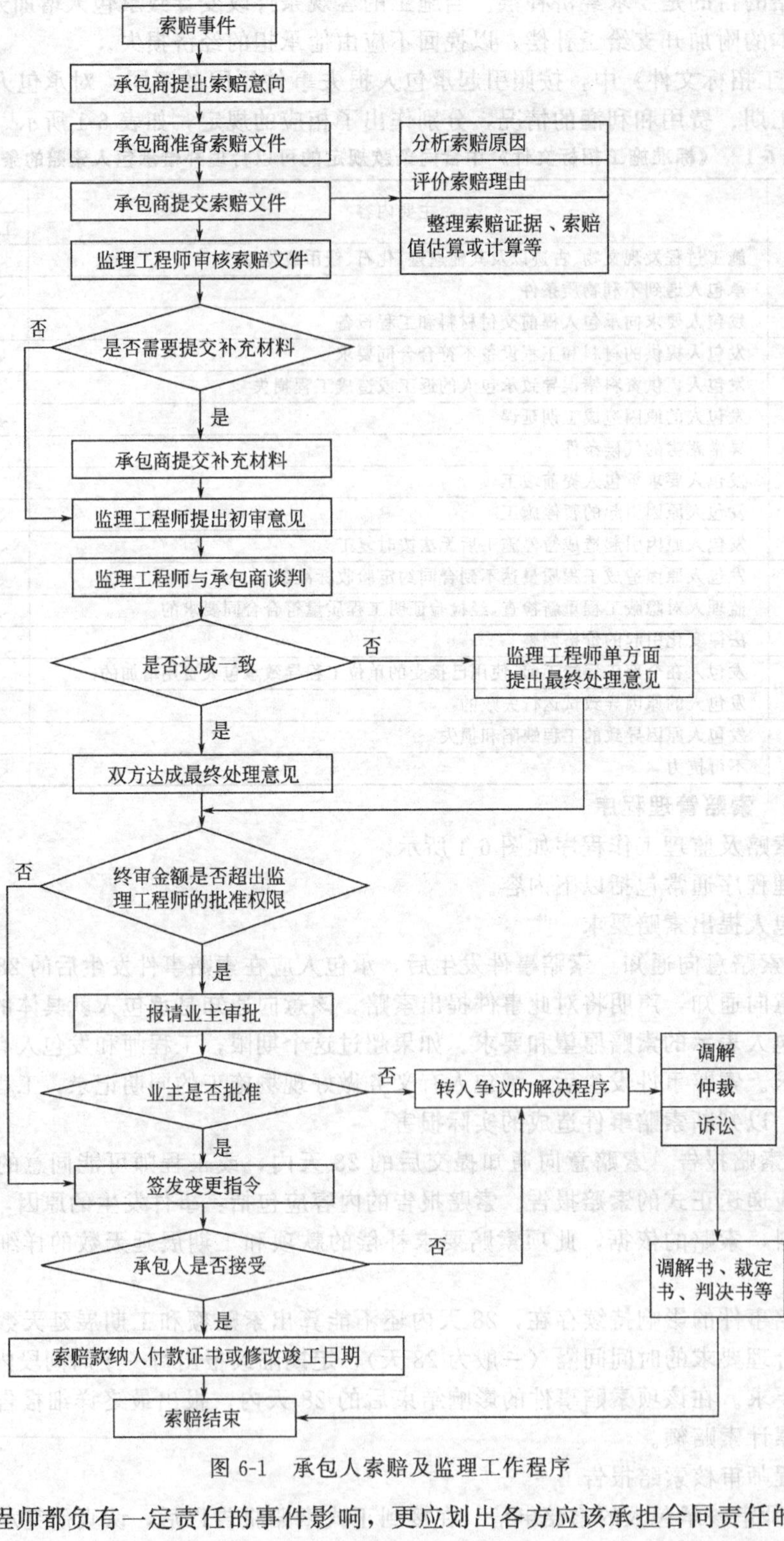

图 6-1　承包人索赔及监理工作程序

发包人或工程师都负有一定责任的事件影响，更应划出各方应该承担合同责任的比例。最后再审查承包人提出的索赔补偿要求，剔除其中的不合理部分，拟定自己计算的合理索赔款额和工期顺延天数。

2）判定索赔成立的原则　工程师判定承包人索赔成立的条件为：

① 与合同相对照，事件已造成了承包人施工成本的额外支出，或总工期延误；

② 造成费用增加或工期延误的原因，按合同约定不属于承包人应承担的责任，包括行为责任或风险责任；

③ 承包人按合同规定的程序提交了索赔意向通知和索赔报告。

上述三个条件没有先后主次之分，应当同时具备。只有工程师认定索赔成立后，方处理给予承包人的补偿额。

3）对索赔报告进行审查　审查时，主要进行事态调查、损害事件原因分析、分析索赔理由、实际损失分析、证据资料分析。如果工程师认为承包人提出的证据不能足以说明其要求的合理性时，可以要求承包人进一步提交索赔的证据资料。

（3）确定合理的补偿额

1）工程师与承包人协商补偿　工程师核查后初步确定应予以补偿的额度往往与承包人的索赔报告中要求的额度不一致，甚至差额较大。主要原因大多为对承担事件损害责任的界限划分不一致，索赔证据不充分，索赔计算的依据和方法分歧较大等，因此双方应就索赔的处理进行协商。

对于持续影响时间超过28天以上的工期延误事件，当工期索赔条件成立时，对承包人每隔28天报送的阶段索赔临时报告审查后，每次均应作出批准临时延长工期的决定，并于事件影响结束后28天内承包人提出最终的索赔报告后，批准顺延工期总天数。

应当注意的是，最终批准的总顺延天数，不应少于以前各阶段已同意顺延天数之和。规定承包人在事件影响期间必须每隔28天提出一次阶段索赔报告，可以使工程师能及时根据同期记录批准该阶段应予顺延工期的天数，避免事件影响时间太长而不能准确确定索赔值。

2）工程师索赔处理决定　在经过认真分析研究，与承包人、发包人广泛讨论后，工程师应该向发包人和承包人提出自己的索赔处理决定。工程师收到承包人送交的索赔报告和有关资料后，于28天内给予答复或要求承包人进一步补充索赔理由和证据。《建设工程施工合同（示范文本）》规定，工程师收到承包人递交的索赔报告和有关资料后，如果在28天内既未予答复，也未对承包人作进一步要求的话，则视为承包人提出的该项索赔要求已经认可。

通过协商达不成共识时，承包人仅有权得到所提供的证据满足工程师认为索赔成立那部分的付款和工期顺延。不论工程师与承包人协商达到一致，还是他单方面作出的处理决定，批准给予补偿的款额和顺延工期的天数如果在授权范围之内，则可将此结果通知承包人，并抄送发包人。补偿款将计入下月支付工程进度款的支付证书内，顺延的工期加到原合同工期中去。如果批准的额度超过工程师权限，则应报请发包人批准。

通常，工程师的处理决定不是终局性的；对发包人和承包人都不具有强制性的约束力。承包人对工程师的决定不满意，可以按合同中的争议条款提交约定的仲裁机构仲裁或诉讼。

（4）发包人审查索赔处理

当工程师确定的索赔额超过其权限范围时，必须报请发包人批准。

发包人首先根据事件发生的原因、责任范围、合同条款审核承包人的索赔申请和工程师的处理报告，再依据工程建设的目的、投资控制、竣工投产日期要求以及针对承包人在施工中的缺陷或违反合同规定等的有关情况，决定是否同意工程师的处理意见。

索赔报告经发包人同意后，工程师即可签发有关证书。

（5）承包人是否接受最终索赔处理

承包人接受最终的索赔处理决定，索赔事件的处理即告结束。如果承包人不同意，就会导致合同争议。通过协商双方达到互谅互让的解决方案，是处理争议的最理想方式。如达不成谅解，承包人有权提交仲裁或诉讼解决。

【习题与案例】

一、单项选择题

1. 某钢材供应合同在甲市订立，在乙市履行。合同中未对某型号钢材的价格作出规定，事后也没有达成补充协议。该型号钢材的价格：订立合同时，甲市每吨4200元，乙市每吨4150元；履行合同时，甲市每吨4300元，乙市每吨4250元。该型号钢材的结算价格应为每吨（　　）元。

A. 4300　　B. 4250　　C. 4200　　D. 4150

2. 下列解决建设工程合同争议方式，具有强制执行法律效力的是（　　）。

A. 和解　B. 调解　C. 行政复议　D. 仲裁

3. 建设工程监理合同的终止日为（　　）之日。

A. 监理合同内注明的监理工作完成

B. 监理的工程竣工验收通过

C. 监理的工程完成工程移交手续并收到监理报酬尾款

D. 监理的工程保修期届满

4. 根据《建设工程监理合同（示范文本）》，下列情形中监理人可获得经济奖励的是（　　）。

A. 监理的工程施工质量完全满足规范的要求　B. 监理的工程施工中未发生安全事故

C. 委托人采用监理人的建议减少了工程建设投资

D. 监理人的有效协调避免了承包人的索赔

5. 根据《建设工程施工合同（示范文本）》，当组成合同的文件出现矛盾时，应按合同约定的优先顺序进行解释，合同中没有约定的，优先顺序正确的是（　　）。

A. 合同协议书、通用条款、专用条款　B. 中标通知书、专用条款、协议书

C. 中标通知书、专用条款、投标书　　D. 中标通知书、专用条款、工程量清单

6. 下列关于施工合同计价方式的说法中，正确的是（　　）。

A. 工期在18个月以上的合同，因市场价格不易准确预期，宜采用可调价格合同

B. 业主在初步设计完成后即招标的，因工程量估算不够准确，宜采用固定总价合同

C. 采用新技术的施工项目，因合同双方对施工成本不易准确确定，宜采用固定单价合同

D. 设备安装工程因无法估算工程量，宜采用成本加酬金合同

7. 某施工合同约定的开工日期为2010年9月10日，承包人在9月1日向工程师提出了将在9月17日开工的延期申请，理由是主要施工机械正在大修，工程师批准了延期申请，要求按延期申请的日期开工，承包人的主要施工机械于9月25日运抵施工现场，实际开工日期为9月30日，根据《建设工程施工合同（示范文本）》，该工程的开工日期应为（　　）。

A. 9月10日　B. 9月17日　C. 9月25日　D. 9月30日

8. 根据《建设工程施工合同（示范文本）》，发包人采购的建筑材料运抵施工现场，在由承包人保管前，应经过（　　）共同清点。

A. 发包人与工程师　B. 工程师与承包人　C. 发包人与承包人　D. 工程师与供货人

9. 根据《建设工程施工合同（示范文本）》，承包人采购的建筑材料，在使用前需要进

行试验时，责任的分担为（　　）。

A. 发包人负责试验，费用由发包人承担

B. 发包人负责试验，费用由承包人承担

C. 承包人负责试验，费用由发包人承担

D. 承包人负责试验，费用由承包人承担

10. 某基础工程施工过程中，承包人未通知工程师检查即自行隐蔽，后又遵照工程师的指示进行剥露检验，经与工程师共同检验，确认该隐蔽工程的施工质量满足合同要求。下列关于处理此事件的说法中，正确的是（　　）。

A. 给承包人顺延工期并追加合同价款

B. 给承包人顺延工期，但不追加合同价款

C. 给承包人追加合同价款，但不顺延工期

D. 工期延误和费用损失均由承包人承担

11. 某项目分项工程的施工具备隐蔽条件，经工程师检查认可后承包人继续施工，后工程师又发出重新剥露检查的指示，承包人执行了该指示。重新检查表明该分项工程存在质量缺陷，承包人修复后再次隐蔽，下列关于承包人的经济损失和工期延误的责任承担的说法中，正确的是（　　）。

A. 工期和经济损失由承包人承担　　B. 给予经济损失补偿，不顺延合同工期

C. 顺延合同工期，不补偿经济损失　　D. 补偿经济损失并顺延合同工期

12. 工程师发现工程存在质量问题，发出了停止施工指示，承包人修复后经工程师检查确认该工程合格，向工程师发出了请求复工的书面要求，经 48 小时后未收到工程师的任何指示，根据《建设工程施工合同（示范文本）》，承包人此时的应对措施是（　　）。

A. 停止施工等待工程师的指示　　B. 向工程师再次发出请求复工的要求

C. 自行复工　　D. 向发包人发出请求复工的要求

13. 发包人采购的设备经过试车表明存在严重质量缺陷，需拆除并重新购置，下列关于该事件责任承担的说法中，正确的是（　　）。

A. 发包人负责拆除，重新购置，合同工期相应顺延

B. 发包人负责拆除，承包人重新购置，追加合同价款并顺延合同工期

C. 承包人负责拆除，发包人重新购置，顺延合同工期但不追加合同价款

D. 承包人负责拆除，发包人重新购置，追加合同价款并顺延合同工期

14. 某工程施工合同约定的工期为 20 个月，专用条款规定承包人提前竣工或延误竣工均按月计算奖金或延误损害赔偿金，施工至第 16 个月，因承包人原因导致实际进度滞后于计划进度，承包人修改后的进度计划的竣工日期为第 23 个月，工程师认可了该进度计划的修改，承包人的实际施工期为 21 个月。下列关于承包人的工程责任的说法中，正确的是（　　）。

A. 提前工期 1 个月给予承包人奖励

B. 延误工期 1 个月追究承包人拖期违约责任

C. 对承包人既不追究拖期违约责任，也不给予奖励

D. 因工程师对修改进度计划的认可，按延误工期 0.5 个月追究承包人违约责任

15. 关于建设工程监理投标，以下说法错误的是（　　）。

A. 监理投标文件须响应招标文件的实质性要求

B. 要依据企业现有的设备、人力、技术、管理等资源来编制监理投标文件

C. 监理投标文件的核心是反映监理综合能力高低的监理报价

D. 监理投标文件的核心是反映监理服务水平高低的监理大纲

16. 建设工程监理评标办法中，一般不会作为评标内容的是（　　）。

A. 类似工程监理业绩　　B. 监理费用报价

C. 监理单位的规模　　D. 监理大纲

17. 根据《建设工程施工合同（示范文本）》，下列关于承包人提交索赔意向通知的说法中，正确的是（　　）。

A. 承包人应向业主提交索赔意向通知

B. 承包人应向工程师提交索赔意向通知

C. 承包人提交索赔意向通知没有期限限制

D. 承包人不提交索赔意向通知不会导致索赔权利的损失

18. 下列关于中标人选定原则的说法中，不正确的是（　　）。

A. 设计招标应为设计方案最优者

B. 监理招标应为施工管理和协调能力最优者

C. 施工招标为投标报价最低者

D. 永久工程设备招标为所提供设备价格功能比最好者

19. 施工合同履行过程中，承包人因采用监理工程师的合理化建议而节约了施工成本并提高了项目经济效益，监理人按监理合同专用条款的约定获得经济奖励。奖金应当由（　　）支付。

A. 委托人　　B. 承包人　　C. 委托人和承包人共同　　D. 政府主管部门

20. 实施监理的建设工程项目施工前，有关监理工作内容及监理权限事宜，应由（　　）以书面形式通知承包人。

A. 总监理工程师　　B. 监理人　　C. 发包人　　D. 总监理工程师代表

21. 根据《建设工程施工合同（示范文本）》的规定，下列关于隐蔽工程检验的说法中，正确的是（　　）。

A. 工程师与承包人共同检验

B. 工程师无故不参加验收，视为该隐蔽工程通过检验

C. 工程师未在检验记录上签字，承包人7日内不得进行工程隐蔽

D. 验收不合格，承包人应在工程师限定的时间内返工后重新报验

22. 根据《建设工程施工合同（示范文本）》的规定，下列关于设备试车达不到要求时确定责任方的说法中，正确的是（　　）。

A. 由于设计原因试车达不到要求，由工程师指示设计单位修改设计，承包人负责重新安装，发包人承担相应费用

B. 发包人采购的设备因制造原因试车达不到要求，由承包人负责拆除并重新采购，发包人承担相应的费用

C. 承包人采购的设备因制造原因试车达不到要求，由发包人负责重新采购，承包人负责安装并承担相应的费用

D. 由于施工安装原因试车达不到要求，承包人承担返工的费用

23. 根据《建设工程施工合同（示范文本）》的规定，承包人向发包人递交竣工结算报告及完整结算资料的时间应为（　　）。

A. 工程竣工验收报告经发包人认可后28天

B. 提交工程竣工验收报告后28天

C. 移交工程后14天

D. 通过工程竣工验收后14天

24. 根据《建设工程施工合同（示范文本）》的规定，业主选择的指定分包商应当与（　　）签订分包合同。

A. 业主　B. 工程师　C. 承包商　D. 承包商代表

25. 对于施工合同约定由发包人提供的图纸，如果承包人要求增加图纸套数，则下列关于图纸的复制人和复制费用承担的说法中，正确的是（　　）。

A. 应由承包人自行复制，复制费用自行承担

B. 应由承包人自行复制，复制费用由发包人承担

C. 应由发包人复制，复制费用由发包人承担

D. 应由发包人复制，复制费用由承包人承担

26. 如果施工索赔事件的影响持续存在，承包商应在该项索赔事件影响结束后的28日内向工程师提交（　　）。

A. 索赔意向通知　B. 索赔报告　C. 施工现场的记录　D. 索赔依据

27. 工程师直接向分包人发布了错误指令，分包人经承包人确认后实施，但该错误指令导致分包工程返工，为此分包人向承包人提出费用索赔，承包人（　　）。

A. 以不属于自己的原因拒绝索赔要求

B. 认为要求合理，先行支付后再向业主索赔

C. 不予支付，以自己的名义向工程师提交索赔报告

D. 不予支付，以分包商的名义向工程师提交索赔报告

28. 因总监理工程师在施工阶段管理不当，给承包人造成了损失，承包人应当要求（　　）给予补偿。

A. 监理人　B. 总监理工程师　C. 发包人　D. 发包人和监理人

29. 在施工合同履行中，发包人按合同约定购买了玻璃，现场交货前未通知承包人派代表共同进行现场交货清点，单方检验接收后直接交承包人的仓库保管员保管，施工使用时发现部分玻璃损坏，则应由（　　）。

A. 保管员负责赔偿损失　B. 发包人承担损失责任

C. 承包人负责赔偿损失　D. 发包人与承包人共同承担损失责任

30. 某设备安装施工合同约定的开工日为2月1日。由于土建承包人延误竣工，导致安装承包人实际于2月10日开工。安装承包人在5月1日安装完毕并向工程师提交了竣工验收报告，5月10日开始进行5天启动连续试车，结果表明施工安装有缺陷。安装承包人按照工程师的指示进行了调试工作，并于5月25日再次提交请求验收报告。5月26日再次试车后表明安装工作满足合同规定的要求，参与试车有关各方于6月1日签署了同意移交工程的文件。应以（　　）的时间与合同工期比较，判定承包人是提前竣工还是延误竣工。

A. 2月1日至5月10日　B. 2月1日至5月25日

C. 2月10日至5月26日　D. 2月10日至6月1日

二、多项选择题

1. 根据《建设工程监理合同（示范文本）》，下列工作中属于监理人附加工作的有（　　）。

A. 两个承包人出现施工干扰后的协调工作

B. 因设计变更导致原定的监理期限到期后，需继续完成的监理工作

C. 委托人因承包人严重违约解除施工合同后，对承包人已完工程的工程量进行支付款项的确认

D. 应委托人要求，编制采用新工艺部分的质量标准和检验方法

E. 施工需要穿越公路时，应委托人的要求到交通管理部门办理中断道路交通的许可手续

2. 根据《建设工程监理合同（示范文本）》，下列情况中，监理人应承担违约责任的有（　　）。

A. 因承包人维修工程质量缺陷导致工程延误竣工

B. 承包人未执行监理工程师的指示，在施工中发生安全事故

C. 承包商未能发现设计错误，导致施工返工

D. 监理工程师未按规定程序进行质量检验

E. 监理工程师未能按试验数据作出正确判断，导致工程发生质量事故

3. 工程质量监督机构对工程建设项目的监督工作包括（　　）。

A. 检查工程项目报建审批手续是否齐全

B. 检查工程项目的实际进度是否与进度计划一致

C. 检查承包人是否有转包工程的行为

D. 抽查检验主体结构工程的施工质量是否满足规范要求

E. 监督工程验收程序是否符合验收规范的要求

4. 根据《建设工程施工合同（示范文本）》，下列工作中，应由发包人完成的工作有（　　）。

A. 从施工现场外部接通施工用电线路　B. 施工现场的安全保卫

C. 已完工程的保护　D. 办理爆破作业行政许可手续　E. 施工现场邻近建筑物的保护

5. 工程师依据施工现场的下列情况向承包人发布暂停施工指令时，其中应顺延合同工期的情况有（　　）。

A. 地基开挖遇到勘察资料未标明的断层，需要重新确定基础处理方案

B. 发包人订购的设备未能按时到货　C. 施工作业方法存在重大安全隐患

D. 后续施工现场未能按时完成移民拆迁工作

E. 施工中遇到有考古价值的文物需要采取保护措施予以保护

6. 下列施工过程中发生的事件中，属于不可抗力的有（　　）。

A. 地震　B. 洪水　C. 社会动乱　D. 发包人责任造成的火灾　E. 承包人责任造成的爆炸

7. 根据《建设工程质量管理条例》，工程在正常使用条件下，承包人对工程质量保修期限最低为 2 年的工程有（　　）。

A. 基础设施工程　B. 防水工程　C. 设备安装工程　D. 电气管线工程　E. 给水管道工程

8. 在建设工程施工索赔中，工程师判定承包人索赔成立的条件包括（　　）。

A. 事件造成了承包人施工成本的额外支出或总工期延误

B. 造成费用增加或工期延误的原因，不属于承包人应承担的责任

C. 造成费用增加或工期延误的原因，属于分包人的过错

D. 按合同约定的程序，承包人提交了索赔意向通知

E. 按合同约定的程序，承包人提交了索赔报告

9. 根据《建设工程监理合同（示范文本）》的规定，下列权利中，监理人执行监理

业务时可以行使的有（　　）。

A. 工程设计的建议权

B. 工程项目质量、工期和费用的监督控制权

C. 施工承包单位的选定权

D. 工程设计变更的决定权

E. 工程项目协作单位协调工作的主持权

10. 建设工程施工招标确定中标人后，合同协议书中有关工期的内容应包括（　　）。

A. 开工日期　B. 竣工日期　C. 施工期　D. 合同工期总日历天数

E. 合同工期总工作天数

11. 根据《建设工程施工合同（示范文本）》通用条款的规定，当合同的组成文件之间出现矛盾或歧义时，下列有关文件优先解释顺序中，正确的有（　　）。

A. 中标通知书—合同协议书—合同专用条款

B. 中标通知书—投标书—合同通用条款

C. 履行过程中的书面洽商—合同专用条款—工程量清单

D. 投标书—合同专用条款—标准规范

E. 图纸—合同专用条款—工程量清单

12. 根据《建设工程施工合同（示范文本）》的规定，合同履行发生的下列费用中，可纳入承包人提交的工程进度款支付申请书中的款项包括（　　）。

A. 本期完成的工程量对应报价单的相应价格计算的工程款

B. 设计变更调整的合同价款　C. 因不可抗力导致人员伤亡的损害赔偿款

D. 本期应扣回的工程预付款　E. 承包人的索赔款

13. 根据《建设工程施工合同（示范文本）》的规定，因不可抗力事件导致的下列损失中，应由发包人承担的包括（　　）。

A. 工程本身的损失

B. 承包人采购的运至施工现场待安装工程设备的损失

C. 工程师的人员伤亡损失

D. 工程停工损失

E. 承包人的施工机械损失

14. 施工合同履行中，承包人采购的材料经检验合格后已在施工中使用，工程师后来发现材料不符合设计要求，则（　　）。

A. 承包人负责拆除　B. 承包人承担拆除发生的费用

C. 发包人承担拆除发生的费用　D. 延误的工期不予顺延

E. 已完成的工程应予计量支付

15. 发包人出于某种需要希望工程能提前竣工，则他应做的工作包括（　　）。

A. 向承包人发出必须提前竣工的指令　B. 与承包人协商并签订提前竣工协议

C. 负责修改施工进度计划　D. 为承包人提供赶工的便利条件

E. 减少对工程质量的检测试验项目

三、案例题

案例1

某建筑公司于2016年3月8日与某建设单位签订了修建建筑面积为$3000m^2$工业厂房（带地下室）的施工合同。该建筑公司编制的施工方案和进度计划已获批准。施工进度计划

已经达成一致意见。合同规定由于建设单位责任造成施工窝工时，窝工费用按原人工费、机械台班费60%计算。在专用条款中明确6级以上大风、大雨、大雪、地震等自然灾害按不可抗力因素处理。监理工程师应在收到索赔报告之日起28天内予以确认，监理工程师无正当理由不确认时，自索赔报告送达之日起28天后视为索赔已经被确认。根据双方商定，人工费定额为30元/工日，机械台班费为1000元/台班。建筑公司在履行施工合同的过程中发生以下事件：

事件1：基坑开挖后发现地下情况和发包商提供的地质资料不符，有古河道，须将河道中的淤泥清除并对地基进行二次处理。为此，业主以书面形式通知施工单位停工10天，窝工费用合计为3000元。

事件2：2016年5月18日由于下大雨，一直到5月21日开始施工，造成20名工人窝工。

事件3：5月21日用30个工日修复因大雨冲坏的永久道路，5月22日恢复正常挖掘工作。

事件4：5月27日因租赁的挖掘机大修，挖掘工作停工2天，造成人员窝工10个工日。

事件5：在施工过程中，发现因业主提供的图纸存在问题，故停工3天进行设计变更，造成5天窝工60个工日，机械窝工9个台班。

问题：

1. 分别说明事件1至事件6工期延误和费用增加应由谁承担，并说明理由。如是建设单位的责任应向承包单位补偿工期和费用分别为多少？

2. 建设单位应给予承包单位补偿工期多少天？补偿费用多少元？

案例2

某实施监理的工程，工程实施过程中发生以下事件：

事件1：甲施工单位将其编制的施工组织设计报送建设单位。建设单位考虑到工程的复杂性，要求项目监理机构审核该施工组织设计；施工组织设计经监理单位技术负责人审核签字后，通过专业监理工程师转交给甲施工单位。

事件2：甲施工单位依据施工合同将深基坑开挖工程分包给乙施工单位，乙施工单位将其编制的深基坑支护专项施工方案报送项目监理机构，专业监理工程师接收并审核批准了该方案。

事件3：主体工程施工过程中，因不可抗力造成损失。甲施工单位及时向项目监理机构提出索赔申请，并附有相关证明材料，要求补偿的经济损失如下：

(1) 在建工程损失26万元；

(2) 施工单位受伤人员医药费、补偿金4.5万元；

(3) 施工机具损坏损失12万元；

(4) 施工机械闲置、施工人员窝工损失5.6万元；

(5) 工程清理、修复费用3.5万元。

事件4：甲施工单位组织工程竣工预验收后，向项目监理机构提交了工程竣工报验单。项目监理机构组织工程竣工验收后，向建设单位提交了工程质量评估报告。

问题：

1. 指出事件1中的不妥之处，写出正确做法。

2. 指出事件2中专业监理工程师做法的不妥之处，写出正确做法。

3. 逐项分析事件3中的经济损失是否应补偿给甲施工单位，分别说明理由。项目监理机构应批准的补偿金额为多少万元？

4. 指出事件4中的不妥之处，写出正确做法。

案例3

某工程，建设单位委托监理单位承担施工阶段的监理任务，总承包单位按照施工合同约定选择了设备安装分包单位。在合同履行过程中发生如下事件。

事件1：工程开工前，总承包单位在编制施工组织设计时认为修改部分施工图设计可以使施工更方便，质量和安全更易保证，遂向项目监理机构提出了设计变更的要求。

事件2：专业监理工程师检查主体结构施工时，发现总承包单位在未向项目监理机构报审危险性较大的预制构件起重吊装专项方案的情况下已自行施工，且现场没有管理人员。于是，总监下达了《监理工程师通知单》。

事件3：专业监理工程师在现场巡视时，发现设备安装分包单位违章作业，有可能导致发生重大质量事故。总监理工程师口头要求总承包单位暂停分包单位施工，但总承包单位未予执行。总监理工程师随即向总承包单位下达了《工程暂停令》，总承包单位在向设备安装分包单位转发《工程暂停令》前，发生了设备安装质量事故。

问题：

1. 针对事件1中总包单位提出的设计变更要求，写出项目监理机构的处理程序。

2. 根据《建设工程安全生产管理条例》规定，事件2中起重吊装专项方案需经哪些人签字后方可实施？

3. 指出事件2中总监理工程师的做法是否妥当？说明理由。

4. 事件3中总监理工程师是否可以口头要求暂停施工？为什么？

5. 就事件3中所发生的质量事故，指出建设单位、监理单位、总承包单位和设备安装分包单位各自应承担的责任，说明理由。

案例4

某实行监理的工程，实施过程中发生下列事件。

事件1：建设单位于2010年11月底向中标的监理单位发出监理中标通知书，监理中标价为280万元；建设单位与监理单位协商后，于2011年1月10日签订了监理合同。监理合同约定：合同价为260万元；因非监理单位原因导致监理服务期延长，每延长一个月增加监理费8万元；监理服务自合同签订之日起开始，服务期26个月。

建设单位通过招标确定了施工单位，并与施工单位签订了施工承包合同，合同约定：开工日期为2011年2月10日，施工总工期为24个月。

事件2：由于吊装作业危险性较大，施工项目部编制了专项施工方案，并送现场监理员签收。吊装作业前，吊车司机使用风速仪检测到风力过大，拒绝进行吊装作业。施工项目经理便安排另一名吊车司机进行吊装作业，监理员发现后立即向专业监理工程师汇报，该专业监理工程师回答说：这是施工单位内部的事情。

事件3：监理员将施工项目部编制的专项施工方案交给总监理工程师后，发现现场吊装作业吊车发生故障。为了不影响进度，施工项目经理调来另一台吊车，该吊车比施工方案确定的吊车吨位稍小，但经安全检测可以使用。监理员应即将此事向总监理工程师汇报，总监理工程师以专项施工方案未经审查批准就实施为由，签发了停止吊装作业的指令。施工项目经理签收暂停令后，仍要求施工人员继续进行吊装。总监理工程师报告了建设单位，建设单位负责人称工期紧迫，要求总监理工程师收回吊装作业暂停令。

事件4：由于施工单位的原因，施工总工期延误5个月，监理服务期达30个月监理单位要求建设单位增加监理费32万元，而建设单位认为监理服务期延长是施工单位造成的，监理单位对此负有责任，不同意增加监理费。

问题：

1. 指出事件 1 中建设单位做法的不妥之处，写出正确做法。
2. 指出事件 2 中专业监理工程师的不妥之处，写出正确做法。
3. 指出事件 2 和事件 3 中施工项目经理在吊装作业中的不妥之处，写出正确做法。
4. 分别指出事件 3 中建设单位、总监理工程师工作中的不妥之处，写出正确做法。
5. 事件 4 中，监理单位要求建设单位增加监理费是否合理？说明理由。

07

Chapter

第7章 风险控制及安全管理

7.1 建设工程风险及风险控制

7.1.1 建设工程风险

我们常说，任何企业无论进行经营、投资、建设等任何活动都会有风险。既然有风险就不能听之任之，而是要进行控制。建设工程自然也存在风险，所谓建设工程风险，就是指在建设工程中存在的不确定性因素以及可能导致结果出现差异的可能性。为把影响实现工程项目目标的各类风险降至最低，对建设工程风险进行识别、确定和度量风险，并制定、选择、和实施风险处理方案的过程称为建设工程风险控制。

一般来说，建设工程风险贯穿于建设工程项目形成全过程，它有以下特点。

1）建设工程风险大。一般将建设工程风险因素分为政治、社会、经济、自然和技术等方面。明确这一点，就是要从思想上给予高度重视。建设工程风险的概率大、范围广，应采取有力的措施主动预防和控制。

2）参与工程建设的各方均有风险，但是各方的风险不尽相同。例如，发生通货膨胀风险事件，在可以调价合同条件下，对业主来说是相当大的风险，而对承包方来说则风险较小；但如果是固定总价合同条件下，对业主就不是风险，对承包商来说就是相当大的风险。因此，要对各种风险进行有效的预测，分析各种风险发生的可能性。

3）建设工程风险在决策阶段主要表现为投机风险，而实施阶段则主要表现为纯风险。

7.1.2 建设工程风险控制

建设工程风险控制是一个系统的、完整的过程，一般也是一个循环过程。建设工程风险控制包括：风险识别、风险评估、风险决策、决策的实施、执行情况检查五个方面内容。

（1）风险识别

即通过一定的方式，系统而全面地分辨出影响目标实现的风险事件，并进行归类处理的过程，必要时还需对风险事件的后果定性分析和估计。

(2) 风险评估

指将建设工程风险事件发生的可能性和损失后果进行定量化的过程，风险评估的结果主要在于确定各种风险事件发生的概率及其对建设工程目标的严重影响程度，如投资增加的数额、工期延误的时间等。

(3) 风险决策

是选择确定建设工程风险事件最佳对策组合的过程，通常有风险回避、损失控制、风险转移和风险自留四种措施。

1) 风险回避　风险回避是指事先预料风险产生的可能程度，判断其实现的条件和因素，在行动中尽可能地避免或改变行动方向，即以一定的方式中断风险源，使其不发生或不再发展，从而避免可能产生的潜在损失。从风险量大小的角度来考虑，这种风险对策适用于风险量大的情况。风险回避虽然是一种风险防范措施，但由于风险是广泛存在的，想要完全规避是不可能的，而且很多风险属于投机风险，如果采取风险规避的对策，在避免损失的同时，也失去了获利的机会。因此，在采取风险回避对策时，应对该对策的消极面有个清醒的认识，注意以下几点：

① 当风险可能导致的损失频率和损失幅度极高，且对此风险有足够的认识时，这种策略才有意义。

② 当采用其他风险策略的成本和效益的预期值不理想时，可采用回避风险的策略。

③ 不是所有的风险都可以采取回避策略的，如地震、洪灾、台风等。

④ 由于回避风险只是在特定范围内及特定的角度上才有效，因此避免了某种风险，又可能产生另一种新的风险。

此外，在许多情况下，风险规避是不可能或不实际的。因为，工程建设过程中会面临许多风险，无论是业主还是承包商，还是监理企业，都必须承担某些风险，因此在采用此对策时，要对风险对象有所选择。

2) 损失控制　损失控制是指事前要预防或降低风险发生的概率，同时要考虑到风险无法避免时，要运用可能的手段力求降低损失的程度。这是一种积极主动的风险处理对策，实现的途径有两种，即损失预防和损失抑制。

损失预防措施主要是降低或消除损失发生的概率；损失抑制措施主要是降低损失的严重程度或遏制损失的进一步发展，使损失最小化。损失抑制是指损失发生时或损失发生后，为了缩小损失幅度所采取的各项措施。

3) 风险转移　风险转移是指借助若干技术和经济手段，将组织或项目的部分风险或全部风险转移到其他组织或个人，以避免大的损失。从风险量大小的角度来考虑，这种风险对策适用于风险量比较大的情况。风险转移的方法有两种，即保险转移和非保险转移。

保险转移就是保险，它是指建设工程业主、承包商或监理单位通过购买保险将本应由自己承担的工程风险转移给保险公司，从而使自己免受风险损失。保险这种风险转移方式得到越来越广泛的运用，原因在于保险人较投保人更适宜承担有关的风险。在建设工程方面，我国目前已施行了意外伤害保险、建筑工程一切险、安装工程一切险和建筑安装工程第三者责任险等。2011 年 7 月新的《中华人民共和国建筑法》将第四十八条进行了修订：“建筑施工企业应当依法为职工参加工伤保险缴纳工伤保险费。鼓励企业为从事危险作业的职工办理意外伤害保险，支付保险费。”

非保险转移通常也称为合同转移，一般通过签订合同的方式将工程风险转移给非保险人的对方当事人。

4）风险自留　风险自留又称风险自担，就是由企业或项目组织自己承担风险事件所致损失的措施。这种措施有时是无意识的，即由于管理人员缺乏风险意识、风险识别失误或评价失误，也可能是决策延误，甚至是决策实施延误等各种原因，都会导致没有采取有效措施防范风险，以致风险事件发生时，只好自己承担。这种情况称为被动风险自留，亦称非计划性风险自留。但是风险自留有时是有计划的风险处理对策，它是整个建设工程风险对策计划的一个组成部分。这种情况下，风险承担人通常已经做好了处理风险的准备。这种情况称为主动风险自留，亦称计划性风险自留。从风险量大小的角度来考虑，风险自留的对策适用于风险量比较小的情况。

（4）决策的实施

即制定计划并付诸实施的过程。例如制定预防计划、灾难计划、应急计划等；又如，在决定购买工程保险时，要选择保险公司，确定恰当的保险范围、赔额、保险费等等。这些都是实施风险对策决策的重要内容。

（5）执行情况检查

即跟踪了解风险决策的执行情况，并根据变化的情况，及时调整对策，并评价各项风险对策的执行效果。除此之外，还需要检查是否有被遗漏的工程风险或者发现了新的工程风险，也就是进行新一轮的风险识别，开始新的风险管理过程。

7.2 建设工程安全管理

7.2.1 建设工程安全生产监理责任的规定

建设工程安全生产的监理责任就是监理工程师对建设工程中的人、材料、机械、方法、环境及施工全过程的安全生产进行监督管理，通过组织、技术、经济和合同措施，保证建设行为符合国家安全生产、劳动保护、环境保护、消防等法律法规、标准规范和有关方针、政策，有效地将建设工程安全风险控制在允许的范围内，以确保施工安全。它是建设工程监理的重要组成部分，也是建设工程安全生产管理的重要保障。

2003 年 11 月 24 日，国务院颁布了《建设工程安全生产管理条例》，并于 2004 年 2 月 1 日起施行。《建设工程安全生产管理条例》规定了工程建设参与各方责任主体的安全责任，明确规定工程监理单位的安全责任，以及工程监理单位和监理工程师应对建设工程安全生产承担监理责任。参见本书第 1 章内容。

7.2.2 建设工程安全生产监理工作内容

为了认真贯彻《建设工程安全生产管理条例》，指导和督促工程监理单位落实安全生产监理责任，做好建设工程安全生产的监理工作，切实加强建设工程安全生产管理，建设部在 2006 年出台了《关于落实建设工程安全生产监理责任的若干意见》（建市［2006］248 号），明确了工程监理单位按照法律、法规和工程建设强制性标准及监理委托合同实施监理时，对所监理工程的施工安全生产进行监督检查的工作内容。

关于落实建设工程安全生产监理责任的若干意见

7.2.2.1 施工准备阶段主要工作内容

1）监理单位应根据《建设工程安全生产管理条例》的规定，按照工程建设强制性标准、《建设工程监理规范》和相关行业法规、文件的要求，编制包括安全监理内容的项目监理规划，明确安全监理的范围、内容、工作程序和制度措施，以及人员配备计划和职责等。

2）对中型及以上项目和危险性较大的分部分项工程，监理单位应当编制监理实施细则。实施细则应当明确安全监理的方法、措施和控制要点，以及对施工单位安全技术措施的检查方案。

《建设工程安全生产管理条例》规定，施工单位应当在施工组织设计中编制安全技术措施和施工现场临时用电方案，并附具安全验算结果，经施工单位技术负责人、总监理工程师签字后实施，由专职安全生产管理人员进行现场监督。建设部根据《条例》第 26 条规定发布了《危险性较大的分部分项工程安全管理办法》（建质［2009］87 号），规定下列范围与规模工程应编制安全专项施工方案。

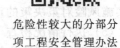

危险性较大的分部分项工程安全管理办法

① 基坑支护、降水工程。开挖深度超过 3m（含 3m）或虽未超过 3m，但地质条件和周边环境复杂的基坑（槽）支护、降水工程。

② 土方开挖工程。开挖深度超过 3m（含 3m）的基坑（槽）的土方开挖工程。

③ 模板工程及支撑体系。

a. 各类工具式模板工程：包括大模板、滑模、爬模、飞模等工程。

b. 混凝土模板支撑工程：搭设高度 5m 及以上；搭设跨度 10m 及以上；施工总荷载 $10kN/m^2$ 及以上；集中线荷载 $15kN/m^2$ 及以上；高度大于支撑水平投影宽度且相对独立无联系构件的混凝土模板支撑工程。

c. 承重支撑体系：用于钢结构安装等满堂支撑体系。

④ 起重吊装及安装拆卸工程

a. 采用非常规起重设备、方法，且单件起吊重量在 10kN 及以上的起重吊装工程。

b. 采用起重机械进行安装的工程。

c. 起重机械设备自身的安装、拆卸。

⑤ 脚手架工程

a. 搭设高度 24m 及以上的落地式钢管脚手架工程。

b. 附着式整体和分片提升脚手架工程。

c. 悬挑式脚手架工程。

d. 吊篮脚手架工程。

e. 自制卸料平台、移动操作平台工程。

f. 新型及异型脚手架工程。

⑥ 拆除、爆破工程

a. 建筑物、构筑物拆除工程。

b. 采用爆破拆除的工程。

⑦ 其他

a. 建筑幕墙安装工程。

b. 钢结构、网架和索膜结构安装工程。

c. 人工挖扩孔桩工程。

d. 地下暗挖、顶管及水下作业工程。

e. 预应力工程。

f. 采用新技术、新工艺、新材料、新设备及尚无相关技术标准的危险性较大的分部分项工程。

3）审查施工单位编制的施工组织设计中的安全技术措施和危险性较大的分部分项工程安全专项施工方案是否符合工程建设强制性标准要求。审查的主要内容应当包括：

① 施工单位编制的地下管线保护措施方案是否符合强制性标准要求；

② 基坑支护与降水、土方开挖与边坡防护、模板、起重吊装、脚手架、拆除、爆破等分部分项工程的专项施工方案是否符合强制性标准要求；

③ 施工现场临时用电施工组织设计或者安全用电技术措施和电气防火措施是否符合强制性标准要求；

④ 冬季、雨季等季节性施工方案的制定是否符合强制性标准要求；

⑤ 施工总平面布置图是否符合安全生产的要求，办公、宿舍、食堂、道路等临时设施设置以及排水、防火措施是否符合强制性标准要求。

4）检查施工单位在工程项目上的安全生产规章制度和安全监管机构的建立、健全及专职安全生产管理人员配备情况，督促施工单位检查各分包单位的安全生产规章制度的建立情况。

施工单位施工现场安全生产保证体系主要内容包括：

① 施工现场安全生产组织机构。

② 施工现场安全生产规章制度。

施工现场安全生产规章制度包括：安全生产目标责任制度、安全生产检查制度、安全生产教育和培训制度、事故处理和报告制度等。

③ 施工单位项目负责人的执业资格证书和安全生产考核合格证书应齐全有效。

④ 施工单位专职安全生产管理人员的配备数量应符合有关规定，其执业资格证书和安全生产考核合格证书应齐全有效。

根据《建筑施工企业安全生产管理机构设置及专职安全生产管理人员配备办法》（建质［2008］91号）的规定，总承包单位配备项目专职安全生产管理人员应当满足下列要求。

a. 建筑工程、装修工程按照建筑面积配备：1万平方米以下的工程不少于1人；1万～5万平方米的工程不少于2人；5万平方米及以上的工程不少于3人，且按专业配备专职安全生产管理人员。

b. 土木工程、线路管道、设备安装工程按照工程合同价配备：5000万元以下的工程不少于1人；5000万～1亿元的工程不少于2人；1亿元及以上的工程不少于3人，且按专业配备专职安全生产管理人员。

5）审查施工单位资质和安全生产许可证是否合法有效。

① 建筑企业安全生产许可证应由施工单位注册地省级以上政府安全生产监督管理部门颁发和管理。

② 跨省作业的建筑施工企业，应持企业所在省、自治区、直辖市建设行政主管部门颁发的安全生产许可证，向工程项目所在地省、自治区、直辖市建设行政主管部门备案。

③ 安全生产许可证有效期为3年。

6）审查项目经理和专职安全生产管理人员是否具备合法资格，是否与投标文件相一致。

7）审核特种作业人员的特种作业操作资格证书是否合法有效。

建设工程特种作业人员是指垂直运输机械安装拆卸人员、开机作业人员（塔吊、施工电梯、井架安装拆卸工、塔吊司机、施工电梯司机、井字架司机等）、超重信号工（塔吊指挥等）、登高架设作业人员（架子工等）、电工、电气焊工、爆破作业人员和场内机动车驾驶员等。

8）审核施工单位应急救援预案和安全防护措施费用使用计划。

7.2.2.2　施工阶段主要工作内容

1）监督施工单位按照施工组织设计中的安全技术措施和专项施工方案组织施工，及时制止违规施工作业。

2）定期巡视检查施工过程中的危险性较大工程作业情况。

3）核查施工现场施工起重机械、整体提升脚手架、模板等自升式架设设施和安全设施的验收手续。

① 对施工单位拟用的起重机械的性能检测报告、验收许可及备案证书、安装单位企业资质及安装方案进行程序性核查；经项目监理机构对其验收程序进行核查，签认后施工单位方可投入使用；拆卸前项目监理机构应对施工单位所报送的资料（包括拆卸方案和拆卸单位的企业资质等）进行程序性核查，签认后施工单位方可进行拆卸。

这里所称起重机械是指纳入特种设备目录，在房屋建筑工地和市政工程工地安装、拆卸、使用的起重机械。主要有塔式起重机、施工升降机、电动吊篮、物料提升机等。

② 检查施工机械设备的进场安装验收手续，并在相应的报审表上签署意见。这里所称的施工机械设备是指：挖掘机械、基础及凿井机械、钢筋混凝土机械、土方铲运机械、凿岩机械、筑路机械等。监理人员应对施工机械的验收记录进行核查，核查验收记录中的验收程序、结论和确认手续。

4）检查施工现场各种安全标志和安全防护措施是否符合强制性标准要求，并检查安全生产费用的使用情况。监理人员应特别注意对工程现场“三宝、四口”安全检查。

5）督促施工单位进行安全自查工作，并对施工单位自查情况进行抽查，参加建设单位组织的安全生产专项检查。

三宝、四口安全检查

7.3　安全管理监理实务

7.3.1　建设工程安全生产监理工作程序

（1）施工过程安全生产监理程序

1）监理单位按照《建设工程监理规范》和相关行业监理规范要求，编制含有安全监理内容的监理规划和监理实施细则。

2）在施工准备阶段，监理单位审查核验施工单位提交的有关技术文件及资料，并由项目总监在有关技术文件报审表上签署意见；审查未通过的，安全技术措施及专项施工方案不得实施。

3）在施工阶段，监理单位应对施工现场安全生产情况进行巡视检查，对发现的各类安全事故隐患，应书面通知施工单位，并督促其立即整改；情况严重的，监理单位应及时下达工程暂停令，要求施工单位停工整改，并同时报告建设单位。安全事故隐患消除后，监理单位应检查整改结果，签署复查或复工意见。施工单位拒不整改或不停工整改的，监理单位应当及时向工程所在地建设主管部门或工程项目的行业主管部门报告，以电话形式报告的，应当有通话记录，并及时补充书面报告。检查、整改、复查、报告等情况应记载在监理日志、监理月报中。

监理单位应核查施工单位提交的施工起重机械、整体提升脚手架、模板等自升式架设设施和安全设施等验收记录，并由安全监理人员签收备案。

4）工程竣工后，监理单位应将有关安全生产的技术文件、验收记录、监理规划、监理实施细则、监理月报、监理会议纪要及相关书面通知等按规定立卷归档。

施工过程安全监理工作程序如图7-1所示。

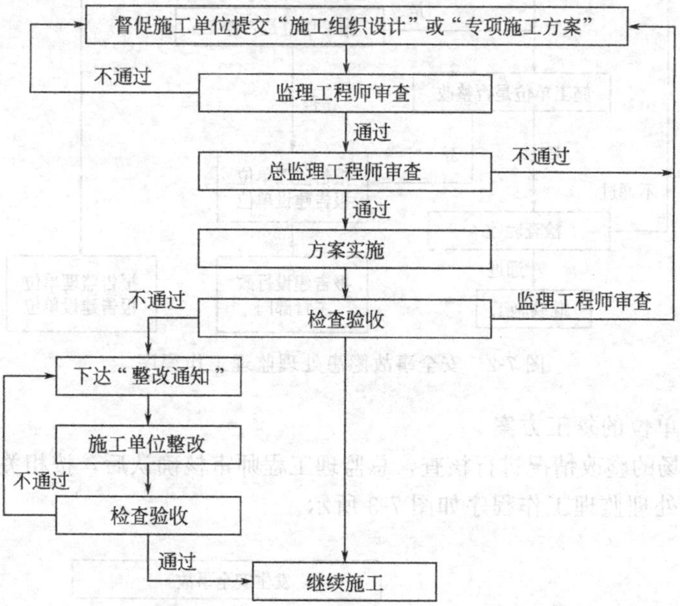

图7-1 施工过程安全监理工作程序

（2）安全技术措施及专项施工方案的审查程序

1）项目监理机构收到施工单位报送的安全技术措施或专项施工方案后，总监理工程师应组织监理工程师进行审查。

2）总监理工程师在监理工程师审查的基础上进行审核，并在《专项施工方案报审表》上签字确认。

3）当需要施工单位修改时，监理工程师应在《专项施工方案报审表》上签署不通过的结论，并注明原因。

（3）安全事故隐患处理监理程序

1）在施工阶段，监理人员应对施工现场安全生产情况进行巡视检查，对发现的各类安全事故隐患，应通知施工单位，并督促其立即整改。

2）情况严重的，项目监理机构应及时下达工程暂停令，要求施工单位停工整改，并同时报告建设单位。

3）安全事故隐患消除后，项目监理机构应检查整改结果，签署复查或复工意见。

4）施工单位拒不整改或不停工整改的，监理单位应当及时向有关部门报告，以电话形式报告的，应当有通话记录，并及时补充书面报告。

5）检查、整改、复查、报告等情况应体现在监理日志中，监理月报中应有相关内容。

6）安全事故隐患处理监理工作程序如图7-2所示。

（4）安全事故处理的监理程序

1）当现场发生安全事故后，总监理工程师应及时签发建设工程安全监理暂停令，并向监理单位和建设单位报告。

2）总监理工程师应及时会同建设单位现场负责人向施工单位了解事故情况。针对事故调查组提出的处理意见和防范措施，项目监理机构应检查施工单位的落实情况。

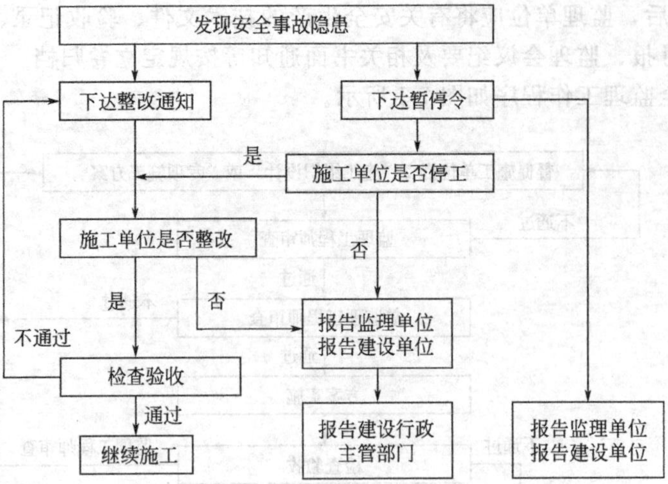

图 7-2　安全事故隐患处理监理工作程序

3）审查施工单位的复工方案。

4）对施工现场的整改情况进行核查，总监理工程师审核确认后，按相关规定下达复工令。

5）安全事故处理监理工作程序如图 7-3 所示。

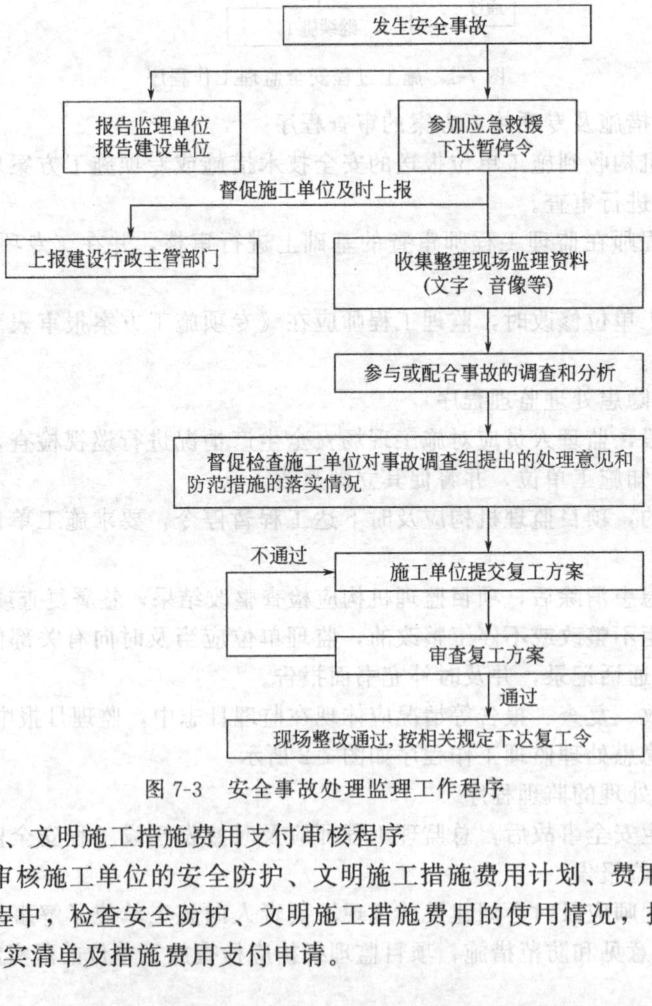

图 7-3　安全事故处理监理工作程序

(5) 安全防护、文明施工措施费用支付审核程序

1）重开工前审核施工单位的安全防护、文明施工措施费用计划、费用清单。

2）在施工过程中，检查安全防护、文明施工措施费用的使用情况，按期审核施工单位提交的措施费用落实清单及措施费用支付申请。

3）签署安全防护、文明施工措施费用支付证书，并报建设单位。

7.3.2 安全事故隐患监理措施

在房屋建筑和市政工程施工过程中，存在有一定危害、可能导致人员伤亡或造成经济损失的生产安全隐患。监理工程师应对检查出的安全事故隐患立即发出安全隐患整改通知单。施工单位应对安全隐患原因进行分析，制定纠正和预防措施。安全事故整改措施经监理工程师确认后实施。监理工程师对安全事故整改措施的实施过程和实施效果应进行跟踪检查，保存验证记录。以下是对一般工程潜在的安全事故隐患采取的监理措施，如表7-1所示。

表7-1 安全事故隐患及监理措施

序号	作业/活动/设施/场所	危险源	重大	一般	可能导致的事故	监理工作措施	备注
1	土方开挖	施工机械有缺陷		√	机械伤害，倾覆等	进行巡视检查	
2		施工机械的作业位置不符合要求		√	倾覆、触电等	进行巡视检查	
3		挖土机司机无证或违章作业		√	机械伤害等	督促施工单位进行教育和培训，进行巡视检查	
4		其他人员违规进入挖土机作业区域		√	机械伤害等	督促施工单位执行运行的安全控制程序，进行巡视检查	
5	基坑支护	支护方案或设计缺乏或者不符合要求	√		坍塌等	督促施工单位编制或修订方案，并组织审查	
6		临边防护措施缺乏或者不符合要求		√	坍塌等	督促施工单位认真落实经过审批的方案或修正不合理的方案	
7		未定期对支撑、边坡进行监视、测量		√	坍塌等	督促施工单位执行运行的安全控制程序，进行巡视检查	
8		坑壁支护不符合要求	√		坍塌等	督促施工单位执行已经批准的方案，进行巡视控制	
9		排水措施缺乏或者措施不当		√	坍塌等	进行巡视检查	
10		积土料具堆放或机械设备施工不合理造成坑边荷载超载	√		坍塌等	督促施工单位执行运行的安全控制程序，进行巡视检查	
11		人员上下通道缺乏或设置不合理		√	高处坠落等	督促施工单位执行运行的安全控制程序，进行巡视检查	
12		基坑作业环境不符合要求或缺乏垂直作业上下隔离防护措施		√	高处坠落，物体打击等	督促施工单位对此危险源制定安全目标和管理方案	
13	脚手架工程	施工方案缺乏或不符合要求	√		高处坠落等	督促施工单位编制设计与施工方案，并组织审查	
14		脚手架材质不符合要求		√	架体倒塌，高处坠落等	进行巡视检查	
15		脚手架基础不能保证架体的荷载	√		架体倒塌，高处坠落等	督促施工单位执行已批准的方案，并根据实际情况对方案进行修正	
16		脚手架铺设或材质不符合要求		√	高处坠落等	进行巡视检查	
17		架体稳定性不符合要求		√	架体倒塌，高处坠落等	督促施工单位执行运行的安全控制程序，进行巡视检查	
18		脚手架荷载超载或堆放不均匀	√		架体倒塌，倾斜等	进行巡视检查	
19		架体防护不符合要求		√	高处坠落等	进行巡视检查	
20		无交底或验收		√	架体倾斜等	督促施工单位进行技术交底并认真验收	
21		人员与物料到达工作平台的方法不合理		√	高处坠落，物体打击等	督促施工单位执行运行的安全控制程序，督促施工单位进行教育和培训	
22		架体不按规定与建筑物拉结		√	架体倾倒等	进行巡视检查	
23		脚手架不按方案要求搭设		√	架体倾倒等	督促施工单位进行教育和培训，进行巡视检查	

续表

序号	作业/活动/设施/场所	危险源	重大	一般	可能导致的事故	监理工作措施	备注
24	悬挑脚手架	悬挑梁安装不符合要求	√		架体倾倒等	督促施工单位执行运行的安全控制程序，进行巡视检查	
25		外挑杆件与建筑物连接不牢固	√		架体倾倒等	进行巡视检查	
26		架体搭设高度超过方案规定	√		架体倾倒等	督促施工单位执行已经过审查的方案，进行巡视检查	
27		立杆底部固定不牢	√		架体倾倒等	进行巡视检查	
28	悬挑钢平台及落地操作平台	施工方案缺乏或不符合要求	√		架体倾倒等	督促施工单位编制或修改方案，并组织审查	
29		搭设不符合方案要求		√	架体倾倒等	督促施工单位执行已批准的方案，进行巡视检查	
30		荷载超载或堆放不均匀	√		物体打击，架体倾倒等	进行巡视检查	
31		平台与脚手架相连		√	架体倾倒等	进行巡视检查	
32		堆放材料过高		√	物体打击等	督促施工单位进行教育和培训，进行巡视检查	
33	附着式升降脚手架	升降时架体上站人		√	高处坠落等	督促施工单位进行教育和培训，进行巡视检查	
34		无防坠装置或防坠装置不起作用	√		架体倾倒等	督促施工单位执行运行的安全控制程序，进行巡视检查	
35		钢挑架与建筑物连接不牢或不符合规定要求	√		架体倾倒等	进行巡视检查	
36	模板工程	施工方案缺乏或不符合要求	√		倒塌，物体打击等	督促施工单位编制或修改方案，并组织审查，进行巡视检查	
37		无针对混凝土输送的安全措施	√		机械伤害等	要求施工单位针对实际情况提出相关措施	
38		混凝土模板支撑系统不符合要求	√		模板坍塌，物体打击等	督促施工单位执行已批准的方案，进行巡视检查	
39		支撑模板的立柱的稳定性不符合要求	√		模板坍塌等	督促施工单位执行已批准的方案，进行巡视检查	
40		模板存放无防倾倒措施或存放不合要求		√	模板坍塌等	进行巡视检查	
41		悬空作业未系安全带或系挂不符合要求	√		高处坠落等	督促施工单位进行教育和培训，进行巡视检查	
42		模板工程无验收与交底		√	倒塌，物体打击等	督促施工单位进行教育和培训，进行巡视检查	
43		模板作业2m以上无可靠立足点	√		高处坠落等	进行巡视检查	
44		模板拆除区未设置警戒线且无人监护		√	物体打击等	督促施工单位执行运行的安全控制程序，进行巡视检查	
45		模板拆除前未经拆模申请批准	√		坍塌，物体打击等	督促施工单位执行运行的安全控制程序，督促施工单位进行教育和培训	
46		模板上施工荷载超过规定或堆放不均匀	√		坍塌，物体打击等	进行巡视检查	
47	高处作业	员工作业违章		√	高处坠落等	督促施工单位进行教育和培训	
48		安全网防护或材质不符合要求		√	高处坠落，物体打击等	进行巡视检查	
49		临边与“四口”防护措施缺陷		√	高处坠落等	进行巡视检查	

续表

序号	作业/活动/设施/场所	危险源	重大	一般	可能导致的事故	监理工作措施	备注
50		外电防护措施缺乏或不符合要求	√		触电等	进行巡视检查	
51		接地与接零保护系统不符合要求		√	触电等	进行巡视检查	
52		用电施工组织设计缺陷		√	触电等	督促施工单位进行教育和培训,进行巡视检查	
53		违反“一机,一闸,一漏,一箱”		√	触电等	督促施工单位进行教育和培训,进行巡视检查	
54		电线电缆老化,破皮未包扎		√	触电等	进行巡视检查	
55		非电工私拉乱接电线		√	触电等	督促施工单位进行教育和培训,进行巡视检查	
56		用其他金属丝代替熔丝		√	触电等	督促施工单位进行教育和培训,进行巡视检查	
57		电缆架设或埋设不符合要求		√	触电等	进行巡视检查	
58		灯具金属外壳未接地		√	触电等	进行巡视检查	
59		潮湿环境作业漏电保护参数过大或不灵敏		√	触电等	督促施工单位执行运行的安全控制程序,进行巡视检查	
60		闸刀及插座插头损坏,闸具不符合要求		√	触电等	进行巡视检查	
61	施工用电作业	不符合“三级配电二级保护”要求导致防护不足		√	触电等	进行巡视检查	
62	物体提升安装、拆除	手持照明未用36V及以下电源供电		√	触电等	督促施工单位执行运行的安全控制程序,进行巡视检查	
63		带电作业无人监护		√	触电等	督促施工单位执行运行的安全控制程序,进行巡视检查	
64		无施工方案或方案不符合要求	√		架体倾倒等	督促施工单位编制施工方案,并严格执行	
65		物料提升机限拉保险装置不符合要求	√		吊盘冒顶等	督促施工单位执行运行的安全控制程序,进行巡视检查	
66		架体稳定性不符合要求	√		架体倾倒等	督促施工单位检查架体方案并整改,进行巡视检查	
67		钢丝绳有缺陷		√	机械伤害等	进行巡视检查	
68		装、拆人员未系好安全带及穿戴好劳保用品		√	高处坠落等	督促施工单位进行教育和培训,进行巡视检查	
69		装、拆时未设置警戒区域或未进行监控		√	物体打击等	督促施工单位执行运行的安全控制时程序	
70		装拆人员无证作业	√		机械伤害,机械伤害等	督促施工单位进行教育和培训,进行巡视检查	
71		卸料平台保护措施不符合要求		√	高处坠落,机械伤害等	进行巡视检查	
72		吊篮无安全门,自落门		√	机械伤害等	进行巡视检查	

续表

序号	作业/活动/设施/场所	危险源	重大	一般	可能导致的事故	监理工作措施	备注
73		传动系统及其安全装置配置不符合要求		√	机械伤害等	进行巡视检查	
74		避雷装置,接地不符合要求		√	火灾,触电等	进行巡视检查	
75		联络信号管理不符合要求		√	机械伤害等	督促施工单位执行运行的安全控制程序,进行巡视检查	
76		违章乘坐吊篮上下	√		机械伤害,机械伤害等	督促施工单位进行教育和培训,进行巡视检查	
77		司机无证上岗作业		√	机械伤害等	督促施工单位进行教育和培训,进行巡视检查	
78		无施工方案或方案不符合要求	√		设备倾覆等	督促施工单位编制设计与施工方案,并认真审查	
79		电梯安全装置不符合要求		√	机械伤害等	督促施工单位执行运行的安全控制程序,进行巡视检查	
80		防护棚、防护门等防护措施不符合要求		√	高处坠落,物体打击等	督促施工单位执行运行的安全控制程序,进行巡视检查	
81		电梯司机无证或违章作业		√	机械伤害等	督促施工单位进行教育和培训,进行巡视检查	
82	施工电梯	电梯超载运行	√		机械伤害等	督促施工单位执行运行的安全控制程序,进行巡视检查	
83		装、拆人员未系好安全带及穿戴好劳保用品		√	高处坠落等	督促施工单位进行教育和培训,进行巡视检查	
84		装、拆时未设置警戒区域或未进行监控	√		物体打击等	督促施工单位执行运行的安全控制程序,进行巡视检查	
85		架体稳定性不符合要求	√		架体倾倒等	督促施工单位执行运行的安全控制程序,进行巡视检查	
86		避雷装置不符合要求		√	触电,火灾等	进行巡视检查	
87		联络信号管理不符合要求		√	机械伤害等	督促施工单位执行运行的安全控期程序,进行巡视检查	
88		卸料平台防护措施不符合要求或无防护门		√	高处坠落,物体打击等	进行巡视检查	
89		外用电梯门连锁装置失灵		√	高处坠落等	督促施工单位执行运行的安全控制程序,进行巡视检查	
90		装拆人员无证作业		√	机械伤害等	督促施工单位进行教育和培训,进行巡视检查	

续表

序号	作业/活动/设施/场所	危险源	重大	一般	可能导致的事故	监理工作措施	备注
91	塔吊安装、拆除及作业其他起重吊装作业	塔吊力矩限制器，限位器，保险装置不符合要求	√		设备倾翻等	督促施工单位执行运行的安全控制程序，进行巡视检查	
92		超高塔吊附墙装置与夹轨钳不符合要求	√		设备倾翻等	进行巡视检查	
93		塔吊违章作业		√	机械伤害等	督促施工单位进行教育和培训，进行巡视检查	
94		塔吊路基与轨道不符合要求	√		设备倾翻等	进行巡视检查	
95		塔吊电器装置设置及其安全防护不符合要求		√	机械伤害，触电等	进行巡视检查	
96		多塔吊作业防碰撞措施不符合要求	√		设备倾翻等	督促施工单位执行已批准的方案或修改方案不合理的内容，进行巡视检查	
97		司机，挂钩工无证上岗		√	机械伤害等	督促施工单位进行教育和培训，进行巡视检查	
98		起重物件捆扎不紧或散装物料装的太满		√	物体打击等	督促施工单位执行运行的安全控制程序，进行巡视检查	
99		安装及拆除时未设置警戒线或未进行监控	√		物体打击等	督促施工单位执行运行的安全控制程序，进行巡视检查	
100		装拆人员无证作业	√		设备倾翻等	督促施工单位进行教育和培训，进行巡视检查	
101		起重吊装作业方案不符合要求	√		机械伤害等	督促施工单位重新编制起重作业方案并认真组织审查方案	
102		起重机械设备有缺陷		√	机械伤害等	进行巡视检查	
103		钢丝绳与索具不符合要求		√	物体打击等	进行巡视检查	
104		路面地耐力或铺垫措施不符合要求	√		设备倾翻等	督促施工单位执行经过审查的方案，进行巡视检查	
105		司机操作失误	√		机械伤害等	督促施工单位进行教育和培训，进行巡视检查	
106		违章指挥		√	机械伤害等	督促施工单位进行教育和培训，进行巡视检查	
107		起重吊装超载作业	√		设备倾翻等	督促施工单位执行运行的安全控制程序，进行巡视检查	
108		高处作业人的安全防护措施不符合要求		√	高处坠落等	进行巡视检查	
109		高处作业人违章作业		√	高处坠落等	督促施工单位进行教育和培训，进行巡视检查	
110		作业平台不符合要求		√	高处坠落等	进行巡视检查	
111		吊装时构件堆放不符合要求		√	构件倾倒，物体打击等	进行巡视检查	
112		警戒管理不符合要求		√	物体打击等	督促施工单位执行运行的安全控制程序，进行巡视检查	

续表

序号	作业/活动/设施/场所	危险源	重大	一般	可能导致的事故	监理工作措施	备注
113	木工机械	传动部位无防护罩		√	机械伤害等	进行巡视检查	
114		圆盘锯无防护罩及安全挡板		√	机械伤害等	督促施工单位执行运行的安全控制程序，进行巡视检查	
115		使用多功能木工机具		√	机械伤害等	督促施工单位执行运行的安全控制程序，进行巡视检查	
116		平刨无护手安全装置		√	机械伤害等	进行巡视检查	
117	手持电动工具作业	保护接零或电源线配置不符合要求		√	触电等	进行巡视检查	
118		作业人员个体防护不符合要求		√	触电等	督促施工单位进行教育和培训，进行巡视检查	
119		未做绝缘测试		√	触电等	督促施工单位执行运行的安全控制程序，进行巡视检查	
120	钢筋冷拉作业	钢筋机械的安装不符合要求		√	机械伤害等	督促施工单位执行运行的安全控制程序，进行巡视检查	
121		钢筋机械的保护装置缺陷		√	机械伤害等	进行巡视检查	
122		作业区防护措施不符合要求		√	机械伤害等	进行巡视检查	
123	电气焊作业	未做保护接零，无漏电保护器		√	触电等	督促施工单位执行运行的安全控制程序，进行巡视检查	
124		无二次侧空载降压保护器或触电保护器		√	触电等	进行巡视检查	
125		一次侧线长度超过规定或不穿管保护		√	触电等	进行巡视检查	
126		气瓶的使用与管理不符合要求		√	爆炸等	督促施工单位进行教育和培训，进行巡视检查	
127		焊接作业工人个体防护不符合要求		√	触电，灼伤等	督促施工单位进行教育和培训，进行巡视检查	
128		焊把线接头超过3处或绝缘老化		√	触电等	进行巡视检查	
129		气瓶违规存放		√	火灾，爆炸等	督促施工单位进行教育和培训，进行巡视检查	
130	拌和作业	搅拌机的安装不符合要求		√	机械伤害等	进行巡视检查	
131		操作手柄无保险装置		√	机械伤害等	进行巡视检查	
132		离合器，制动器，钢丝绳达不到要求		√	机械伤害等	督促施工单位执行运行的安全控制程序，进行巡视检查	
133		作业平台的设置不符合要求		√	高处坠落等	督促施工单位执行运行的安全控制程序，进行巡视检查	
134		作业工人粉尘与噪声的个体防护不符合要求		√	尘肺，听力损伤等	督促施工单位执行运行的安全控制程序，进行巡视检查	

【习题与案例】

一、单项选择题

1. 以一定方式中断风险源，使其不发生或不再发展，从而避免可能产生的潜在损失的风险对策是（　　）。

A. 损失控制　　B. 风险自留　　C. 风险转移　　D. 风险回避

2. 根据《建设工程安全生产管理条例》，注册执业人员未执行法律、法规和工程建设强制性标准，情节严重的，吊销执业资格证书，（　　）不予注册。

A. 1年内　　B. 5年内　　C. 8年内　　D. 终身

3. 根据建设部《关于落实建设工程安全生产监理责任的若干意见》，下列工作中，属于施工准备阶段监理工作的是（ ）。

A. 审查施工组织设计中的安全技术措施 B. 定期巡视检查危险性较大工程作业情况

C. 检查施工现场起重机械验收手续 D. 检查施工现场安全防护措施

4. 建设部《关于落实建设工程安全生产监理责任的若干意见》规定，监理规划中应当包括（ ）。

A. 安全监理的范围、内容、工作程序和制度措施 B. 安全监理的方法、措施和控制要点

C. 对施工单位安全技术措施的检查方案 D. 对施工单位应急救援计划的检查方案

5. 风险对策的决策过程中，一般情况下对各种风险对策的选择原则是（ ）。

A. 首先考虑风险转移，最后考虑损失控制 B. 首先考虑风险转移，最后考虑风险自留

C. 首先考虑风险回避，最后考虑损失控制 D. 首先考虑风险回避，最后考虑风险自留

6. 依据《建设工程监理规范》，项目监理机构在审查工程延期时，应依据影响工期事件（ ）确定批准工程延期的时间。

A. 是否具有持续性 B. 是否涉及费用

C. 对工期影响的量化程度 D. 对建设单位的影响程度

7. 监理单位发现施工现场存在严重安全隐患，应及时下达工程暂停令，并报告建设单位。施工单位拒不停工整改，监理单位应及时向工程所在地建设行政主管部门报告，（ ）。

A. 以口头形式报告的，应当记入监理日记

B. 以电话形式报告的，应当有通话记录

C. 以电话形式报告的，应当有通话记录，并及时补充书面报告

D. 以电话形式报告，有通话记录的，可不再书面报告

8. 承包商要求业主提供付款担保，属于承包商的（ ）的风险对策。

A. 保险转移 B. 非保险转移 C. 损失控制 D. 风险回避

9. 对达到一定规模的危险性较大的分部分项工程，施工单位应编制专项施工方案，并附具安全验算结果，该方案经（ ）后实施。

A. 专业监理工程师审核、总监理工程师签字

B. 施工单位技术负责人、总监理工程师签字

C. 建设单位、施工单位、监理单位签字

D. 专家论证、施工单位技术负责人签字

10. 依据《建设工程安全生产管理条例》的规定，下列关于分包工程的安全生产责任的表述中，正确的是（ ）。

A. 分包单位承担全部责任 B. 总包单位承担全部责任

C. 分包单位承担主要责任 D. 总承包单位和分包单位承担连带责任

二、多项选择题

1. 与其他的风险对策相比，非保险转移对策的优点主要体现在（ ）。

A. 可以转移某些不可投保的潜在损失

B. 双方当事人对合同条款的理解不会发生分歧

C. 被转移者有能力更好地进行损失控制

D. 可以中断风险源，使其不发生或不再发展

E. 可以降低损失的发生概率或降低损失的严重程度

2. 根据《建设工程安全生产管理条例》，工程施工单位应当在危险性较大的分部分项工程的施工组织设计中编制（ ）。

A. 施工总平面布置图 B. 安全技术措施 C. 专项施工方案 D. 临时用电方案

E. 施工总进度计划

3. 根据建设部《关于落实建设工程安全生产监理责任的若干意见》，监理单位对施工组织设计审查的主要内容包括（　　）。

A. 施工总平面布置图是否符合安全生产要求

B. 冬期、雨期等季节性施工方案是否符合强制性标准要求

C. 特种作业人员的特种操作资格证书是否合法有效

D. 施工现场安全设施验收手续是否齐全

E. 施工现场安全用电技术措施是否符合强制性标准要求

4. 根据《建设工程安全生产管理条例》，施工单位应组织专家对（　　）的专项施工方案进行论证、审查。

A. 深基坑工程　B. 地下暗挖工程　C. 脚手架工程　D. 设备安装工程

E. 高大模板工程

5. 依据《建设工程安全生产管理条例》，在实施监理过程中，工程监理单位发现存在安全事故隐患时，正确的做法为（　　）。

A. 要求施工单位暂时停止施工

B. 要求施工单位整改

C. 对情况严重的，应当要求施工单位暂时停止施工，并及时报告其上级管理部门

D. 对情况严重的，应当要求施工单位暂时停止施工，并及时报告建设单位

E. 对情况严重的，应当要求施工单位暂时停止施工，并及时报告有关主管部门

6. 下列关于风险回避的表述中，正确的有（　　）。

A. 回避一种风险可能产生另一种新的风险

B. 回避风险的同时也失去了从风险中获益的可能性

C. 风险回避可中断风险源，避免可能产生的损失，因而是最经济的风险对策

D. 回避风险有时是不可能的

E. 风险因素易于回避，风险事件难以回避

7. 工程保险是建设工程常用的一种风险对策，其缺点有（　　）。

A. 适用的工程范围有局限性　　B. 机会成本增加

C. 保险合同谈判常常耗费较多的时间和精力　　D. 忧虑价值增加

E. 可能产生心理麻痹而增加实际损失和未投保损失

8.《建设工程安全生产管理条例》规定，施工单位应当编制专项施工方案的分部分项工程有（　　）。

A. 基坑支护与降水工程　B. 土方开挖工程　C. 起重吊装工程　D. 主体结构工程

E. 模板工程和脚手架工程

9. 根据《建设工程安全生产管理条例》，施工单位应该在下列（　　）处危险部位设置明显的安全警示标志。

A. 施工现场入口处　B. 十字路口　C. 脚手架　D. 分叉路口　E. 电梯井口

10.《建设工程安全生产管理条例》规定，施工单位的（　　）等特种作业人员，必须按照国家专门规定经过专门的安全作业培训，并取得特种作业操作资格证书后，方可上岗作业。

A. 垂直运输机械作业人员　B. 钢筋作业人员　C. 爆破作业人员

D. 登高架设作业人员　E. 起重信号工

三、案例题

案例 1

某实施监理的工程，甲施工单位选择乙施工单位分包基坑支护及土方开挖工程。

施工过程中发生如下事件：

事件1：施工单位开挖土方时，因雨季下雨导致现场停工3天，在后续施工中，乙施工单位挖断了一处在建设单位提供资料的地下管图中未标明的煤气管道，因抢修导致现场停工7天，为此甲施工单位通过项目监理机构向建设单位提出工程延期10天和费用补偿2万元（合同约定，窝工综合补偿2000元/天）的要求。

事件2：为赶工期，甲施工单位调整了土方开挖方案，并按规定程序进行了报批。总监理工程师在现场发现乙施工单位未按调整后的土方开挖方案施工并造成围护结构变形超限，立即向甲施工单位签发《工程暂停令》，同时报告了建设单位。乙施工单位未执行指令仍继续施工，总监理工程师及时报告了有关主管部门。后因围护结构变形过大引发了基坑局部坍塌事故。

事件3：甲施工单位凭施工经验，未经安全验算就编制了高大模板工程专项施工方案，经项目经理签字后报总监理工程师审批的同时，就开始搭设高大模板，施工现场安全生产管理人员则由项目总工程师兼任。

事件4：甲施工单位为便于管理，将施工人员的集体宿舍安排在本工程尚未竣工验收的地下车库内。

问题：

1. 指出事件1中挖断煤气管道事故的责任方，说明理由。项目监理机构应批准工程延期和费用补偿各多少？说明理由。

2. 根据《建设工程安全生产管理条例》，分析事件2中甲、乙施工单位和监理单位对基坑局部坍塌事故应承担的责任，说明理由。

3. 指出事件3中甲施工单位的做法有哪些不妥，写出正确做法。

4. 指出事件4中甲施工单位的做法是否妥当，说明理由。

案例2

某电站建设工程项目工地，傍晚木工班班长带全班人员在高空15～20m的混凝土施工工作面上安装模板，并向全班人员交代系好安全带。当晚天色转暗，照明灯具已损坏，安全员不在现场，管理人员只在作业现场的危险区悬挂了警示牌。在作业期间，一木工身体状况不佳，为接同伴递来的木方，卸下安全带后，水平移动2m，不料脚下木架断裂，其人踩空直接坠落地面，高度为15m，经抢救无效死亡，另两人也因此从高空坠落，其中1人伤重死亡，另一人重伤致残。

问题：

1. 对高空作业人员，有哪些基本安全作业要求？

2. 你认为该工地施工作业环境存在哪些安全隐患？

3. 施工单位安全管理工作有哪些不足？应如何加强？

4. 安全检查有哪几类？检查的主要内容及重点是什么？

5. 根据我国有关安全事故的分类，该事故应属于哪一类？

案例3

某工程的建设单位A委托监理单位B承担施工阶段监理任务，总承包单位C按合同约定选择了设备安装单位D分包设备安装及钢结构安装工作，在合同履行过程中，发生了如下事件：

事件1：监理工程师检查主体结构施工时，发现总承包单位C在未向监理机构报审危险性较大的预制构件起重吊装专项施工方案的情况下已自行施工，且现场没有管理人员。于是总监理工程师下达了《监理工程师通知单》。

事件2：监理工程师在现场巡视时，发现设备安装分包单位违章作业，有可能导致发生重大质量及安全事故。总监理工程师口头要求总承包单位暂停分包单位施工，但总承包单位未予执行。总监理工程师随即向总承包单位下达了《工程暂停令》，总承包单位在向设备安装分包单位转发《工程暂停令》前，发生了设备安装质量及安全事故，重伤4人。

事件3：为满足钢结构吊装施工的需要，D施工单位向设备租赁公司租用了一台大型起重塔吊，并进行塔吊安装，安装完成后，由C、D施工单位对该塔吊共同进行验收，验收合格后投入使用，并到有关部门办理登记。

事件4：钢结构工程施工中，专业监理工程师在现场发现D施工单位使用的高强螺栓未经报验，存在严重的质量隐患，即向乙施工单位签发了《工程暂停令》，并报告了总监理工程师。C施工单位得知后也要求D施工单位立刻停止整改。D施工单位为赶工期，边施工边报验，项目监理机构及时报告了有关主管部门。报告发出的当天，发生了因高强螺栓不符合质量标准导致的钢梁高空坠落事故，造成二人重伤，直接经济损失4.6万元。

事件5：C施工单位项目经理安排技术员兼施工现场安全员，并安排其负责编制深基坑支护与降水工程专项施工方案，项目经理对该施工方案进行安全验算后，即组织现场施工，并将施工方案及验算结果报送项目监理机构。

问题：

1. 根据《建设工程安全生产管理条例》规定，事件1中起重吊装专项方案需经哪些人签字后方可实施？

2. 指出事件1中总监理工程师的做法是否妥当？说明理由。

3. 事件2中总监理工程师是否可以口头要求暂停施工？为什么？

4. 就事件2中所发生的质量、安全事故，指出建设单位、监理单位、总承包单位和设备安装分包单位各自应承担的责任，说明理由。

5. 指出事件3中塔吊验收中的不妥之处。

6. 指出事件4中专业监理工程师做法的不妥之处，说明理由。

7. 指出事件5中甲施工单位项目经理做法的不妥之处，写出正确做法。

第8章 信息管理及监理资料

Chapter 08

8.1 建设工程信息管理

8.1.1 建设工程信息管理概述

(1) 信息

当前世界已进入信息时代，信息种类成千上万，信息的定义也有数百种之多。结合监理工作，我们认为：信息是对数据的解释，并反映了事物的客观状态和规律。

从广义上讲，数据包括文字、数值、语言、图表、图像等表达形式。数据有原始数据和加工整理以后的数据之分。无论是原始数据还是加工整理以后的数据，经人们解释并赋予一定的意义后才能成为信息。这就说明，数据与信息既有联系又有区别，信息的载体是数据，信息虽然用数据表现，但并非任何数据都是信息。

信息为使用者提供决策和管理所需要的依据。信息是决策和管理的基础，决策和管理依赖信息，正确的信息才能保证决策的正确，不正确的信息则会造成决策的失误。传统的管理是定性分析，现代的管理则是定量管理，定量管理离不开系统信息的支持。

(2) 信息系统

信息系统是由人和计算机等组成，以系统思想为依据，以计算机为手段，进行数据收集、传递、处理、存储、分发，加工产生信息，为决策、预测和管理提供依据的系统。

(3) 信息管理

所谓信息管理是指对信息的收集、加工整理、储存、传递与应用等一系列工作的总称。信息管理的目的就是通过有组织的信息流通，使决策者能及时、准确地获得相应的信息。为了达到信息管理的目的，就要把握好信息管理的各个环节，并要做到：

1）了解和掌握信息来源，对信息进行分类；

2）掌握和正确运用信息管理的手段（如计算机）；

3）掌握信息流程的不同环节，建立信息管理系统。

（4）信息管理的基本环节

建设工程信息管理的基本环节有信息的收集、传递、加工、整理、检索、分发、存储。

8.1.2 监理信息的形式与内容

8.1.2.1 监理信息的形式

信息是对数据的解释，这种解释方法的表现形式多种多样，一般有文字、数字、表格、图形、图像和声音等。监理信息有如下形式。

（1）文字数据

文字数据形式是监理信息的一种常见形式。文件是最常见的有用信息。监理中通常规定以书面形式进行交流，即使是口头指令，也要在一定时间内形成书面文字，这就会形成大量的文件。这些文件包括国家、地区、部门行业、国际组织颁布的有关建设工程的法律法规文件，如合同法、政府建设监理主管部门下发的条例、通知和规定、行业主管部门下发的通知和规定等；还包括国际、国家和行业等制定的标准规范，如合同标准文本、设计及施工规范、材料标准、图形符号标准、产品分类及编码标准等。具体到每一个工程项目，还包括合同及招投标文件、工程承包（分包）单位的情况资料、会议纪要、监理月报、监理总结、洽商及变更资料、监理通知、隐蔽及验收记录资料等。

（2）数字数据

数字数据也是监理信息常见的一种表现形式。在建设工程中，监理工作的科学性要求“用数字说话”，为了准确地说明各种工程情况，必然有大量数字数据产生，各种计算成果和试验检测数据反映了工程项目的质量、投资和进度等情况。用数据表现的信息常见的有：设备与材料价格、工程量计算规则、价格指数，工期、劳动、机械台班的施工定额，地区地质数据、项目类型及专业和主材投资的单价指标、材料的配合比数据等。具体到每个工程项目，还包括材料台账、设备台账、材料和设备检验数据、工程进度数据、进度工程量签证及付款签证数据、专业图纸数据、质量评定数据、施工人力和机械数据等。

（3）报表

各种报表是监理信息的另一种表现形式。建设工程各方常用这种直观的形式传播信息。承包商需要提供反映建设工程状况的多种报表。这些报表有：开工申请单、施工技术方案报审表、进场原材料报验单、进场设备报验单、测量放线报验单、分包申请单、合同外工程单价申报表、计日工单价申报表、合同工程月计量申报表、额外工程月计量申报表、人工与材料价格调整申报表、付款申请表、索赔申请书、索赔损失计算清单、延长工期申报表、复工申请、事故报告单、工程验收申请单、竣工报验单等。监理组织内部常采用规范化的表格来作为有效控制的手段，这类报表有：工程开工令、工程清单支付月报表、暂定金额支付月报表、应扣款月报表、工程变更通知、额外增加工程通知单、工程暂停指令、复工指令、现场指令、工程验收证书、工程验收记录、竣工证书等。监理工程师向业主反映工程情况也往往用报表形式传递工程信息，这类报表有：工程质量月报表、项目月支付总表、工程进度月报表、进度计划与实际完成报表、施工计划与实际完成情况表、监理月报表、工程状况报告表等。

（4）图形、图像和声音

监理信息的形式还有图形、图像和声音等。这些信息包括工程项目立面、平面及功能布置图形、项目位置及项目所在区域环境实际图形或图像等，对每一个项目还包括隐蔽部位、设备安装部位、预留预埋部位图形、管线系统、质量问题和工程进度形象图像，在施工中还有设计变更图等。图形、图像信息还包括工程录像（光盘）、照片等，这些信息直观、形象地反映了工程情况，特别是能有效反映隐蔽工程的情况。声音信息主要包括会议录音、电话录音以及其他的讲话录音等。

以上只是监理信息的一些常见形式，监理信息往往是这些形式的组合。随着科技的发展，还会出现更多更好的形式，了解监理信息的各种形式及其特点，对收集、整理信息很有帮助。

8.1.2.2 监理信息内容

施工阶段的监理信息收集，可从施工准备期、施工实施期、竣工验收期三个子阶段分别进行。可收集的监理信息有如下内容：

(1) 施工准备期

1）监理大纲；施工图设计及施工图预算，特别要掌握结构特点，掌握工程难点、要点、特点，掌握工业工程的工艺流程特点、设备特点，了解工程预算体系（按单位工程、分部工程、分项工程分解）；了解施工合同。

2）施工单位项目经理部组成，进场人员资质；进场设备的规格型号、保修记录；施工场地的准备情况；施工单位质量保证体系及施工单位的施工组织设计，特殊工程的技术方案，施工进度网络计划图表；进场材料、构件管理制度；安全保安措施；数据和信息管理制度；检测和检验、试验程序和设备；施工单位和分包单位的资质等施工单位信息。

3）建设工程场地的地质、水文、测量、气象数据；地上、地下管线，地下洞室，地上原有建筑物及周围建筑物、树木、道路；建筑红线，标高、坐标；水、电、气管道的引入标志；地质勘察报告、地形测量图及标桩等环境信息。

4）施工图的会审和交底记录；开工前的监理交底记录；对施工单位提交的施工组织设计按照项目监理机构要求进行修改的情况；施工单位提交的开工报告及实际准备情况。

5）本工程需遵循的相关建筑法律、法规和规范、规程，有关质量检验、控制的技术法规和质量验收标准。

(2) 施工实施期

1）施工单位人员、设备、水、电、气等能源的动态信息。

2）施工期气象的中长期趋势及同期历史数据，每天不同时段动态信息。特别在气候对施工质量影响较大的情况下，更要加强收集气象数据。

3）建筑原材料、半成品、成品、构配件等工程物资的进场、加工、保管、使用等信息。

4）项目经理部管理程序；质量、进度、投资的事前、事中、事后控制措施；数据采集来源及采集、处理、存储、传递方式；工序间交接制度；事故处理制度；施工组织设计及技术方案执行的情况；工地文明施工及安全措施等。

5）施工中需要执行的国家和地方规范、规程、标准，施工合同执行情况。

6）施工中发生的工程数据，如地基验槽及处理记录，工序间交接记录，隐蔽工程检查记录等。

7）建筑材料必试项目有关信息：如水泥、砖、砂石、钢筋、外加剂、混凝土、防水材料、饰面板、玻璃幕墙等。

8）设备安装的试运行和测试项目有关信息：如电气接地电阻、绝缘电阻测试，管道通水通气、通风试验，电梯施工试验，消防报警、自动喷淋系统联动试验等。

9）施工索赔相关信息：索赔程序，索赔依据，索赔证据，索赔处理意见等。

(3) 竣工验收期

1）工程准备阶段文件，如：立项文件，建设用地、征地、拆迁文件，开工审批文件等。

2）监理文件，如：监理规划、监理实施细则、有关质量问题和质量事故的相关记录、监理工作总结以及监理过程中各种控制和审批文件等。

3）施工资料：分为建筑安装工程和市政基础设施工程两大类分别收集。

4）竣工图：分建筑安装工程和市政基础设施工程两大类分别收集。

5）竣工验收资料：如工程竣工总结、竣工验收备案表、电子档案等。

8.1.3 建筑信息模型（BIM）

中国未来工程行业信息化发展将形成以建筑信息模型（Building Information Modeling，简称 BIM）为核心的产业革命。BIM 是以三维数字技术为基础，集成了建筑工程项目各种相关信息的工程数据模型。它能够连接建筑项目生命期不同阶段的数据、过程和资源，是对工程对象的完整描述，可被建设项目各参与方普遍使用。在项目运行过程中需要以 BIM 模型为中心，使各参建方能够在模型、资料、管理、运营上能够协同工作。如图 8-1 所示。

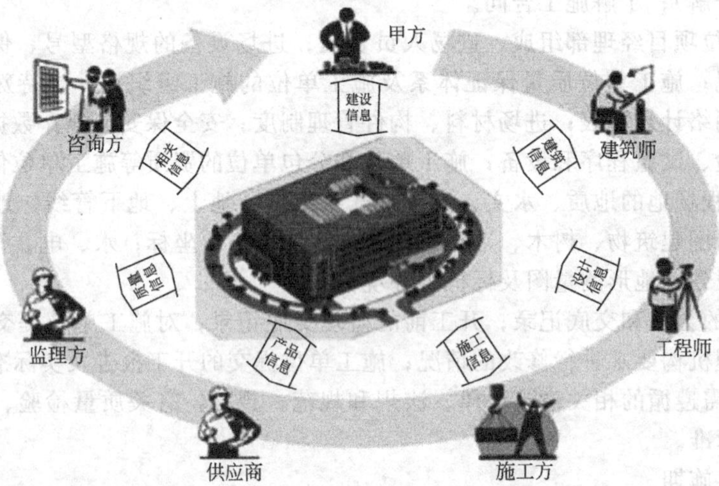

图 8-1　基于 BIM 模型服务器的协同管理

为了满足协同建设的需求，提高工作效率，需要建立统一的集成信息平台。通过统一的平台，使各参建方或业主各个建设部门间的数据交互直接通过系统进行，减少沟通时间和环节，解决各个参建方之间的信息传递与数据共享问题。

(1) BIM 的特点

1）可视化。可视化即“所见即所得”。对于建筑业而言，可视化的作用非常大。目前，在工程建设中所用的施工图纸只是将各个构件信息用线条来表达，其真正的构造形式需要工程建设参与人员去自行想象。但对于现代建筑而言，形式各异、造型复杂，光凭人脑去想象，不太现实。BIM 技术可将以往的线条式构件形成一种三维的立体实物图形展示在人们面前。

应用 BIM 技术，不仅可以用来展示效果，还可以生成所需要的各种报表。更重要的是在工程设计、建造、运营过程中的沟通、讨论、决策都能在可视化状态下进行。

2）协调性。协调是工程建设实施过程中的重要工作。在通常情况下，工程实施过程中一旦遇到问题，就需将各有关人员组织起来召开协调会，找出问题发生的原因及解决办法，然后采取相应补救措施。应用 BIM 技术，可以将事后协调转变为事先协调。如在工程设计阶段，可应用 BIM 技术协调解决施工过程中建筑物内设施的碰撞问题；在工程施工阶段，可以通过模拟施工，事先发现施工过程中存在的问题。此外，还可对空间布置、防火分区、管道布置等问题进行协调处理。

3）模拟性。应用 BIM 技术，在工程设计阶段可对节能、紧急疏散、日照、热能传导等进行模拟；在工程施工阶段可根据施工组织设计将 3D 模型加施工进度（4D）模拟实际施工，从而通过确定合理的施工方案指导实际施工，还可进行 5D 模拟（基于 3D 模型的造价控制），实现造价控制（通常被称为“虚拟施工”）；在运维阶段，可对日常紧急情况的处理进行模拟，如地震人员逃生模拟及消防人员疏散模拟等。

4）优化性。应用 BIM 技术，可提供建筑物实际存在的信息，包括几何信息、物理信息、规则信息等，并能在建筑物变化后自动修改和调整这些信息。现代建筑物越来越复杂，在优化过程中需处理的信息量已远远超出人脑的能力极限，需借助其他手段和工具来完成，BIM 技术与其配套的各种优化工具为复杂工程项目进行优化提供了可能。目前，基于 BIM 技术的优化可完成以下工作。

① 设计方案优化。将工程设计与投资回报分析结合起来，可以实时计算设计变化对投资回报的影响。这样，建设单位对设计方案的选择就不会仅仅停留在对形状的评价上，可以知道哪种设计方案更适合自身需求。

② 特殊项目的设计优化。有些工程部位往往存在不规则设计，如裙楼、幕墙、屋顶、大空间等处。这些工程部位通常也是施工难度较大、施工问题比较多的地方，对这些部位的设计和施工方案进行优化，可以缩短施工工期、降低工程造价。

5）可出图性。应用 BIM 技术对建筑物进行可视化展示、协调、模拟、优化后，还可输出有关图纸或报告：

① 综合管线图（经过碰撞检查和设计修改，消除相应错误）；

② 综合结构留洞图（预埋套管图）；

③ 碰撞检查侦错报告和建议改进方案。

（2）BIM 在工程项目管理中的应用

工程监理单位应用 BIM 的主要任务是通过借助 BIM 理念及其相关技术搭建统一的数字化工程信息平台，实现工程建设过程中各阶段数据信息的整合及其应用，进而更好地为建设单位创造价值，提高工程建设效率和质量。建设工程过程中应用 BIM 技术主要在以下方面。

1）可视化模型建立。可视化模型的建立是应用 BIM 的基础，包括建筑、结构、设备等各专业工种。BIM 模型在工程建设中的衍生路线就像一棵大树，其源头是设计单位在设计阶段培育的种子模型。其生长过程伴随着工程进展，由施工单位进行二次设计和重塑，以及建设单位、工程监理单位等多方审核。后端衍生的各层级应用如同果实一样。它们之间相互维系，而维系的血脉就是带有种子模型基因的数据信息，数据信息如同新陈代谢随着工程进展不断进行更新维护。

2）管线综合。随着建筑业的快速发展，对协同设计与管线综合的要求愈加强烈。但是，由于缺乏有效的技术手段，不少设计单位都没有能够很好地解决管线综合问题，各专业设计之间的冲突严重地影响了工程质量、造价、进度等。BTM 技术的出现，可以很好地实现碰撞检查，尤其对于建筑形体复杂或管线约束多的情况是一种很好的解决方案。此类服务可使建设工程监理服务价值得到进一步提升。

3）虚拟施工。当前，绝大部分工程项目仍采用横道图进度计划，用直方图表示资源计划，无法清晰描述施工进度以及各种复杂关系，难以准确表达工程施工的动态变化过程，更不能动态地优化分配所需要的各种资源和施工场地。将 BIM 技术与进度计划软件（如 MS Project，P6 等）数据进行集成，可以按月、按周、按天看到工程施工进度并根据现场情况进行实时调整，分析不同施工方案的优劣，从而得到最佳施工方案。此外，还可对工程项目的重点或难点部分进行可施工性模拟。通过对施工进度和资源的动态管理及优化控制，以及施工过程的模拟，可以更好地提高工程项目的资源利用率。

4）成本核算。对于工程项目而言，预算超支现象是极其普遍的。而缺乏可靠的成本数据是造成工程造价超支的重要原因。BIM 是一个包含丰富数据、面向对象、具有智能和参数特点的建筑数字化标识。借助这些信息，计算机可以快速对各种构件进行统计分析，完成成本核算。通过将工程设计和投资回报分析相结合，实时计算设计变更对投资回报的影响，合理控制工程总造价。

由于工程项目本身的特殊性，工程建设过程中随时都可能出现无法预计的各类问题，而 BIM 技术的数字化手段本身也是一项全新技术。因此，在建设工程监理或全过程工程咨询中，使用 BIM 技术具有开拓性意义，同时，也对建设工程监理团队带来极大的挑战，不仅要求建设工程监理团队具备优秀的技术和服务能力，还需要强大的资源整合能力。

8.2 工程监理三大文件

工程监理单位自对工程项目投标开始，到完成工程项目监理任务，期间必须编制与监理工作密切相关的三大文件：监理大纲、监理规划、监理实施细则。

8.2.1 监理大纲

（1）监理大纲的概念

监理大纲是为了使业主认可监理企业所提供的监理服务，从而承揽到监理业务，在投标阶段编制的项目监理方案性文件，亦称监理方案。尤其在通过公开招标竞争的方式获取监理业务时，监理大纲是监理单位能否中标、取信于业主最主要的文件资料。

监理大纲是为中标后监理单位开展监理工作制定的工作方案，是中标监理项目委托监理合同的重要组成部分，是监理工作总的要求。

（2）监理大纲的编制要求

1）监理大纲是体现为业主提供监理服务总的方案性文件，要求企业在编制监理大纲时，应在总经理或主管负责人的主持下，在企业技术负责人、经营部门、技术质量部门等密切配合下编制。

2）监理大纲的编制应依据监理招标文件、设计文件及业主的要求。

3）监理大纲的编制要体现企业自身的管理水平、技术装备等实际情况，编制的监理方案既要满足最大可能地中标，又要建立在合理、可行的基础上。因为监理单位一旦中标，投标文件将作为监理合同文件的组成部分，对监理单位履行合同具有约束效力。

（3）监理大纲的编制内容

为使业主认可监理单位，充分表达监理工作总的方案，使监理单位中标，监理大纲一般应包括如下内容。

1）人员及资质　监理单位拟派往工程项目上的主要监理人员及其资质等情况介绍，如监理工程师资格证书、专业学历证书、职称证书等，可附复印件说明。作为投标书的监理大纲还需要有监理单位基本情况介绍，公司资质证明文件，如企业营业执照、资质证书、质量体系认证证书、各类获奖证书等复印件，加盖单位公章以证明其真实有效。

2）监理单位工作业绩　监理单位工作经验及以往承担的主要工程项目，尤其是与招标项目同类型项目一览表，必要时可附上以往承担监理项目的工作成果如所获优质工程奖、业主对监理单位好评等复印件。

3）拟采用的监理方案　根据业主招标文件要求以及监理单位所了解掌握的工程信息，制定拟采用的监理方案，包括监理组织方案、项目目标控制方案、合同管理方案、组织协调方案等，这一部分是监理大纲的核心内容。

4）拟投入的监理设施　为实现监理工作目标，实施监理方案，必须投入监理项目工作所需要的监理设施，包括开展监理工作所需要的检测、检验设备，工具、器具，办公设施（如计算机、打印机、管理软件等），为开展组织协调工作提供监理工作后勤保障所需的交通、通信设施以及生活设施等。

5）监理酬金报价　写明监理酬金总报价，有时还应列出具体标段的监理酬金报价，必要时应有依据地列出详细的计算过程。

此外，监理大纲中还应明确说明监理工作中向业主提供的反映监理阶段性成果的文件。

8.2.2 监理规划

8.2.2.1 建设工程监理规划的概念

建设工程监理规划是监理单位接受业主委托并签订建设工程监理委托合同之后、监理工作开始之前编制的指导工程项目监理组织全面开展监理工作的纲领性文件。

8.2.2.2 建设工程监理规划的作用

（1）监理规划的基本作用就是指导工程项目监理部全面开展监理工作

建设工程监理的中心任务是协助业主实现项目总目标。实现项目总目标是一个全面、系统的过程，需要制定计划，建立组织机构，配备监理人员，投入监理工作所需资源，开展一系列行之有效的监控措施，只有做好这些工作才能完成好业主委托的建设工程监理任务，实现监理工作目标。委托监理的工程项目一般表现出投资规模大、工期长、所受的影响因素多、生产经营环节多，其管理具有复杂性、艰巨性、危险性等特点，这就决定了工程项目监理工作要想顺利实施，必须事先制订缜密的计划、做好合理的安排。监理规划就是针对上述要求所编制的指导监理工作开展的具体文件。

（2）监理规划是业主确认监理单位是否全面、认真履行建设工程监理合同的主要依据

监理单位如何履行建设工程合同，委派到所监理工程项目的监理项目部如何落实业主委托监理单位所承担的各项监理服务工作，在项目监理过程中业主如何配合监理单位履行监理委托合同中自己的义务，作为监理工作的委托方，业主不但需要而且应当了解和确认指导监理工作开展的监理规划文件。监理工作开始前，按有关规定，监理单位要报送委托方一份监理规划文件，既明确地告诉业主监理人员如何开展具体的监理工作，又为业主提供了用来监督监理单位有效履行委托监理合同的主要依据。

（3）监理规划是建设工程行政主管部门对监理单位实施监督管理的重要依据

监理单位在开展具体监理工作时，主要是依据已经批准的监理规划开展各项具体的监理工作。所以，监理工作的好坏、监理服务水平的高低，很大程度上取决于监理规划，它对建设工程项目的形成有重要的影响。建设工程行政主管部门除了对监理单位进行资质等级核准、年度检查外，更重要的是对监理单位实际监理工作进行监督管理，以达到对工程项目管理的目的。而监理单位的实际监理水平主要通过具体监理工程项目的监理规划以及是否能按既定的监理规划实施监理工作来体现。所以，当建设行政主管部门对监理单位的工作进行检查以及考核、评价时，应当对监理规划的内容进行检查，并把监理规划作为实施监督管理的重要依据。

（4）监理规划的编制能促进工程项目管理过程中承包商与监理方之间协调工作

工程项目实施过程中，承包商将严格按照承包合同开展工作，而监理规划的编制依据就包括施工承包合同，施工承包合同和监理方的监理规划有着实现工程项目管理目标的一致性和统一性。在工程项目开工前编制的监理规划中所述的监理工作程序、手段、方法、措施等都应当与工程项目对应的施工流程、施工方法、施工措施等统一起来。监理规划确定的监理目标、程序、方法、措施等不仅是监理人员监理工作的依据，也应该让施工承包方管理人员了解并与之协调配合。如监理规划不结合施工过程实际情况，缺乏针对性，将起不到应有的作用。相反的，在施工过程中让施工承包方管理人员了解并接受行之有效、科学合理的监理工作程序、方法、手段、措施，将会使工程项目的监理工作顺利地开展。

(5) 监理规划是建设工程项目重要的存档资料

随着我国工程项目管理及建设监理工作越来越趋于规范化，体现工程项目管理工作的重要原始资料的监理规划无论作为建设单位竣工验收存档资料，还是作为体现监理单位自己监理工作水平的标志性文件都是极其重要的。按现行国家标准《建设工程监理规范》（GB/T 50319—2013）和《建设工程文件归档规范》（GB/T 50328—2014）规定，监理规划应在召开第一次工地会议前报送建设单位。监理规划是施工阶段监理资料的主要内容，在监理工作结束后应及时整理归档，建设单位应当长期保存，监理单位、城建档案管理部门也应当存档。

8.2.2.3 监理规划的编制程序、依据及要求

(1) 监理规划的编制程序

① 监理规划应在签订委托监理合同及收到设计文件后开始。

② 由总监理工程师主持专业监理工程师参加编制。

③ 编制完成后必须经监理单位技术负责人审核批准并应在召开第一次工地会议前送建设单位。

(2) 监理规划的编制依据

① 建设工程的相关法律、法规、条例及项目审批文件。

② 与建设工程项目有关的标准、规范、设计文件及有关技术资料。

③ 监理大纲、委托监理合同文件及与建设项目相关的合同文件。

(3) 监理规划的编制要求

监理规划的编制应针对工程项目的实际情况，明确项目监理机构的工作目标，确定具体的监理工作制度、程序、方法和措施，并应具有可操作性。监理规划编制应在签订委托监理合同及收到设计文件后、工程项目实施监理工作之前编制。

8.2.2.4 监理规划的主要内容

监理规划通常包括以下内容。

(1) 工程概况

主要编写：①建设工程名称；②建设工程地点；③建设工程组成及建筑规模；④主要建筑结构类型；⑤预计工程投资总额（建设工程投资总额和建设工程投资组成简表）；⑥建设工程计划工期（可以以建设工程的计划持续时间或以建设工程开、竣工的具体日历时间表示）；⑦工程质量要求（应具体提出建设工程的质量目标要求）；⑧建设工程设计单位及施工单位名称。

(2) 监理工作范围、内容、目标

监理工作范围是指监理单位所承担的监理任务的工程范围。编写委托监理合同中约定的监理主要工作内容，编写所承担的建设工程的监理控制预期达到的目标及工作目标。

(3) 监理工作依据

①工程建设方面的法律、法规、政策；②政府批准的工程建设文件；③与建设工程项目有关的技术标准、技术资料；④委托监理合同；⑤其他建设工程合同。

(4) 项目监理机构的组织形式、人员配备及进退场计划、监理人员岗位职责

项目监理机构的组织形式应根据建设工程监理要求选择。项目监理机构可用组织结构图表示。项目监理机构的人员配备应根据建设工程监理的进程合理安排，并编制人员配备及进退场计划。确定监理机构中所有人员的岗位职责。

(5) 监理工作制度

主要包括：①施工图纸会审及设计交底制度；②施工组织设计审核制度；③工程开工申请审批制度；④工程材料，半成品质量检验制度；⑤隐蔽工程分项（部）工程质量验收制度；⑥单位工程、单项工程总监验收制度；⑦设计变更处理制度；⑧工程质量事故处理制度；⑨施工进度监督及报告制度；⑩监理报告制度；⑪工程竣工验收制度；⑫监理会议制度；⑬项目监理机构内部工作制度（含监理组织工作会议制度；对外行文审批制度；监理工作日志制度；监理周报、月报制度；技术、经济资料及档案管理制度等）。

(6) 工程质量控制

主要包括：质量控制目标的描述、质量目标实现的风险分析、质量控制的工作流程与措施、质量目标状况的动态分析及质量控制表格等。

(7) 工程造价控制

主要包括：投资目标分解、投资使用计划、投资目标实现的风险分析、造价控制的工作流程与措施、造价控制的动态比较、造价控制表格等。

(8) 工程进度控制

主要包括：工程总进度计划、总进度目标分解、进度目标实现的风险分析、进度控制的工作流程与措施、进度控制的动态比较及预测分析、进度控制表格等。

(9) 安全生产管理的监理工作

主要包括：安全监理职责描述、危险性较大分部分项工程、安全监理责任的风险分析、安全监理的工作流程和措施、安全监理状况的动态分析、安全监理工作所用图表。

(10) 合同与信息管理

合同管理方面主要包括：合同结构、合同目录一览表、合同管理的工作流程与具体措施、合同执行状况的动态分析、合同争议调解与索赔处理程序、合同管理表格等。信息管理方面主要包括：信息分类表、机构内部信息流程图、信息管理的工作流程与具体措施、信息管理表格。

(11) 组织协调

主要包括：建设工程有关的单位、建设工程系统内单位协调重点分析和系统外单位协调重点分析、协调工作程序（投资控制协调程序、进度控制协调程序、质量控制协调程序、其他方面工作协调程序)、协调工作表格。

(12) 监理工作设施

包括委托监理合同的约定建设单位提供的监理工作需要的设施和监理单位根据建设工程类别、规模、技术复杂程度、建设工程所在地的环境条件、委托监理合同的约定等，配备满足监理工作需要的常规检测设备、工器具。

8.2.3　监理实施细则

监理实施细则

(1) 监理实施细则的概念

监理实施细则是监理工作实施细则的简称，是根据监理规划由专业

监理工程师编制，并经总监理工程师批准，针对工程项目中某一专业或某一方面监理工作的指导监理工作的操作性文件。

对大中型建设工程项目或专业性比较强的工程项目，项目监理机构应编制监理实施细则。监理实施细则应符合监理规划的要求，并应结合工程项目的专业特点，做到详细、具体、具有可操作性。

为了使编制的监理实施细则详细、具体、具有可操作性，根据监理工作的实际情况，监理实施细则应针对工程项目实施的具体对象、具体时间、具体操作、管理要求等，结合项目管理工作的监理工作目标、组织机构、职责分工，配备监理设备资源等，明确在监理工作过程中应当做哪些工作、由谁来做这些工作、在什么时候做这些工作、在什么地方做这些工作、如何做好这些工作。例如实施某项重要分项工程质量控制时，应明确该分项工程的施工工序组成情况，并把所有工序过程作为控制对象；明确由项目监理组织机构中具体哪一位监理员去实施监控；规定在施工过程中平行、巡视、检查方式；规定当承包商专业队组自检合格并进行工序报验时实施检查；规定到工序施工现场进行巡视、检查、核验；规定该工序或分项工程用什么测试工具、仪器、仪表检测；检查哪些项目、内容；规定如何检查；检查后如何记录；如何与规范要求、设计要求的标准相比较做出结论等。

（2）监理实施细则的编制程序与依据

1）监理实施细则编制程序

① 监理实施细则应在相应工程施工开始前编制完成，并经总监理工程师批准。

② 监理实施细则应由专业监理工程师编制。

监理实施细则的编制

2）监理实施细则编制依据

① 已批准的监理规划。

② 与专业工程相关的规范标准、设计文件和技术资料。

③ 施工组织设计。

（3）监理实施细则的主要内容

1）专业工程的特点。

2）监理工作的流程。

3）监理工作控制要点及目标值。

4）监理工作的方法及措施。

监理实施细则的内容应体现出针对性强、可操作性强、便于实施的特点。

（4）监理实施细则的管理

对于一些工程规模较小、技术较简单且有成熟管理经验和措施的，若有比较详细的监理规划或监理规划深度满足要求时，可不必编制监理实施细则。监理实施细则在执行过程中，应根据实际情况进行补充、修改和完善，但其补充、修改和完善需经总监理工程师批准。

监理实施细则是开展监理工作的重要依据之一，最能体现监理工作服务的具体内容、具体做法，是体现全面认真开展监理工作的重要依据。按照监理实施细则开展监理工作并留有记录、责任到人也是证明监理单位为业主提供优质监理服务的证据，是监理归档资料的组成部分，是建设单位长期保存的竣工验收资料内容，也是监理单位、城建档案管理部门归档资料内容。

8.2.4 工程监理三大文件的关系

建设工程项目监理大纲和监理细则是与监理规划相互关联的两个重要监理文件，它们与监理规划一起共同构成监理规划系列文件。三者之间既有区别又有联系。

(1) 工程监理三大文件的区别

工程监理三大文件的区别如表 8-1 所示。

表 8-1　工程监理三大文件区别

序号	区别点	监理大纲	监理规划	监理实施细则
1	意义和性质	监理大纲是社会监理单位为了获得监理任务,在投标阶段编制的项目监理方案性文件,亦称监理方案	监理规划是在监理委托合同签订后,在项目总监理工程师主持下,按合同要求,结合项目的具体情况制定的指导监理工作开展的纲领性文件	监理实施细则是在监理规划指导下,项目监理机构的各专业监理的责任落实后,由专业监理工程师针对项目具体情况制定的具有可实施性和可操作性的业务文件
2	编制对象	以项目整体监理为对象	以项目整体监理为对象	以某项专业具体监理工作为对象
3	编制阶段	在监理招标阶段编制	在监理委托合同签订后编制	在监理规划编制后编制
4	编制的责任人	一般由监理企业的技术负责人组织经营部门或技术管理部门人编制,可能有拟定的总监理工程师参与,也可能没有拟定的总监理工程师参与	由总监理工程师负责组织编制	由现场监理机构各部门的专业监理工程师组织编制
5	编制深度	较浅	翔实、全面	具体、可操作
6	目的和作用	目的是要使业主信服,如果采用本监理单位制定的监理大纲,能够实现业主的投资目标和建设意图,从而使监理单位在竞争中获得监理任务。其作用是为社会监理单位经营目标服务	目的是为了指导监理工作顺利开展,起着指导项目监理班子内部工作的作用	目的是为了使各项监理工作能够具体实施,起到具体指导监理实务作业的作用

(2) 工程监理三大文件的联系

工程项目监理大纲、监理规划、监理细则又是相互关联的，它们都是项目监理规划系列文件的组成部分，它们之间存在着明显的依据性关系。在编写项目监理规划时，一定要严格根据监理大纲的有关内容编写；在制定项目监理实施细则时，一定要在监理规划的指导下进行。

8.3 建设工程监理资料管理

8.3.1 建设工程文件

建设工程文件指在工程建设过程中形成的各种形式的信息记录，包括工程准备阶段文件、监理文件、施工文件、竣工图和竣工验收文件，这些简称工程文件，一般包括以下几部分。

1) 工程准备阶段文件：工程开工以前，在立项、审批、征地、勘察、设计、招投标等工程准备阶段形成的文件。

2) 监理文件：监理单位在工程设计、施工等阶段监理过程中形成的文件。

3）施工文件：施工单位在施工过程中形成的文件。

4）施工图：工程竣工验收后，真实反映建设工程项目施工结果的图样。

5）竣工验收文件：建设工程项目竣工验收活动中形成的文件。

8.3.2 建设工程监理资料管理

在工程项目的监理工作中，会涉及并产生大量的信息与档案资料，这些信息或档案资料中，有些是监理工作的依据，如招标投标文件、合同文件、业主针对该项目制定的有关工作制度或规定、监理规划与监理、监理细则、旁站方案；有些是监理工作中形成的文件，表明了工程项目的建设情况，也是今后工作所要查阅的，如监理工程师通知、专项监理工作报告、会议纪要、施工方案审查意见等；有些则是反映工程质量的文件，是今后监理验收或工程项目验收的依据。因此监理人员在监理工作中应对这些文件资料进行管理。

（1）建设工程监理资料管理基本概念

所谓建设工程监理资料的管理，是指监理工程师受建设单位委托，在进行建设工程监理的工作期间，对建设工程实施过程中形成的与监理相关的文件和档案进行收集积累、加工整理、立卷归档和检索利用等一系列工作。

（2）建设工程监理资料的管理

1）监理资料管理的基本要求：及时整理、真实完整、分类有序。

2）总监理工程师应指定专人进行监理资料的日常管理及归档工作，但应由总监理工程师负责。

3）总监理工程师应根据监理工程项目的实际情况建立监理管理台账，如：工程材料、构配件、设备检验台账，隐蔽、分项、分部工程验收台账，工程计量、工程款支付台账等。

4）专业监理工程师应根据要求认真审核资料，不得接收经涂改的报验资料，并在审核整理后交资料管理人员存收。

5）在工程监理过程中，监理资料可按单位工程建立案卷盒（夹），分专业存放保管并编目，以便于跟踪管理。

6）每个报表后按表要求必须附有相应的附件。涉及各专业的报表按建筑工程质量验收统一标准中排列顺序依次排序。

7）监理资料的收发、借阅必须通过资料管理人员履行手续。

8）监理资料应在各阶段监理工作结束后及时整理归档。

（3）建设工程监理资料的管理职责

依据《建设工程监理规范》（GB/T 50319—2013），项目监理机构在建设工程资料管理中所承担的职责如下。

1）项目监理机构应建立完善监理文件资料管理制度，宜设专人管理监理文件资料。

在项目监理机构，监理资料的管理应由总监理工程师负责，实行总监负责制。

2）应及时、准确、完整地收集、整理、编制、传递监理文件资料，宜采用信息技术进行监理文件资料管理。

3）项目监理机构应及时整理、分类汇总监理文件资料，并应按规定组卷，形成监理档案。

4）工程监理单位应根据工程特点和有关规定，保存监理档案，并应向有关单位、部门移交需要存档的监理文件资料。

8.3.3 建设工程监理资料归档

(1) 建设工程档案资料归档

建设工程档案资料的管理涉及建设单位、监理单位、施工单位等以及地方城建档案管理部门。对于一个建设工程而言，归档有三方面含义。

1) 建设、勘察、设计、施工、监理等单位将本单位在工程建设过程中形成的文件向本单位档案管理机构移交。

2) 勘察、设计、施工、监理等单位将本单位在工程建设过程中形成的文件向建设单位档案管理机构移交。

3) 建设单位按照现行《建设工程文件归档规范》(GB/T 50328—2014) 要求，将汇总的该建设工程文件档案向地方城建档案管理部门移交。

(2) 归档文件的质量要求

1) 归档的工程文件一般应为原件。

2) 工程文件的内容及其深度必须符合国家有关工程勘察、设计、施工、监理等方面的技术规范、标准和规程。

3) 工程文件的内容必须真实、准确，与工程实际相符合。

4) 工程文件应采用耐久性强的书写材料，如碳素墨水、蓝黑墨水，不得使用易褪色的书写材料，如：红色墨水、纯蓝墨水、圆珠笔、复写纸、铅笔等。

5) 工程文件应字迹清楚，图样清晰，图表整洁，签字盖章手续完备。

6) 工程文件中文字材料幅画尺寸规格宜为 A4 幅面 (297mm×210mm)。图纸宜采用国家标准图幅。

7) 工程文件的纸张应采用能够长期保存的韧力大、耐久性强的纸张。图纸一般采用蓝晒图，竣工图应是新蓝图。计算机出图必须清晰，不得使用计算机所出图纸的复印件。

8) 所有竣工图均应加盖竣工图章。

9) 利用施工图改绘竣工图，必须标明变更修改依据；凡施工图结构、工艺、平面布置等有重大改变，或变更部分超过图面 1/3 的，应当重新绘制竣工图。

10) 不同幅面的工程图纸可按《技术制图复制图的折叠方法》(GB 10609.3—89) 统一折叠成 A4 幅画，图标栏露在外面。

11) 工程档案资料的缩微制品，必须按国家缩微标准进行制作，主要技术指标（解像力、密度、海波残留量等）要符合国家标准，保证质量，以适应长期安全保管。

12) 工程档案资料的照片（含底片）及声像档案，要求图像清晰，声音清楚，文字说明或内容准确。

13) 工程文件应采用打印的形式并使用档案规定用笔，手工签字，在不能够使用原件时，应在复印件或抄件上加盖公章并注明原件保存处。

(3) 监理资料归档

依据《建设工程文件归档规范》(GB/T 50328—2014) 及工程实际情况，一般监理文档资料归档范围和保管期限如表 8-2 所示。

建设工程监理资料的建立、提出、传递、检查、收集、整理工作应从施工监理的准备到监理工作的完成，贯穿于整个监理工作的全过程。监理工程师在工作过程中需要采用书面文件与工程有关单位进行协调、控制，有关监理的文档资料填写得是否及时、真实、准确、齐全及内容是否完整，不仅体现监理工程师的工作水平，也代表了监理单位的整体素质。监理及施工单位用表，可参照《建设工程监理规范》(GB/T 50319—2013)。

表 8-2　监理文档资料归档范围和保管期限

监理文件(B类)						
B1	监理管理文件					
1	监理规划	▲			▲	▲
2	监理实施细则	▲		△	▲	▲
3	监理月报	△			▲	
4	监理会议纪要	▲		△	▲	
5	监理工作同志				▲	
6	监理工作总结				▲	▲
7	工作联系单	▲		△	△	
8	监理工程师通知	▲		△	△	△
9	监理工程师通知回复单	▲		△	△	△
10	工程暂停令	▲		△	△	▲
11	工程复工报审表	▲		▲	▲	▲
B2	进度控制文件					
1	工程开工报审表	▲		▲	▲	▲
2	施工进度计划报审表	▲		△	△	
B3	质量控制文件					
1	质量事故报告及处理资料			▲	▲	▲
2	旁站监理记录	△		△	▲	
3	见证取样和送检人员备案表	▲		▲	▲	
4	见证记录	▲		▲	▲	
5	工程技术文件报审表			△		
B4	造价控制文件					
1	工程款支付	▲		△	△	
2	工程款支付证书	▲		△	△	
3	工程变更费用报审表	▲		△	△	
4	费用索赔申请表	▲		△	△	
5	费用索赔审批表	▲		△	△	
B5	工期管理文件					
1	工期延期申请表	▲		▲	▲	▲
2	工期延期审批表	▲			▲	▲
B6	监理验收文件					
1	竣工移交证书	▲		▲	▲	▲
2	监理资料移交书	▲			▲	

【习题与案例】

一、单项选择题

1. 关于监理大纲、监理规划和监理实施细则的说法，正确的是（　　）。

A. 监理大纲由总监理工程师主持编制，经监理单位法定代表人批准

B. 监理规划由总监理工程师主持编制，经监理单位技术代表人批准

C. 监理实施细则由专业监理工程师负责编制，经监理单位技术代表人批准

D. 监理大纲、监理规划和监理实施细则均依据委托监理合同编写

2. 对建设单位而言，监理规划是（　　）的依据。

A. 指导项目监理机构开展监理工作　　B. 择优确定监理单位

C. 确认监理单位履行合同　　D. 监督管理监理单位

3. 关于对监理例会上各方意见不一致的重大问题在会议纪要中处理方式的说法，正确的是（　　）。

A. 不应记入会议纪要，以免影响各方意见一致问题的解决

B. 应将各方的主要观点记入会议纪要，但与会各方代表不签字

C. 应将各方的主要观点记入会议纪要的“其他事项”中

D. 应就意见一致和不一致的问题分别形成会议纪要

4. 下列各组施工单位用表与监理单位用表中，不存在对应关系的是（　　）。

A. ________报验申请表——________报验审批表

B. 费用索赔申请表——费用索赔审批表

C. 工程临时延期申请表——工程临时延期审批表

D. 监理工程师通知单——监理工程师通知回复单

5. 根据《建设工程监理规范》，监理规划应在（　　）后开始编制。

A. 收到设计文件和施工组织设计

B. 签订委托监理合同及收到设计文件和施工组织设计

C. 签订委托监理合同及收到施工组织设计

D. 签订委托监理合同及收到设计文件

6. 根据《建设工程监理规范》，专业监理工程师应对承包单位进场的工程材料、构（配）件和设备采用（　　）方式进行检验。

A. 平行检验或旁站　　B. 见证取样或旁站

C. 平行检验或见证取样　　D. 平行检验和见证取样

7. 随着建设工程的展开，要对监理规划进行补充、修改和完善。这是编写监理规划应满足（　　）的要求。

A. 符合建设工程运行规律　　B. 具体内容具有针对性

C. 基本构成内容应力求统一　　D. 分阶段编制完成

8. 下面哪项不是BIM在工程项目管理中的应用（　　）。

A. 建立可视化模型　　B. 4D虚拟施工　　C. 管线碰撞检查　　D. 进行施工图设计

9. 下列关于《监理工程师通知回复单》应用的说法中，正确的是（　　）。

A. 一般由监理员签认，重大问题由专业监理工程师签认

B. 一般由专业监理工程师签认，重大问题由总监理工程师签认

C. 承包单位可对多份监理工程师通知单予以综合答复

D. 由承包单位负责人对监理工程师通知单予以答复

10. 下列文件中，由专业监理工程师编制并报总监理工程师批准后实施的操作性文件是（　　）。

A. 监理规划　　B. 监理实施细则　　C. 监理大纲　　D. 监理月报

11. 列入城建档案管理部门接收范围的工程，建设单位应当在工程竣工验收后（　　）个月内，向当地城建档案管理部门移交一套符合规定的工程文件。

A. 1　　B. 3　　C. 6　　D. 12

12. “工程临时延期审批表”应由（　　）签发。

A. 监理单位技术负责人　　B. 监理单位法定代表人

C. 总监理工程师　　D. 专业监理工程师

13. 签订监理合同后，监理单位实施建设工程监理的首要工作是（　　）。

A. 编制监理大纲　　B. 编制监理规划　　C. 编制监理实施细则　　D. 组建项目监理机构

14. 监理大纲、监理规划和监理实施细则之间互相关联，下列表述中正确的是（　　）。

A. 监理大纲和监理规划都应依据签订的委托监理合同内容编写

B. 监理单位开展监理工作均须编制监理大纲、监理规划和监理实施细则

C. 监理规划和监理实施细则均须经监理单位技术负责人签认

D. 建设工程监理工作文件包括监理大纲、监理规划和监理实施细则

15. 下列关于监理大纲、监理规划、监理实施细则的表述中，错误的是（　　）。

A. 它们共同构成了建设工程监理工作文件

B. 监理单位开展监理活动必须编制上述文件

C. 监理规划依据监理大纲编制

D. 监理实施细则经总监理工程师批准后实施

16. 下面表述中错误的一项是（　　）。

A. 监理实施细则的作用是指导本专业或本子项目监理业务的开展

B. 监理大纲，监理规划，监理实施细则相互关联，必须齐全，缺一不可

C. 监理单位编制监理大纲目的之一是承揽到监理工作

D. 监理单位编制监理大纲目的之二是为今后开展监理工作制定的基本方案

17. 第一次工地会议不包括以下（　　）内容。

A. 建设单位宣布对总监理工程师的授权

B. 建设单位和总监理工程师对施工准备情况提出意见和要求

C. 研究确定召开专题现场协调会的时间和地点

D. 研究确定召开工地例会周期和地点

18.《建设工程监理规范》规定，总监理工程师或专业监理工程师应（　　）专题会议，解决施工过程中的各种专项问题。

A. 根据需要及时组织　　B. 定期主持召开

C. 每月组织召开一次　　D. 按建设单位要求组织

19.《建设工程监理规范》规定，工程材料/构配件/设备报审表的附件是（　　）。

A. 质量证明文件和数量清单　　B. 数量清单、质量证明文件和自检结果

C. 试验报告和数量清单　　D. 数量清单和拟用部位说明

20. 监理规划内容要随着建设工程的展开不断地补充、修改和完善，这符合监理规划编写中（　　）的要求。

A. 基本构成内容应力求统一　　B. 具体内容应具有针对性

C. 应当遵循建设工程的运行规律　　D. 一般要分阶段编写

二、多项选择题

1. 监理规划的编写依据包括（　　）。

A. 监理大纲　　B. 工程分包合同　　C. 工程设计文件　　D. 工程施工承包合同

E. 工程施工组织设计文件

2. 国家、省市重点工程项目或一些特大型、大型工程项目的（　　），必须有地方城建档案管理部门参加。

A. 单机试车　　B. 联合试车　　C. 工程验收　　D. 工程移交　　E. 工程预验收

3. 下列监理文件中，应由监理单位长期保存的有（　　）。

A. 监理实施细则　　B. 质量事故报告及处理意见　　C. 分包单位资质材料

D. 有关进度控制的监理通知　　E. 费用索赔报告及审批

4.《建设工程监理规范》规定，编制监理实施细则的依据有（　　）。

A. 监理合同　B. 工程承包合同　C. 已批准的监理规划

D. 与专业工程相关的标准、设计文件和技术资料　　E. 施工组织设计

5. 根据《建设工程文件归档规范》，建设工程归档文件应符合的质量要求和组卷要求有（　　）。

A. 归档的工程文件一般应为原件　B. 工程文件应采用耐久性强的书写材料

C. 所有竣工图均应加盖竣工验收图章　D. 竣工图可按单位工程、专业等组卷

E. 不同载体的文件一般应分别组卷

6. 工地例会一般包括以下（　　）内容。

A. 检查上次例会议定事项的落实情况，分析未完事项原因

B. 检查分析工程项目进度计划完成情况　C. 检查分析工程项目质量状况

D. 质量、安全事故的分析与处理　E. 检查工程量核定及工程款支付情况

7. 依据《建设工程监理规范》(GB/T 50319—2013) 规定，编制监理日志时应包括的内容有（　　）。

A. 工程概况及项目监理机构情况

B. 当日监理工作情况

C. 当日施工进展情况

D. 当日存在的问题及协调解决情况

E. 当日天气和施工环境情况

8.《建设工程监理规范》规定，专业监理工程师应签发监理工程师通知单，要求承包单位整改的情况有（　　）。

A. 施工存在重大质量隐患　B. 承包单位拒绝项目监理机构的管理

C. 工程材料验收不合格　　D. 工程实际进度滞后于计划进度

E. 施工中出现重大安全隐患

9. 就监理单位内部而言，监理规划的主要作用表现在（　　）。

A. 指导项目监理机构全面开展监理工作　　B. 作为业主确认监理单位履行合同的依据

C. 为承揽监理业务服务　　D. 作为内部重要的存档资料　　E. 作为内部考核的依据

10.（　　）属于建设工程文件。

A. 竣工图，工程竣工验收后，真实反映建设工程项目施工结果的图样

B. 施工文件，施工单位在工程施工过程中形成的文件

C. 政策、法规方面的文件

D. 监理文件，监理单位在工程设计、施工等阶段监理过程中形成的文件

E. 工程准备阶段文件，工程开工以前，在立项、审批、征地、勘察设计、招投标等工程准备阶段形成的文件

三、案例题

案例 1

某工程，实施过程中发生如下事件：

事件 1：工程开工前施工单位按要求编制了施工总进度计划和阶段性施工进度计划，按相关程序审核后报项目监理机构审查。专业监理工程师审查的内容有：

(1) 施工进度计划中主要工程项目有无遗漏，是否满足分批动用的需要。

(2) 施工进度计划是否符合建设单位提供的资金、施工图纸、施工场地、物资等条件。

事件 2：项目监理机构编制监理规划时初步确定的内容包括：工程概况；监理工作的范围、内容、目标；监理工作依据；工程质量控制；工程造价控制；工程进度控制；合同与信息管理；监理工作设施。总监理工程师审查时认为，监理规划还应补充有关内容。

事件3：工程施工过程中，因建设单位原因发生工程变更导致监理工作内容发生重大变化，项目监理机构组织修改了监理规划。

事件4：专业监理工程师现场巡视时发现，施工单位在某工程部位施工过程中采用了一种新工艺，要求施工单位报送该新工艺的相关资料。

事件5：施工单位按照合同约定将电梯安装分包给专业安装公司，并在分包合同中明确电梯安装安全由分包单位负全责。电梯安装时，分包单位拆除了电梯井口防护栏并设置了警告标志，施工单位要求分包单位设置临时护栏。分包单位为便于施工未予设置，造成1名施工人员不慎掉入电梯井导致重伤。

问题：

1. 事件1中，专业监理工程师对施工进度计划还应审查哪些内容？

2. 事件2中，监理规划还应补充哪些内容？

3. 事件3中，写出监理规划的修改及报批程序。

4. 写出专业监理工程师对事件4的后续处理程序。

5. 事件5中，写出施工单位的不妥之处。指出施工单位和分包单位对施工人员重伤事故各承担什么责任？

案例2

某工程项目业主与监理单位及施工承包单位分别签订了施工阶段委托监理合同和工程建设施工合同。由于工期紧张，在设计单位仅交付地基基础工程的施工图时，业主要求施工承包单位进场施工，同时向监理单位提出对设计图纸质量把关的要求。在此情况下，监理单位为满足业主要求，由土建专业监理工程师向建设单位直接编制报送了监理规划，其部分内容如下：

(1) 工程项目概况。

(2) 监理工作范围、内容和目标。

(3) 监理组织。

(4) 设计方案评选方法及组织设计协调工作的监理措施；监理工作依据。

(5) 因施工图纸不全，拟按进度分阶段编写基础、主体、装修工程的施工监理措施。

(6) 对施工合同进行监督管理。

(7) 监理工作制度。

问题：

1. 请你判断下列说法的对错。

(1) 建设监理规划应在监理合同签订以前编制。

(2) 在本项目的设计、施工等实施过程中，监理规划作为指导整个监理工作的纲领性文件。

(3) 建设监理规划应由项目总监理工程师主持编制，是项目监理组织机构有序开展监理工作的依据和基础。

2. 你认为上述监理规划是否有不妥之处？为什么？

3. 你认为业主的做法有无不妥之处？为什么？

案例3

某工程监理合同签订后，监理单位负责人对该项目监理工作提出以下5点要求：

(1) 监理合同签订后的30天内应将项目监理机构的组织形式、人员构成及总监理工程师的任命书面通知建设单位。(2) 监理规划的编制要依据：建设工程的相关法律、法规，项目审批文件，有关建设工程项目的标准、设计文件、技术资料、监理大纲、委托监理合同文件和施工组织设计。(3) 监理规划中不需编制有关安全生产监理的内容，但需针对危险性较大的分部分项工程编制有关内容。编制监理实施细则。(4) 总监理工程师代表应在第一次工地会议上介绍监理规划的主要内容，如建设单位未提出意见，该监理规划经总监理工程师批准后可直接报送建设单位。(5) 如建设单位设计方案有重大修改，施工组织设计、方案等发生变化，总监理工程师代表应及时主持修订监理规划的内容，并组织修订相应的监理实施细则。

提出了建立项目监理组织机构的步骤如下图所示：

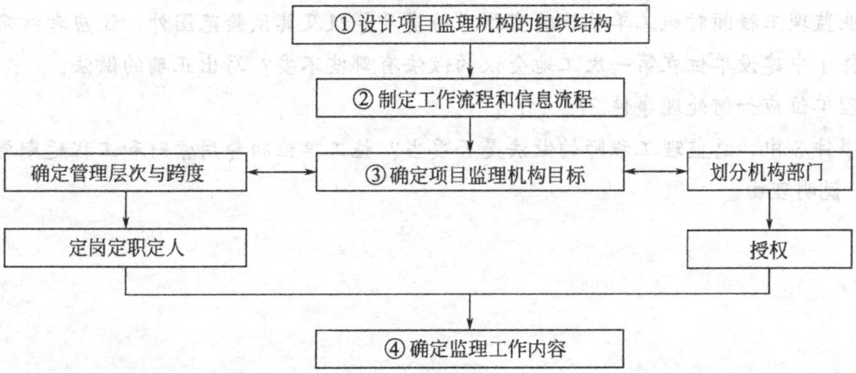

总监理工程师委托给总监理工程师代表以下工作：(1) 确定项目监理机构人员岗位职责，主持编制监理规划；(2) 签发工程款支付证书，调解建设单位与承包单位的合同争议。

在编制的项目监理规划中，要求在监理过程中形成的部分文件档案资料如下：(1) 监理实施细则；(2) 监理通知单；(3) 分包单位资质材料；(4) 费用索赔报告及审批；(5) 质量评估报告。

问题：

1. 指出监理单位负责人所提要求中的不妥之处，写出正确做法。

2. 写出图中①至④项工作的正确步骤。

3. 指出总监理工程师委托总监理工程师代表工作的不妥之处，写出正确做法。

4. 写出项目监理规划中所列监理文件档案资料在建设单位、监理单位保存的时限要求。

案例 4

某实施监理的工程项目，监理工程师对施工单位报送的施工组织设计审核时发现两个问题：一是施工单位为方便施工，将设备管道竖井的位置作了移位处理；二是工程的有关试验主要安排在施工单位试验室进行。总监理工程师分析后认为，管道竖井移位方案不会影响工程使用功能和结构安全，因此，签认了该施工组织设计报审表并送达建设单位；同时指示专业监理工程师对施工单位试验室资质等级及其试验范围等进行考核。

项目监理过程中有如下事件：

事件 1：在建设单位主持召开的第一次工地会议上，建设单位介绍工程开工准备工作基本完成，施工许可证正在办理，要求会后就组织开工。总监理工程师认为施工许可证未办理好之前，不宜开工。对此，建设单位代表很不满意，会后建设单位起草了会议纪要，纪要中明确边施工边办理施工许可证，并将此会议纪要送发监理单位、施工单位，要求遵照执行。

事件 2：设备安装施工，要求安装人员有安装资格证书。专业监理工程师检查时发现施工单位安装人员与资格报审名单中的人员不完全相符，其中五名安装人员无安装资格证书，他们已参加并完成了该工程的一项设备安装工作。

事件 3：设备调试时，总监理工程师发现施工单位未按技术规程要求进行调试，存在较大的质量和安全隐患，立即签发了工程暂停令，并要求施工单位整改。施工单位用了 2 天时间整改后被指令复工。对此次停工，施工单位向总监理工程师提交了费用索赔和工程延期的申请，强调设备调试为关键工作，停工2天导致窝工，建设单位应给予工期顺延和费用补偿，理由是虽然施工单位未按技术规程调试但并未出现质量和安全事故，停工2天是监理单位要求的。

问题：

1. 总监理工程师应如何组织审批施工组织设计？总监理工程师对施工单位报送的施工组织设计内容的审批处理是否妥当？说明理由。

2. 专业监理工程师对施工单位试验室除考核资质等级及其试验范围外，还应考核哪些内容？

3. 事件1中建设单位在第一次工地会议的做法有哪些不妥？写出正确的做法。

4. 监理单位应如何处理事件2？

5. 在事件3中，总监理工程师的做法是否妥当？施工单位的费用索赔和工程延期要求是否应该被批准？说明理由。

Chapter

第9章 全过程工程咨询

建筑业是国民经济的支柱产业，为进一步深化建筑业“放管服”改革，加快产业升级，促进建筑业持续健康发展，为新型城镇化提供支撑，2017 年 2 月 21 日，国务院办公厅发布《关于促进建筑业持续健康发展的意见》（国办发【2017】19 号）提出了要培育和发展全过程工程咨询的意见：鼓励投资咨询、勘察、设计、监理、招标代理、造价等企业采取联合经营、并购重组等方式发展全过程工程咨询，培育一批具有国际水平的全过程工程咨询企业。制定全过程工程咨询服务技术标准和合同范本。政府投资工程应带头推行全过程工程咨询，鼓励非政府投资工程委托全过程工程咨询服务。在民用建筑项目中，充分发挥建筑师的主导作用，鼓励提供全过程工程咨询服务。

2017 年 5 月 2 日，住房和城乡建设部发布了《关于开展全过程工程咨询试点工作的通知》（建市［2017］101 号），选择了有条件的部分地区和企业开展全过程工程咨询试点。随后浙江、广东、北京、上海相继出台了全过程咨询试点方案，全国范围内拥有多项资质的大型监理企业积极投入到全过程工程咨询的转型、发展和实践中。

9.1 工程咨询及咨询工程师

9.1.1 工程咨询概述

所谓咨询，其词汇意义是“征求意见”（多指行政当局向顾问之类的人员或特设的机关征求意见）。显然，这是从求教者的角度所作的解释；而从被求教者角度来看，是指当顾问，出主意。因此，“咨询”只是解释的角度不同而已，现在，很多场合下两者互相通用。并且，其基本含义就是利用拥有的专业知识和经验，为解决各种实际问题提供指导和服务。

咨询的方式和种类很多，可以根据不同的方法进行分类。如，按照服务专业领域分为技术咨询、经济咨询、法律咨询、信息咨询、管理咨询、工程咨询等；按照服务范围分为宏观咨询、微观咨询；按照服务阶段分为全过程咨询和分阶段咨询。

在咨询业的上述分类中，工程咨询是最重要和最成熟的分支之一，已成为一个相对独立的、新兴的、多学科综合性的服务行业。

工程咨询通常是指适应现代经济发展和社会进步的需要，集中专家群体或个人的智慧和经验，运用现代科学技术、经济管理、法律和工程技术等方面的知识，为工程建设项目决策和管理提供的智力服务。简单地说，工程咨询是一种智力服务，可有针对性地向客户（Client）提供可供选择的方案、计划或有参考价值的数据、调查结果、预测分析等，亦可实际参与工程实施过程管理。

工程咨询是随着社会经济发展，在生产建设实践中产生和形成的一种职业，并正在发展成为一门新学科。纵观工程咨询的发展历史，工程咨询经历了从个体咨询、集体咨询到专业咨询和综合咨询的若干阶段。随着经济社会活动日益复杂化和高级化，咨询活动的规模日益扩大，复杂程度急速增长，技术手段日新月异，从而使个别的、分散的咨询活动发展成为专业性的、集中的企业群体活动。

9.1.2 工程咨询业务范围

工程咨询的含义表明，它是为工程项目决策和管理提供的智力服务。所以，要了解咨询业务范围，必须首先了解工程项目的建设过程和阶段划分。

一个工程项目，从开始酝酿、规划到建设，一直到竣工投产，大致上可分为四个阶段，即：①前期工作阶段；②建设准备阶段；③实施阶段；④总结阶段。工程咨询服务范围是紧紧围绕这四个阶段展开的，每个阶段的建设工作内容和相应的工程咨询业务范围如表 9-1 所示。

表 9-1 项目建设阶段划分与工程咨询业务内容和程序

项目		项目前期阶段	准备阶段		实施阶段	总结阶段
业主（客户）	工程项目阶段	项目规划→ ↓ 项目选定 ↓ 立项	投资审定→	项目采购→ ↓ 招标	实施管理 ↓ → 验收、投产	总结
工程咨询公司	咨询业务内容	规划研究→ 投资机会研究 ↓ 预可行性研究、评估 ↓ 可行性研究、评估	基本设计→ ↓ 详细设计	编制招标文件→ ↓ 评标 ↓ 合同谈判	供货合同监理→ ↓ 施工监理（受业主委托） ↓ 生产准备（含人员培训） ↓ 竣工验收准备	后评价

以客户进行项目建设的过程为主线，工程项目各阶段工程咨询的服务内容如下。

（1）前期工作阶段

通常也称为投资前阶段，其主要任务是为投资行为作出正确的决策，在这一阶段所提供的咨询服务称之为投资前咨询或前期咨询。包括制定发展规划，投资机会研究，预可行性研究，可行性研究以及项目评估。

本阶段咨询工作的核心是可行性研究和评估，内容涉及项目的目标（包括市场需求、发展规划和运营策略等）；资源评价（包括物质资源、资金来源、技术资源和人才资源等）；建设条件分析（包括基础设施条件、厂址条件等）；经济效益分析（包括财务评价和经济评价等）；以及社会和环境影响评价等。

（2）建设准备阶段

主要是为项目进行建设做好各种准备工作。包括：设计文件准备；投资资金的详细计算和审定；项目采购，为项目所需的设备、材料和土建工程的采购进行招标、评标，以正确选择供应商和承包商并签订合同。

工程设计以批准的可行性研究报告为依据，一般分为概念设计（Conceptual Design）、基本设计（Basic Design）和详细设计（Detailed Design），任务是为项目建设制定一个完整的方案，编制一整套设计图纸及施工方法和规范。

工程和设备采购方面的咨询服务是帮助客户做好采购工作，为项目准备好所需的一切设备、材料和施工力量。主要内容是工程与设备采购招标文件编制及准备工作（对作为客户的承包商和设备供应商来说，则是编制投标文件）；评标；以及合同谈判等。

（3）实施阶段

主要是监督工程承包合同和设备供应合同的实施，即把书面的投资计划和设计文件所设想的功能变成实际功能，保证投资效益的实现。此阶段的核心是实现工程进度、工程成本和工程质量的控制，无论施工监理还是项目管理，均以这三大控制为主线展开。

除此之外，这一阶段的咨询工作还包括咨询工程师以个人身份进入争端审议委员会进行索赔咨询等专项服务。

（4）总结阶段

这个阶段是在项目建成并投入运营一段时间（一般在一年左右）以后，根据实际情况，对整个项目从规划到运营的全过程进行综合评价，以确定项目的选择是否正确、建设方案是否最优、是否达到当初预期的目标以及应从中吸取哪些经验教训等。

项目后评价是指对已完成的项目的目的、执行过程、效益、作用和影响进行系统地、客观地分析，通过总结，考察项目的目标是否达到，项目是否合理有效，项目能否持续发展，并通过可靠的信息反馈，为未来项目决策提供经验教训。后评价的基本内容一般包括过程评价、效益评价、持续性评价、影响评价和综合评价等五个方面。

9.1.3 咨询工程师

咨询工程师（Consulting Engineer）是以从事工程咨询业务为职业的工程技术人员和其他专业（如经济、管理）人员的统称。国际上对咨询工程师的理解与我国习惯上的理解有些不同。按国际上的理解，我国的建筑师、结构工程师、各种专业设备工程师、监理工程师、造价工程师、招标师等都属于咨询工程师；甚至从事工程咨询业务有关工作（如处理索赔时可能需要审查承包商的财务账簿和财务记录）的审计师、会计师也属于咨询工程师之列。因此，不要将咨询工程师理解为“从事咨询工作的工程师”。也许是出于以上原因，1990年国际咨询工程师联合会（FIDIC）在其出版的《建设单位/咨询工程师标准服务协议书条件》（简称“白皮书”）中已用“Consultant”取代了“Consulting Engineer”。Consultant一词可译为咨询人员或咨询专家。

另外，由于绝大多数咨询工程师都是以公司形式开展工作，因此，咨询工程师一词在很多场合是指工程咨询公司。例如，“白皮书”中的建设单位显然不是与咨询工程师个人签订合同，而是与工程咨询公司签订合同；“白皮书”中具体条款的“咨询工程师”也是指工程咨询公司。为此，在阅读有关工程咨询外文资料时，要注意鉴别咨询工程师一词的确切含义。

9.1.3.1 咨询工程师的素质

工程咨询是科学性、综合性、系统性、实践性均很强的职业。作为从事这一职业的主体，咨询工程师应具备以下素质才能胜任这一职业。

（1）知识面宽

建设工程自身的复杂程度及其不同的环境和背景、工程咨询公司服务内容的广泛性，要求咨询工程师具有较宽的知识面。除需要掌握建设工程专业技术知识外，还应熟悉与工程建设有关的经济、管理、金融和法律等方面的知识，对工程建设管理过程有深入的了解，并熟悉项目融资、设备采购、招标咨询的具体运作和有关规定。

（2）精通业务

工程咨询公司的业务范围很宽，作为咨询工程师个人来说，都应有自己比较擅长的一个或多个业务领域，并成为该领域的专家。对精通业务的要求，首先意味着要具有实际动手能力。工程咨询业务的许多工作都需要实际操作，如工程设计、项目财务评价、技术经济分析等，不仅要会做，而且要做得对、做得好、做得快。其次，要具有丰富的工程实践经验。只有通过不断的实践经验积累，才能提高业务水平和熟练程度，才能总结经验，找出规律，指导今后的工程咨询工作。此外，在当今社会，计算机应用和外语已成为必要的工作技能，作为咨询工程师也应在这两方面具备一定的水平和能力。

（3）协调管理能力强

工程咨询业务中有些工作并不是咨询工程师自己直接去做，而是组织其他人员去做；不仅涉及与本公司各方面人员的协同工作，而且经常与客户、建设工程参与各方、政府部门、金融机构等发生联系，处理各种面临的问题。在这方面，需要的不是专业技术和理论知识，而是组织、协调能力。这表明，咨询工程师不仅要是技术方面的专家，而且要成为组织管理、沟通协调方面的专家。

（4）责任心强

咨询工程师的责任心首先表现在职业责任感和敬业精神，要通过自己的实际行动来维护个人、公司、职业的尊严和名誉。同时，咨询工程师还负有社会责任和社会公众利益的前提下为客户提供服务。

由于工程咨询业务往往由多个咨询工程师协同完成，每个咨询工程师的工作成果都与其他咨询工程师的工作有密切联系，任何一个环节的错误或延误都会给该项咨询业务带来严重后果。因此，每个咨询工程师都必须确保按时、按质地完成预定工作，并对自己的工作成果负责。

（5）不断进取，勇于开拓

现今科学技术日新月异，经济发展一日千里，新思想、新理论、新技术、新产品、新方法等层出不穷，这就要求咨询工程师必须及时更新知识，了解、熟悉乃至掌握与工程咨询相关领域的新进展。同时，要勇于开拓新的工程咨询领域（包括业务领域和地区领域），掌握工程咨询市场发展的趋势。以适应客户的新需求。

9.1.3.2 咨询工程师的职业道德

以 FIDIC 中对咨询工程师的要求为例，咨询工程师应具有正直、公平、诚信、服务等的工作态度和敬业精神，主要内容如下：

（1）对社会和咨询业的责任

1）承担咨询业对社会所负有的责任。

2）寻求符合可持续发展原则的解决方案。

3）在任何情况下，始终维护咨询业的尊严、地位和荣誉。

（2）能力

1）保持其知识和技能水平与技术、法律和管理的发展相一致的水平，在为客户提供服务时运用应有的技能、谨慎和勤勉。

2）只承担能够胜任的任务。

（3）廉洁和正直

在任何时候均为委托人的合法权益行使其职责，始终维护客户的合法利益，并廉洁、正直和忠实地进行职业服务。

（4）公平

1）在提供职业咨询、评审或决策时公平地提供专业建议、判断或决定。

2）为客户服务过程中可能产生的一切潜在的利益冲突，都应告知客户。

3）不接受任何可能影响其独立判断的报酬。

（5）对他人公正

1）推动“基于质量选择咨询服务”的理念，即加强按照能力进行选择的观念。

2）不得故意或无意地做出损害他人名誉或事务的事情。

3）不得直接或间接取代某一特定工作中已经任命的其他咨询工程师的位置。

4）在通知该咨询工程师之前，并在未接到客户终止其工作的书面指令之前，不得接管该咨询工程师的工作。

5）如被邀请评审其他咨询工程师的工作，应以恰当的行为和善意的态度进行。

（6）反腐败

1）既不提供也不收受任何形式的酬劳，这种酬劳意在试图：

① 设法影响对咨询工程师选聘过程或对其的补偿，和（或）影响其客户；

② 设法影响咨询工程师的公正判断。

2）当任何合法组成的机构对服务或建筑合同管理进行调查时，咨询工程师应充分予以合作。

9.2　全过程工程咨询的概念及内容

9.2.1　全过程工程咨询的概念

为建设单位服务是工程咨询公司最基本、最广泛的业务，这里所说的建设单位包括各级政府（此时不是以管理者身份出现）、企业和个人。工程咨询公司为建设单位服务既可以提供阶段性咨询，也可以提供全过程咨询。

阶段性咨询，是指建设单位将工程项目建设全过程中的某一阶段或某项具体工作委托给一个或多个工程咨询公司进行咨询和服务的活动。建设单位在一个工程项目的实施过程中，有时只是在部分工作阶段聘请咨询公司，比较常见的是项目的可行性研究、招标代理、施工监理，多以单独的合同形式出现。也有可能建设单位在一个工程项目中，委托不止一个工程咨询公司来承担工作。如委托一个咨询公司完成项目设计，聘请另外的咨询公司对设计方案再次进行技术审查。建设单位的意愿、项目的规模和技术复杂性、资金来源渠道等多种因素决定了工程项目对咨询公司的依赖程度。

全过程工程咨询，是指建设单位根据工程项目特点和自身需求，将工程项目建设过程中的项目建议书、可行性研究报告编制、项目实施总体策划、报批报建管理、合约管理、勘察管理、设计优化、工程监理、招标代理、造价控制、验收移交、配合审计等全部或部分业务一并委托给一个工程咨询公司进行专业化咨询和服务的活动。在全过程工程咨询条件下，工程咨询公司不仅是作为建设单位的受雇人开展工作，而且也代行了建设单位的部分职责。

全过程工程咨询是智力型服务，应运用多学科知识和经验、现代科学技术和管理办法，遵循独立、科学、公平的原则，为建设单位（或投资方）的建设工程项目投资决策与实施提供咨询服务，以提高宏观和微观经济效益。一个项目能否成功，工程咨询公司的人员素质、技术水平、工程经验及企业信誉，将起到十分关键的作用。因此，全过程工程咨询项目负责人一般要求应具有相应的工程建设类注册执业资格，包括注册规划师、注册建筑师、勘察设计注册工程师、注册建造师、注册监理工程师、注册造价工程师等。

依据全过程工程咨询的概念及当前我国工程建设行业实际现状，全过程工程咨询业务范围一般包括以下内容：

① 编制项目建议书，包括项目投资机会研究、预可行性研究等；

② 编制项目可行性研究报告、项目申请报告和资金申请报告等；

③ 协助建设单位进行项目前期策划，经济分析、专项评估与投资确定等工作；

④ 协助建设单位办理土地征用、规划许可等有关手续；

⑤ 协助建设单位与工程项目总承包企业或施工企业及建筑材料、设备、构配件供应商等签订合同并监督实施；

⑥ 协助建设单位提出工程设计要求、组织评审工程设计方案、组织工程勘察设计招标、签订勘察设计合同并监督实施，组织设计单位进行工程设计优化、技术经济方案比选并进行投资控制；

⑦ 招标代理；

⑧ 工程监理、设备监理等监理工作；

⑨ 协助建设单位提出工程实施用款计划，进行工程竣工结算和工程决算，处理工程索赔；

⑩ 组织竣工验收，向建设单位移交竣工档案资料，配合审计、生产试运行及工程保修期管理，组织项目后评估；

⑪ 工程咨询合同约定的其他工作。

9.2.2 全过程工程咨询的主要内容

9.2.2.1 项目建议

项目建议是项目建设筹建单位或项目法人，根据国民经济的发展、国家和地方中长期规划、产业政策、生产力布局、国内外市场、所在地的内外部条件，提出的某一具体项目的建议文件，是对拟建项目提出的框架性的总体设想。受项目所在细分行业、资金规模、建设地区、投资方式等不同影响，项目建议书均有不同侧重。项目建议书是项目单位就新建、扩建事项向发改委项目管理部门申报的书面申请文件。为了保证项目顺利通过地区或者国家发改委批准完成立项备案，项目建议书的编制必须由专业有经验的工程咨询公司协助完成。

项目建议是投资前期的一项重要工作，主要包括投资机会研究、项目预可行性研究和辅助研究等。由于各类项目的目标和资金来源不同，项目建议的内容和方法也有所区别。

(1) 投资机会研究

投资机会研究是指为寻求有利投资方向的预备性调查研究，即：在一个确定的地区或部门，通过对项目的背景、发展趋势、资源条件、市场需求等方面的基础条件的分析，进行初步的调查研究和预测，以发现有利的投资机会并鉴别项目的设想，以便迅速地作出建设项目的选择。

机会研究包括一般机会研究和特定项目机会研究。一般机会研究又分为三类，即：地区研究，即鉴定在一个特定区域内的投资机会，如一个港口地区或行政市区；部门研究，即鉴定在一个限定的工业部门中的投资机会，如汽车制造业；资源开发研究，即以资源开发和加工为目的的投资机会研究，如食品工业和石油化学工业等。

机会研究的主要内容有：自然资源条件、农业生产模式、市场需求预测、进出口影响、环境影响、其他类似经济背景的国家或地区教训经验、投资相关法规、技术设备可能来源、生产前后延伸的可能、合理经济规模、一般投资趋势、工业政策、各生产要素来源及成本等。

(2) 预可行性研究

预可行性研究亦称初步可行性研究，是指对项目方案进行初步的技术和经济分析，并做出初步选择。这种研究的主要目的是：判断项目是否有希望，以便决定投入资金进行下一步研究；判断项目的设想是否有生命力，并据以作出是否进行投资的初步决定；确定是否需要通过市场初步分析、地质勘探、科学实验、工厂试验等功能研究或辅助研究，进行深入调查。

预可行性研究是经过投资机会研究，项目单位认为某工程项目的设想具有一定的生命力，但尚未掌握足够的数据去进行详细可行性研究，或对项目的经济性有怀疑，尚不能确定项目的取舍时进行的。为了避免花费过多或费时太长，以较少的费用、较短的时间，有时还需对某些关键性的问题作一些辅助研究，从而深入地判断项目的获利性。

预可行性研究只对建设项目提出一个轮廓的设想，主要从宏观上考察项目建设的必要性和主要建设条件是否具备。通过研究，明确两方面的问题：一是项目的构成，包括产品方案、生产规模、原料来源、工艺路线、设备选型、厂址比较和建设速度；二是比较粗略地估算经济指标，进行经济效益分析。预可行性研究的纲要包括：项目是否符合国家产业政策和生产力布局；产品市场销售前景；厂址环境；工艺方案；企业组织；人力资源；项目预算和进度安排。

(3) 辅助研究

辅助研究，或称专题研究，它是对一个项目的预可行性研究中某些模糊不清，而又关系重大的特定问题进行的研究，包括产品市场研究、原材料供应研究、工艺技术的实验室和中间试验研究、厂址比选研究、规模经济研究、设备选择研究、环境影响评价等。

(4) 项目建议各阶段咨询服务的区别与联系

项目建议各阶段的工作，及以后的可行性研究，最终目的都是一致的，研究方法和内容也基本相同，只是研究重点不同，工作深度不同，估算精度要求也不相同。它们彼此密切相关，前一项工作构成下一项工作的基础，再延续下去。

机会研究是进行预可行性研究之前的准备性调查研究，它把项目设想变为概略的项目投资建议，以便进行下一步的深入研究。机会研究的重点是投资环境分析。机会研究的方法主要是依靠经验进行粗略的估计，不做详细的分析计算，建设投资和生产成本的估算主要是参考类似项目套算，其精确度在±30%左右。

预可行性研究是介于机会研究和可行性研究的中间阶段，研究重点是市场分析，并对项目建议方案进行初步分析。此阶段的投资估算和成本估算一般采用指标估算法，仍然比较粗略，精确度在±20%左右。

辅助研究所研究的问题是预可行性研究中提出来的，是进行可行性研究的先决条件。这些问题如果研究清楚了，可行性研究阶段可不再进行重复研究。此阶段的工作周期和费用因研究内容不同而差异极大。

可行性研究则是在上述工作基础上进行的、对项目深入全面的技术经济论证，选择最佳方案，确定项目可行与否。

项目前期各阶段咨询服务的区别参见表 9-2。

表 9-2　项目前期各阶段咨询服务的区别

阶段	研究重点	投资估算方法	投资估算精度要求
投资机会研究	投资环境分析	参照类似项目套算	±30%
预可行性研究	市场需求分析、项目宏观必要性、主要建设条件	指标估算法	±20%
辅助研究	因项目而异	一般不做估算	无
可行性研究	全面深入研究	逐项估算法	±10%

(5) 项目建议书编制的内容

经过以上项目建议各阶段研究之后，最终编制出包括以下内容的项目建议书。

1) 投资项目建设的必要性和依据。阐明拟建项目提出的背景、拟建地点，提出与项目有关的长远规划或行业、地区规划资料，说明项目建设的必要性。

2) 产品方案、拟建规模、建设地点的初步设想。分析项目拟建地点的自然条件和社会条件，建设地点是否符合地区规划的要求。

3) 资源情况、交通运输及其他建设条件和协作关系的初步分析。项目拟建地点水电及其他公用设施、地方材料的供应情况分析。

4) 环境影响的初步评价。预测项目对环境的影响。

5) 主要工艺技术方案的设想。

6) 投资估算、资金筹措及还贷方案的设想。说明资金来源、偿还方式，测算偿还能力。

7) 项目的进度安排。

8) 经济效果和社会效益的初步估计。

9) 有关的初步结论和建议。

9.2.2.2　项目可行性研究

可行性研究是一种分析、评价项目建设方案和生产经营方案的科学方法。通过对项目的主要内容和配套条件，如市场需求、资源供应、建设规模、工艺路线、设备选型、环境影响、资金筹措、盈利能力等，从技术、经济、工程等方面进行调查研究和分析比较，并对项目建成以后可能取得的技术经济效果和社会环境影响进行预测，从而提出该项目是否值得投资和如何进行建设的意见，为项目的决策提供可靠的依据。简单地说，可行性研究是对项目进行深入的技术、经济论证，确定方案的可行性，并选定最佳方案。

建设项目的可行性研究是在投资决策前，运用多学科手段综合论证一个工程项目在技术上是否现实、实用和可靠，在财物上是否盈利；做出环境影响、社会效益和经济效益的分析和评价，及工程抗风险能力等的结论，为投资决策提供科学依据。可行性研究还能为银行贷款、合作者签约、工程设计等提供依据和基础资料，它是决策科学化的必要步骤和手段。

可行性研究报告是在前一阶段的项目建议书获得审批通过的基础上，对项目市场、技术、财务、工程、经济和环境等方面进行精确、系统、完备的分析，完成包括市场和销售、规模和产品、厂址、原辅料供应、工艺技术、设备选择、人员组织、实施计划、投资与成本、效益及风险等的计算、论证和评价，选定最佳方案，作为决策依据。

(1) 可行性研究工作程序

1) 了解项目单位意图。通过与项目单位的接洽，了解其项目设想与有关条件，目前工作状况等。

2) 明确研究范围。在一般性接洽之后，工程咨询公司需根据项目单位的设想，考虑研究的范围，界定项目的构成。

3）组成项目小组。应根据项目的类型、复杂程度和项目单位要求，组成精干的专业班子。一般工业项目应包括市场、工艺、设备和经济分析等各个方面的专家，任何大型项目一般应包括下列人员：工业经济专家（最好兼任组长）、市场分析专家、工艺工程师、机械设备工程师、土木工程师、环境影响分析专家、工业组织与管理专家、工业财务和会计专家等。

4）搜集资料。资料收集应该是经常性的工作，在接受项目后主要是针对项目的类型、特点、所在地等情况，收集类似项目的资料、技术经济数据、产品市场销售情况、工艺技术及设备的来源、项目所在国的相关法律资料等。

5）现场调研。主要是考察项目所在地的工程地质情况，水电气等配套设施能力，同一地区其他项目的土木工程资料，交通运输情况，当地土木工程施工能力等。

6）方案比选。对可能的多种工艺技术路线、来源进行比较，对设备选型和来源进行比较，厂址方案进行比较，对多方案的资金筹措方式进行分析比较等，选择最合理的方案。

7）经济分析。对项目的投资及运营成本进行估算，分析项目的盈利能力以及对项目所在国和所在地的经济影响等。

8）编写报告。把研究的成果和结论，以文字形式表述出来，报告要求内容完整，结论明确，对存在的问题提出解决办法或途径，并对下一步的工作提出建议。

(2) 可行性研究报告的编制内容

以一般性工业项目为例，编制其可行性研究报告，应具备以下主要内容。

1）总论

① 项目提出的背景（改扩建项目要说明企业现有概况），投资的必要性和经济意义。

② 研究工作的依据和范围。

2）需求预测和拟建规模

① 国内、外需求情况的预测。

② 国内现有工厂生产能力的估计。

③ 销售预测、价格分析、产品竞争能力，进入国际市场的前景。

④ 拟建项目的规模、产品方案和发展方向的技术经济比较和分析。

3）资源、原材料、燃料及公用设施情况

① 经过储量委员会正式批准的资源储量、品位、成分以及开采、利用条件的评述。

② 原料、辅助材料、燃料的种类、数量、来源和供应可能。

③ 所需公用设施的数量、供应方式和供应条件。

4）建厂条件和厂址方案

① 建厂的地理位置、气象、水文、地质、地形条件和社会经济现状。

② 交通、运输及水、电、气的现状和发展趋势。

③ 厂址比较与选择意见。

5）设计方案

① 项目的构成范围（指包括的主要单项工程）、技术来源和生产方法、主要技术工艺和设备选型方案的比较，引进技术、设备的来源国别，设备的国内外分别交付规定或与外商合作制造的设想；改扩建项目要说明对原有固定资产的利用情况。

② 全厂布置方案的初步选择和土建工程量估算。

③ 公用辅助设施和厂内外交通运输方式的比较和初步选择。

6）环境保护。调查环境现状，预测项目对环境的影响，提出环境保护和三废治理的初步方案。

7）企业组织、劳动定员和人员培训（估算数）。

8）实施进度的建议。

9）投资估算和资金筹措

① 主体工程和协作配套工程所需的投资。

② 生产流动资金的估算。

③ 资金来源、筹措方式及贷款的偿付方式。

10）社会及经济效果评价。

11）附件及有关证明材料。

9.2.2.3 项目勘察设计的咨询

（1）勘察设计咨询内容

1）协助委托工程勘察设计任务。工程咨询单位应协助项目单位编制工程勘察设计任务书和选择工程勘察设计单位，并协助项目单位签订工程勘察设计合同。

工程勘察设计任务书应包括以下主要内容。

① 工程勘察设计范围，包括：工程名称、工程性质、拟建地点、相关政府部门对工程的限制条件等。

② 建设工程目标和建设标准。

③ 对工程勘察设计成果的要求，包括：提交内容、提交质量和深度要求、提交时间、提交方式等。

2）工程勘察设计单位的选择

① 选择方式。根据相关法律法规要求，采用招标或直接委托方式。如果是采用招标方式，需要选择公开招标或邀请招标方式。有的工程可能需要采用设计方案竞赛方式选定工程勘察设计单位。

② 工程勘察设计单位的审查。应审查工程勘察设计单位的资质等级、勘察设计人员资格、勘察设计业绩以及工程勘察设计质量保证体系等。

3）工程勘察设计合同谈判与订立

① 合同谈判。根据工程勘察设计招标文件及任务书要求，在合同谈判过程中，进一步对工程勘察设计工作的范围、深度、质量、进度要求予以细化。

② 合同订立。应注意以下事项：应界定由于地质情况、工程变化造成的工程勘察、设计范围变更，工程勘察设计单位的相应义务；应明确工程勘察设计费用涵盖的工作范围，并根据工程特点确定付款方式；应明确工程勘察设计单位配合其他工程参建单位的义务；应强调限额设计，将施工图预算控制在工程概算范围内。鼓励设计单位应用价值工程优化设计方案，并以此制定奖励措施。

（2）工程勘察过程中的咨询

1）工程勘察方案的审查。工程咨询单位应审查工程勘察单位提交的勘察方案，提出审查意见，并报项目单位。工程勘察单位变更勘察方案时，应按原程序重新审查。

工程咨询单位应重点审查以下内容。

① 勘察技术方案中工作内容与勘察合同及设计要求是否相符，是否有漏项或冗余。

② 勘察点的布置是否合理，其数量、深度是否满足规范和设计要求。

③ 各类相应的工程地质勘察手段、方法和程序是否合理，是否符合有关规范的要求。

④ 勘察重点是否符合勘察项目特点，技术与质量保证措施是否还需要细化，以确保勘察成果的有效性。

⑤ 勘察方案中配备的勘察设备是否满足本工程勘察技术要求。

⑥ 勘察单位现场勘察组织及人员安排是否合理，是否与勘察进度计划相匹配。

⑦ 勘察进度计划是否满足工程总进度计划。

2）工程勘察现场及室内试验人员、设备及仪器的检查。工程咨询单位应检查工程勘察现场及室内试验主要岗位操作人员的资格，所使用设备、仪器计量的检定情况。

① 主要岗位操作人员。现场及室内试验主要岗位操作人员是指钻探设备操作人员、记录人员和室内实验的数据签字和审核人员，这些人员应具有相应的上岗资格。

② 工程勘察设备、仪器。对于工程现场勘察所使用的设备、仪器，要求工程勘察单位做好设备、仪器计量使用及检定台账。工程咨询单位不定期检查相应的检定证书。发现问题时，应要求工程勘察单位停止使用不符合要求的勘察设备、仪器，直至提供相关检定证书后方可继续使用。

3）工程勘察过程控制

① 工程咨询单位应检查工程勘察进度计划执行情况，督促工程勘察单位完成勘察合同约定的工作内容，审核工程勘察单位提交的勘察费用支付申请。对于满足条件的，签发工程勘察费用支付证书，并报项目单位。

② 工程咨询单位应检查工程勘察单位执行勘察方案的情况，对重要点位的勘探与测试应进行现场检查。发现问题时，应及时通知工程勘察单位一起到现场进行核查。当工程咨询单位与勘察单位对重大工程地质问题的认识不一致时，工程咨询单位应提出书面意见供工程勘察单位参考，必要时可建议邀请有关专家进行专题论证，并及时报项目单位。

4）工程勘察成果审查。工程咨询单位应审查工程勘察单位提交的勘察成果报告，并向项目单位提交工程勘察成果评估报告，同时应参与工程勘察成果验收。

① 工程勘察成果报告。工程勘察报告的深度应符合国家、地方及有关部门的相关文件要求，同时需满足工程设计和勘察合同相关约定的要求。

② 工程勘察成果评估报告。勘察评估报告由项目负责人组织各专业技术人员编制，必要时可邀请相关专家参加。工程勘察成果评估报告应包括下列内容：勘察工作概况；勘察报告编制深度，与勘察标准的符合情况；勘察任务书的完成情况；存在问题及建议；评估结论。

（3）工程设计过程中的咨询

1）工程设计进度计划的审查。工程咨询单位应依据设计合同及项目总体计划要求审查各专业、各阶段设计进度计划。审查内容包括：

① 计划中各个节点是否存在漏项。

② 出图节点是否符合建设工程总体计划进度节点要求。

③ 分析各阶段、各专业工种设计工作量和工作难度，并审查相应设计人员的配置安排是否合理。

④ 各专业计划的衔接是否合理，是否满足工程需要。

2）工程设计过程控制。工程咨询单位应检查设计进度计划执行情况，督促设计单位完成设计合同约定的工作内容，审核设计单位提交的设计费用支付申请。对于符合要求的，签认设计费用支付证书，并报项目单位。

3）工程设计成果审查。工程咨询单位应审查设计单位提交的设计成果，并提出评估报告。评估报告应包括下列主要内容：设计工作概况；设计深度、与设计标准的符合情况；设计任务书的完成情况；有关部门审查意见的落实情况；存在的问题及建议。

4）工程设计“四新”的审查。工程咨询单位应审查设计单位提出的新材料、新工艺、新技术、新设备在相关部门的备案情况，必要时应协助项目单位组织专家评审。

5）工程设计概算、施工图预算的审查。工程咨询单位应审查设计单位提出的设计概算、施工图预算，提出审查意见，并报建设单位。设计概算和施工图预算的审查内容包括：

① 工程设计概算和工程施工图预算的编制依据是否准确。

② 工程设计概算和工程施工图预算内容是否充分反映自然条件、技术条件、经济条件，是否合理运用各种原始资料提供的数据，编制说明是否齐全等。

③ 各类取费项目是否符合规定，是否符合工程实际，有无遗漏或在规定之外的取费。

④ 工程量计算是否正确，有无漏算、重算和计算错误，对计算工程量中各种系数的选用是否有合理的依据。

⑤ 各分部分项套用定额单价是否正确，定额中参考价是否恰当。编制的补充定额，取值是否合理。

⑥ 若项目单位有限额设计要求，则审查设计概算和施工图预算是否控制在规定的范围以内。

（4）勘察设计咨询其他服务

1）工程索赔事件防范。工程勘察设计合同履行中，一旦发生约定的工作、责任范围变化或工程内容、环境、法规等变化，势必导致相关方索赔事件的发生。为此，工程咨询单位应对工程参建各方可能提出的索赔事件进行分析，在合同签订和履行过程中采取防范措施，尽可能减少索赔事件的发生，避免对后续工作造成影响。

2）协助项目单位组织工程设计成果评审。工程咨询单位应协助项目单位组织专家对工程设计成果进行评审。工程设计成果评审程序如下：

① 事先建立评审制度和程序，并编制设计成果评审计划，列出预评审的设计成果清单。

② 根据设计成果特点，确定相应的专家人选。

③ 邀请专家参与评审，并提供专家所需评审的设计成果资料、项目单位的需求及相关部门的规定等。

④ 组织相关专家对设计成果评审会议，收集各专家的评审意见。

⑤ 整理、分析专家评审意见，提出相关建议或解决方案，形成会议纪要或报告，作为设计优化或下一阶段设计的依据，并报项目单位或相关部门。

3）协助项目单位报审有关工程设计文件。工程咨询单位可协助项目单位向政府有关部门报审有关工程设计文件，并根据审批意见，督促设计单位予以完善。

工程咨询单位协助项目单位报审工程设计文件时，首先，需要了解政府设计文件审批程序、报审条件及所需提供的资料等信息，以做好充分准备；其次，提前向相关部门进行咨询，获得相关部门咨询意见，以提高设计文件质量；第三，应事先检查设计文件及附件的完整性、合规性；第四，及时与相关政府部门联系，根据审批意见进行反馈和督促设计单位予以完善。

4）处理工程勘察设计延期、费用索赔。工程咨询单位应根据勘察设计合同，协调处理勘察设计延期、费用索赔等事宜。

9.2.2.4 招标代理

建设项目招标一般是指项目单位就拟建的工程项目发布通告，用法定方式吸引建设项目的承包单位参加竞争，进而通过规定程序从中选择条件优越者来完成建设项目任务的市场交易行为。

招标代理一般是指具备相关资质的招标代理机构（或工程咨询公司）按照相关法律规定，受招标人的委托或授权办理招标事宜的行为。招标代理机构是帮助不具有编制招标文件和组织评标能力的项目单位选择能力强和资信好的投标人，以保证工程项目的顺利实施和建设目标的实现。

依据《中华人民共和国招标投标法》，招标的方式有两种：公开招标和邀请招标。公开招标又称为无限竞争招标，是由招标单位通过报刊、广播、电视等方式发布招标广告，有投标意向的承包商均可参加投标资格审查，审查合格的承包商可购买或领取招标文件，参加投标的招标方式；邀请招标又称为有限竞争性招标，这种方式不发布广告，业主根据自己的经验和所掌握的各种信息资料，向有承担该项工程施工能力的三个以上（含三个）承包商发出投标邀请书，收到邀请书的单位有权利选择是否参加投标。邀请招标与公开招标一样都必须按规定的招标程序进行，要制订统一的招标文件，投标人都必须按招标文件的规定进行投标。

建设项目招标投标程序是指建设工程活动按照一定的时间、空间顺序运作的顺序、步骤和方式。始于发布招标邀请书，终于发出中标通知书，其间大致经历了招标、投标、开标、评标、定标几个主要阶段，如图 9-1 所示。签订合同是招标投标的目的和结果，也是招标工作的一项主要工作。

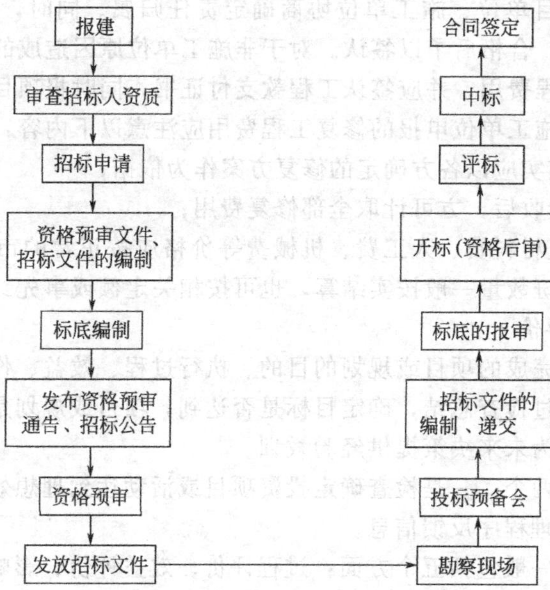

图 9-1　建设工程招标投标工作流程表

从招标的角度看，建设工程招标的一般程序主要经历以下几个环节：

1）设立招标组织或者委托招标代理人；

2）申报招标申请书、招标文件、评标定标办法和标底（实行资格预审的还要申报资格预审文件）；

3）发布招标公告或者发出投标邀请书；

4）对投标资格进行审查；

5）分发招标文件和有关资料，收取投标保证金；

6）组织投标人踏勘现场，对招标文件进行答疑；

7）成立评标组织，召开开标会议（实行资格后审的还要进行资格审查）；

8）审查投标文件，澄清投标文件中不清楚的问题，组织评标；

9）择优定标，发出中标通知书；

10）将合同草案报送审查，签订合同。

9.2.2.5 工程监理

参见第1章至第8章所有内容。

9.2.2.6 项目保修咨询

（1）定期回访

工程咨询单位承担工程保修阶段服务工作时，应进行定期回访。为此，应制定工程保修期回访计划及检查内容，并报项目单位批准。保修期期间，应按保修期回访计划及检查内容开展工作，做好记录，定期向项目单位汇报。遇突发事件时，应及时到场，分析原因和责任，并妥善处理，将处理结果报项目单位。保修期相关服务结束前，应组织建设单位、使用单位、勘察设计单位、施工单位等相关单位对工程进行全面检查，编制检查报告，作为工程保修期相关服务工作总结内容一起报项目单位。

（2）工程质量缺陷处理

对项目单位或使用单位提出的工程质量缺陷，工程咨询单位应安排咨询人员进行现场检查和调查分析，并与项目单位、施工单位协商确定责任归属。同时，要求施工单位予以修复，还应监督实施过程，合格后予以签认。对于非施工单位原因造成的工程质量缺陷应核实施工单位申报的修复工程费用，并应签认工程款支付证书，同时报项目单位。

工程咨询单位核实施工单位申报的修复工程费用应注意以下内容：

1）修复工程费用核实应以各方确定的修复方案作为依据；

2）修复质量合格验收后，方可计取全部修复费用；

3）修复工程的建筑材料费、人工费、机械费等价格应按正常的市场价格计取，所发生的材料、人工、机械台班数量一般按实结算，也可按相关定额或事先约定的方式结算。

9.2.2.7 项目后评价

后评价是指对已经完成的项目或规划的目的、执行过程、效益、作用和影响所进行的系统地、客观地分析，通过检查总结，确定目标是否达到，项目或规划是否合理有效。并通过可靠的资料信息反馈，为未来决策提供经验教训。

后评价基本目的有两个：一是检查确定投资项目或活动达到理想效果的程度；二是为新的宏观导向、政策和管理程序反馈信息。

后评价的基本内容一般包括五个方面：过程评价、效益评价、影响评价、持续性评价和综合评价。

（1）过程评价

项目的过程评价，应将立项评估或可行性研究报告时所预计的情况和实际执行过程进行对照比较和分析，找出差别，分析原因。过程评价一般要分析以下几个方面：

1）项目的立项、准备和评估；

2）项目内容和建设规模；

3）工程进度和实施情况；

4）配套设施和服务条件；

5）受益者范围及其反映；

6）项目的管理；

7）财务执行情况。

（2）效益评价

项目的效益评价即财务评价和经济评价，其基本指标和方法与前评估大体相同，主要分析指标仍是内部收益率、净现值、贷款偿还期和敏感性分析等。但后评价时应注意以下几点。

1）前评估采用的是预测值。后评价则对后评价时点以前已发生的财务现金流量和经济流量采用实际值，并按统计学原理加以处理；对后评价时点以后的流量作出新的预测。

2）当财务现金流量来自财务报表时，对以权责发生制下应收而未实际收到的债权和非货币资金都不可计为现金流入，只有当实际收到时才作为现金流入；同理，应付而实际未付的债务资金不能计为现金流出，只有当实际支付时才作为现金流出。必要时，要对实际财务数据作出适当调整。

3）实际发生的财务会计数据都含有物价通货膨胀的因素，而通常采用的盈利能力指标是不含通货膨胀水分的。因此，对后评价采用的财务数据要剔除物价上涨的因素，以保证前后数据指标的一致性和可比性。

（3）影响评价

项目的影响评价内容包括经济影响、环境影响和社会影响，具体有以下几点。

1）经济影响评价。主要分析评价项目对所在地区、所属行业和国家所产生的经济方面的影响。经济影响评价时要注意把项目效益评价中的经济分析区别开来，避免重复计算。评价的内容主要包括分配、就业、国内资源成本（或节汇、换汇成本）、技术进步等。由于经济影响评价的许多间接因素难以量化，一般只能做定性分析。一些国家和组织把这部分内容并入社会影响评价的范畴。

2）环境影响评价。项目的环境影响评价一般包括项目的污染控制、地区环境质量、自然资源利用和保护、区域生态平衡和环境管理等几个方面。

3）社会影响评价。项目的社会影响评价是对项目在社会的经济、发展方面的有形和无形的效益和结果的一种分析，重点评价项目对所在地区和社区的影响。社会影响评价一般包括贫困、平等、参与、妇女、移民安置和可持续性等内容。

（4）持续性评价

项目的持续性是指在项目的建设资金投入完成之后，项目的既定目标是否还能继续，项目是否可以持续地发展下去；接受投资的项目业主是否愿意并可能依靠自己的力量继续去实现既定目标；项目是否具有可重复性，即是否可在未来以同样的方式建设同类项目。项目持续性的影响因素一般包括政府部门的政策、规定等；管理、组织和地方参与；财务因素；技术因素；社会文化因素；环境和生态因素；其他外部因素等。

（5）综合评价

后评价的综合评价是产生评价结论、经验教训和建议的依据和基础。综合评价主要应评价项目目的和目标及其实现情况、项目的效益状况和项目的成功程度。因此，综合评价要分层次地对比项目原定目标与实际实现目标的差别和原因；对比项目原定效益主要指标与实际指标的变化及其原因；对比项目原来预期的与实际产生的效果和影响。综合评价的内容应包括目的和目标的对比、成功度评价等。

总之，工程咨询单位受项目单位委托在进行全过程工程咨询过程中，应特别注重以下几点。

1）准确把握项目单位需求。要准确判断项目单位的工程项目管理需求，明确工程项目咨询服务的范围和内容，这是进行工程项目管理规划、为项目单位提供优质服务、获得用户满意的重要前提和基础。

2）不断加强工程咨询团队建设。工程项目咨询服务主要依靠项目团队的智慧。必须配备合理的专业人员组成项目团队。结构合理、运作高效、专业能力强、综合素质高的项目团队是高水平全过程工程咨询的组织保障。

3）充分发挥沟通协调作用。要重视信息管理，采用报告、会议等方式确保信息准确、及时、畅通，使项目各参与单位能够及时得到准确的信息并对信息做出快速反应，形成目标明确、步调一致的协同工作局面。

4）高度重视技术支持。工程建设全过程咨询需要更多、更广的工程技术支持。除工程咨询人员需要加强学习、提高自身水平外，还应有效地组织外部协作专家进行技术支持。工程咨询单位应将切实帮助项目单位解决实际技术问题作为首要任务，技术问题的解决也是使项目单位能够直观感受服务价值的重要途径。

【思考题】

1. 什么是工程咨询？什么是全过程工程咨询？

2. 工程咨询工程师应具备哪些素质？

3. 全过程工程咨询业务范围一般包括哪些内容？

参考文献

[1] 中国建设监理协会．建设工程监理概论．北京：中国建筑工业出版社，2017.

[2] 中国建设监理协会．建设工程监理案例分析．北京：中国建筑工业出版社，2017.

[3] 布晓进．建设工程投资实务．大连：大连理工大学出版社，2014.

[4] 蒋兆祖，刘国冬．国际工程咨询．北京：中国建筑工业出版社，2002.

[5] 中国建设监理协会．建设工程合同管理．北京：知识产权出版社，2017.

[6] 中国建设监理协会．建设工程信息管理．北京：知识产权出版社，2017.

[7] 河北省建筑市场发展研究会．建设工程监理专业基础知识与实务．石家庄：河北人民出版社，2010.

[8] 本书编委会．施工现场管理控制 100 点．武汉：华中科技大学出版社，2008.

[9] 孙锡衡等．全国监理工程师执业资格考试案例题解析．天津：天津大学出版社，2010.

[10] 郑惠虹，胡红霞．建设工程监理概论．北京：中国电力出版社，2010.

[11] 徐锡权，李海涛．建设工程监理概论．北京：冶金工业出版社，2010.

[12] 于惠中．建设工程监理概论．北京：机械工业出版社，2009.

[13] 杨光臣．建筑安装工程施工监理实施细则的编制及范例．北京：中国电力出版社，2008.

[14] 杨效中．建筑工程监理基础．北京：中国建筑工业出版社，2009.

[15] 杨效中等．建设工程监理安全责任读本．北京：中国建筑工业出版社，2006.

[16] 徐锡权，李海涛．建设工程监理概论．北京：冶金工业出版社，2010.

[17] 国家发展改革委价格司，建设部建筑市场管理司，国家发展改革委投资司．建设工程监理与相关服务收费标准使用手册．北京：中国市场出版社，2007.